Fernlastzug Volvo F 88
Art.-Nr. 1032

Maßstab 1 : 87, Länge 210 mm; Polystyrol; das Modell wurde dem auf unseren Straßen bekannten Fernlastzug nachgebildet, wobei der Schwerpunkt auf die Gestaltung verschiedener Funktionselemente gelegt ist. So kann das Fahrerhaus nach vorn abgekippt werden und die alubedampfte Motorimitation wird sichtbar. Das hintere Radpaar des Zugwagens rastet hochgestellt ein (Funktion bei Nichtauslastung der Tonnage) und die Planen des LKW und des Anhängers sind abnehmbar. Die Lenkung des Anhängers geschieht durch einen funktionssicheren Drehschemel mit Anhängegabel. Kühlergrill ist alubedampft, Nummernschild und Leuchten sind farbig ausgelegt.

Volvo F 88 Long-distance Road Train
Item No. 1032

Scale 1 : 87, length 210 mm; polystyrene; a scale model of the long-distance lorry-trailer combination well known on our roads, stress having been laid on reproducing various features of operation. For example, the cab tilts forward to reveal the aluminium-coated imitation engine. The pair of wheels at the rear of the tractor lorry can be swung upwards and clicked into position (when the load-carrying capacity is not fully employed) and the lorry and trailer canopies are removable. The trailer is steered by means of a reliable turntable with towing fork. The radiator grille is aluminium-coated and the number plates and lights are appropriately painted.

Barkas B 1000 Krankenwagen
Art.-Nr. 1013/4

Maßstab 1 : 87, Länge 51 mm; Polystyrol; elfenbeinfarbig, Fahrerkabine (mit Figuren) und sämtliche Fenster verglast; Kühlergrill, Scheinwerfer, Nummernschilder, Blink- und Rückleuchten besonders eingefärbt. Vorbild: Barkas B 1000 Krankenwagen. Hersteller: VEB Barkas-Werke Karl-Marx-Stadt (DDR).

Barkas B 1000 Ambulance
Item No. 1013/4

Scale 1 : 87, length 51 mm; polystyrene; ivory finish, driver's cab (with figures) and all windows glazed; radiator grille, headlamps, number plates, indicators and rear lamps specially painted. Original: Barkas B 1000 ambulance.
Manufacturer: VEB Barkas-Werke Karl-Marx-Stadt (GDR).

Barkas B 1000 Kombiwagen
Art.-Nr. 1013/2

Maßstab 1 : 87, Länge 51 mm; Polystyrol; sämtliche Fenster verglast, mit Fahrerfiguren, wird in verschiedenen Farben geliefert; Kühlergrill, Scheinwerfer, Nummernschilder, Blink- und Rückleuchten besonders eingefärbt. Vorbild: Barkas B 1000 Kombi. Hersteller: VEB Barkas-Werke Karl-Marx-Stadt (DDR).

Barkas B 1000 Utility Car
Item No. 1013/2

Scale 1 : 87, length 51 mm; polystyrene; all windows glazed, figures in front seat, supplied in various colours; radiator grille, headlamps, number plates, indicators and rear lamps specially painted. Original: Barkas B 1000 Utility Car.
Manufacturer: VEB Barkas-Werke Karl-Marx-Stadt (GDR).

Kleinlöschfahrzeug Barkas B 1000
Art.-Nr. 1013/5

Maßstab 1 : 87, Länge 51 mm; Polystyrol; dem Vorbild entsprechend 4 Saugschlauche auf dem Dach, blaue Rundumkennleuchte, Fahrerkabine und Rückfenster verglast, Kühlergrill, Nummernschild und Blinkleuchten farbig eingefärbt.

Barkas B 1000 Light Fire-engine
Item No. 1013/5

Scale 1 : 87, length 51 mm; polystyrene; as in original, 4 suction hoses on roof, blue all-round identification lamp, driver's cab and rear window glazed, radiator grille, number plates and indicators painted.

VEB Kombinat PLASTICART
Plastspielwaren
DDR-9302 Annaberg-Buchholz
Rosa-Luxemburg-Str. 13-17
Deutsche Demokratische Republik

Gestaltung: DEWAG WERBUNG Berlin · Regie: Handtke · Grafik: Hahn · Foto: Scheller · (204) 6 Ag 47/49/44/74

Modellautos 1:87 und ihre Vorbilder

Fahrzeuge
aus dem Straßenbild der DDR

Günther Wappler

Fotos Titel: - Modellszenen auf der H0-Modellbahnanlage von Siegfried Bergelt, Chemnitz (Fotos: BB)
- Vorbild – Fahrzeuge der IFA-Freunde Zschopau zum Abcampen in Pahna 2013 (Foto: BB)
- Modelle von Kai Rücker (2) und Andreas Thiele (1)

Foto Innentitel: - „Wer die Wahl hat, hat die Qual!“

Foto Rücktitel: - „Ohne Worte!“

Bildverlag Böttger GbR
W. I. T. der Gewerbepark
Witzschdorfer Hauptstraße 94
09437 Witzschdorf
Telefon: 03725 20140
Fax: 03725 20240
www.boettger-bildverlag.de
E-Mail: info@boettger-bildverlag.de

1. Auflage 2015

ISBN 978-3-937496-67-2

Vorwort

Modellautos im Maßstab 1:87 – nur Spielzeug oder doch mehr? Ob Jung oder Alt, fast Jeder hat schon mal ein Spielzeugauto in der Hand gehalten. Aber die Wenigsten werden sich über das Modell wohl Gedanken gemacht haben. Wer als „Modellauto-Laie“ schon mal einen Modellautoladen betreten hat und die großen und kleinen Modellautos sah, wird alles für Spielzeug halten. Wenn es ganz schlimm kommt, dann wird alles in die Kategorie Matchbox-Auto geworfen. Nichts gegen Matchbox-Autos! Auch sie waren einmal „nur“ Spielzeugautos, heute sind sie zum Teil begehrte Sammlermodelle. Modellautos, egal in welchem Maßstab, sind alles andere als Spielzeug. Dieses Buch soll nun aufräumen mit dem Mythos: Modellautos sind nur Spielzeug. Aber was sind nun wirklich Modellautos, was kann ich damit machen? Wer stellt was her und welche Sammelgebiete gibt es? Existieren davon Vorbilder? Natürlich, sonst würde es ja nicht Modellauto heißen. Da Modellautos ein Vorbild haben, dokumentieren sie immer auch ein Stück Technik- und Verkehrsgeschichte. Wer noch nie etwas mit Modellautos zu tun hatte, kann sich durch dieses Buch in die Materie einführen lassen. Es gibt verschiedene Modellautozeitschriften, aber auch die Hersteller berichten ausführlich über Ihre Modellfahrzeuge und Produkte. Sehr viele Informationen gibt es dazu im Internet. Deshalb nun endlich eine Publikation über Modellautos 1:87 und ihre Vorbilder. Bisher gab es Literatur entweder nur vom Vorbild, weniger aber von Modellautos, nun beides in diesem Buch. Hier erfahren die Modellautofreunde etwas über die Vorbilder und die Autofreunde etwas über die Modelle. Und noch etwas: Modellautosammler und Bastler zeigen uns ihre um- oder nachgebauten Modelle. Modelle mit faszinierender Detailtreue. Diese Modellfahrzeuge werden hier erstmals der Öffentlichkeit vorgestellt. Sie dokumentieren Technik- und Verkehrsgeschichte in höchster Qualität.
Lassen Sie sich faszinieren von der großen Welt der kleinen Modelle und ihrer Vorbilder. Noch ein Wort zu den Fotos der Modelle: Ich bitte um Verständnis, dass nicht jedes Modellfoto so aussieht, wie auf einem Hochglanzprospekt. Schließlich hat ja nicht jeder ein Fotostudio zu Hause. Modellautosammler sind meist auch keine Berufsfotografen und versuchen oft mit amateurhaften Mitteln die Modelle ins rechte Licht zu setzen.
An dieser Stelle nochmals herzlichen Dank an alle, die mich bei diesem Buch unterstützt haben!

Günther Wappler
März 2014

1. Die Geschichte der Modellautos 1:87

Bereits als die Entwicklung des Automobils noch in den Kinderschuhen steckte, gab es schon Automodelle. In den Anfangszeiten dienten diese als Spielzeug und waren einfache Modelle aus Blech oder Holz. Das vorbildgerechte Modellauto gab es erst später.

Etwa ab den 1980er Jahren entwickelte sich eine bewusste Trennung zwischen Modellauto und Kinderspielzeug. Die Preise bei Modellautos stiegen heftig, die Hersteller hatten nun einen Spielwaren- und Sammlermarkt zu bedienen.

Die Entwicklungen verliefen parallel, einmal zum Spielzeugauto in verschiedenen Größen, auch ohne Bezug auf ein konkretes Vorbild. Aber ebenso als Sammlermodell in verschiedenen Maßstäben mit mehr oder wenig guter Detailierung. An dieser Stelle eine Definition: Was ist eigentlich der Unterschied zwischen Automodell und Modellauto? Ein Automodell ist nicht funktionsfähig, aber ein Modellauto besitzt viele Funktionen seines Vorbilds. Beide sind eine verkleinerte Nachbildung eines Vorbildfahrzeuges, meistens jedenfalls. Also man könnte sagen: ein Modellauto mit Funktionen hat hohen Spielwert für kleine Jungs und ein Sammlermodell ist eher etwas für große Jungs.

Aber welche Modellautos bzw. Automodelle und in welchen Größen gibt es?

Modellfahrzeuge im Maßstab 1:87 entsprechen der Modelleisenbahnspur H0 (Halb Null) mit einer Spurweite von 16,5 mm. Modellfahrzeuge mit diesem Maßstab waren anfänglich mehr oder weniger zur Dekoration für die Modelleisenbahn der Nenngröße H0 gedacht, aber natürlich auch zum Spielen. Modellfahrzeuge im H0-Maßstab haben sich vor allem im deutschsprachigem Raum zu einem eigenen großen Sammelgebiet entwickelt. Diese Sammler-Modelle bestehen meist komplett aus Kunststoff. Im Laufe der Jahrzehnte entwickelte sich das Modellauto zum Sammelobjekt. Das ist bei den größeren Maßstäben, wie 1:18, 1:24, 1:32 und 1:43, meist ebenso. Unter anderem gibt es noch verschiedene Modelle im Maßstab 1:8, 1:12, 1:16, 1:50, die hier aber für uns nicht weiter von Bedeutung sein sollen.

Da auch die Modelleisenbahnen im Maßstab 1:120 (TT) und 1:160 (N) immer beliebter wurden, entstand hier in den letzten Jahren ein umfangreiches Modellfahrzeug-Angebot.

Größenvergleich: Fahrzeuglänge 4.500 mm im Original

1:18	=	250 mm
1:43	=	105 mm
1:87	=	52 mm
1:120	=	38 mm
1:160	=	28 mm

Hier einige Beispiele zum Größenvergleich in verschiedenen Maßstäben bei Modellautos, Lkw: H0 und TT sowie Pkw: H0, TT und N.

Auch das ist Maßstab 1:87.

Eine Kollektion von TT-Modellautos. Auf diesem Gebiet wurde in den letzten Jahren viel aufgeholt. In diesem Maßstab gibt es jetzt auch ein breites Sortiment.

1:24 und 1:43 Modelle, auch hier gibt es fast alle Fahrzeugtypen. Vor allem Fahrzeuge aus dem Osten sind aktuell.

Modellfahrzeuge in den größeren Maßstäben werden oft in Mischbauweise Metall/Plast hergestellt. Dabei ist es so, dass diese Modellfahrzeuge entweder als Sammelobjekt oder als Spielzeug im weitesten Sinne dienen. Metallmodelle lassen sich aufgrund des Materials weniger gut bearbeiten, zum Beispiel schneiden, biegen oder kleben. Bei den Modellen in Mischbauweise, Metall/Plaste wiederum lassen sich Funktionen wie Öffnen der Türen, hydraulische Bewegungen, Simulation von Kippeinrichtungen und anderes besser umsetzen. Wie beispielsweise bei den Modellen von SIKU oder Wiking, welche es in verschiedenen Maßstäben gibt. Also Modellautos mit Funktion und Spieleffekt. Das heißt nicht, dass es bei H0-Modellen aus Plast keine beweglichen Teile gibt, diese sind eben nur filigraner.

Modellautos mit Spieleffekt, Maßstab 1:87 in Mischbauweise, beispielsweise von SIKU.

Hier ein Beispiel, dass sich auch an Plastemodellen bewegliche Teile gut umsetzen lassen. Der T 174 von Busch ist voll beweglich.

Ebenfalls sehr filigran, zerbrechlich aber funktionstüchtig, diese Drehleiter von Herpa.

Für alles, also auch für Spielzeug, gibt es eine EU-Richtlinie. Die Richtlinie 88/378/EWG ist seit dem 1. Januar 1991 in Kraft und besagt, dass kein Verkauf ohne CE-Kennzeichnung erlaubt ist. Definition: Als Spielzeuge gelten dabei alle Erzeugnisse, die dazu gestaltet oder offensichtlich bestimmt sind, von Kindern im Alter bis zu 14 Jahren verwendet zu werden. Nun, über diese Verordnungen kann man verschiedener Meinung sein. Warum sollen sich 12-jährige noch nicht mit Modellautos aus Plast beschäftigen? In dem Alter werden sie kaum noch Kleinteile in den Mund nehmen und verschlucken. Zum reinen Spielen allerdings, eignen sich diese Plast-Modelle ja nicht, dazu sind sie zu empfindlich.

Die verschiedenen Kennzeichnungen für Modelle: Matchbox reines Spielzeug ab 3 Jahre. Warum der Traktor ZT 300 mit Pflug mit seinen vielen Einzelteilen für Kinder ab 8 Jahre geeignet ist und das Robur-Modell ohne Kleinteile ab 14 Jahre empfohlen wird, ist nicht ganz nachvollziehbar.

BUSCH

© Copyright 2005 by
Busch Modellspielwaren
D-68519 Viernheim, www.busch-model.com
Made in Germany
Sammlermodell im Maßstab 1:87 (H0). Nicht für Kinder unter 8 Jahren geeignet.
Collectors series H0-scale (1:87). Not suitable for children under 8 years of age.
Collection des voitures en échelle 1:87 (H0). Ne convient pas à un enfant de moins de 8 ans.

Hinweis aufbewahren! Empfohlen für Modellbauer und Sammler ab 14 Jahren. Aufgrund maßstabs- und vorbildgerechter bzw. funktionsbedingter Gestaltung sind Spitzen, Kanten und Kleinteile vorhanden. Deshalb nicht in die Hände von Kindern unter 14 Jahren! Maßstabs- und originalgetreue Kleinmodelle für erwachsene Sammler. Die Urheberrechte liegen ausschließlich bei der Firma MODELLTEC GmbH. Jede Nachbildung eines MODELLTEC-Modells, die in der Absicht, diese zu verbreiten hergestellt wird - sei es auch in einem anderen Herstellungsverfahren, zu anderen Ausmaßen, Farben oder mit anderen Beschriftungen - sowie die Verbreitung einer solchen Nachbildung ist verboten und wird im Falle eines Verstoßes straf- und zivilrechtlich verfolgt.
Keep piece of advice in mind! Recommended for the modeller up from 14 years. Modèle réduit, construit à l'échelle en détail pour collection. Neurs adultes. Geschikt voor modelbouwers van 14 jaar en ouder. Consigliato al modellisti superiori ai 14 ann di età.

Modellfahrzeuge im Maßstab 1:87 aus Plastewerkstoffen (Polystyrol, ein thermoplastischer Kunststoff) werden vorwiegend von deutschen Firmen hergestellt und vertrieben. Etwa nach 1945 wurde dieser bei der Herstellung von Modellautos angewandt. Diese Modelle werden nicht nur in Deutschland produziert. Einige Firmen lassen in osteuropäischen Ländern, Fernost oder auch auf Mauritius produzieren. Obwohl der Trend dahin geht, wieder in Deutschland produzieren zu lassen. Das heißt, es wird jetzt sogar damit geworben.

Wie bei Modellautos so üblich, sind sie ausschließlich nach Vorbildern gebaut. Doch gelingt es den Modellfahrzeugherstellern hin und wieder mal, seinen Kunden ein Modell „unterzujubeln", das es so im Original nicht gab. Manchmal auch durch Unkenntnis des Herstellers. Was nicht nur in der Bauform zutrifft, sondern auch in Bezug auf die Bedruckung. Wenn einmal das Modellfahrzeug hergestellt ist, dann kann man es ja mit allem Möglichen bedrucken. Anfänglich wurden die Modelle doch recht einfach und auch nicht immer maßstabgerecht gefertigt. Aber heute mit modernen Vermessungsmethoden, Materialen und Fertigungstechniken ist das natürlich anders. Dabei werden die Modelle immer detailgetreuer und filigraner. Kleinteile lassen sich besser herstellen und Funktionen am Modell lassen sich ausführen. Mit den immer mehr auf den Markt kommenden 3D-Druckern wird auch im Modellautobereich ein neues Kapitel aufgeschlagen. Längst werden nicht nur Straßenfahrzeuge, wie Personen- oder Lastkraftwagen, Feuerwehr- und Rettungsfahrzeuge oder Baumaschinen und Kräne gefertigt. Es gibt kaum noch ein Fahrzeug oder Gerät, das nicht nachgebaut wurde. Als Beispiel seien hier auch landwirtschaftliche Geräte, wie Bodenbearbeitungsgeräte, Mähdrescher, Strohpressen, Häcksler und andere Erntegeräte genannt. Natürlich gehören auch Personenkraftwagen von allen denkbaren Jahrgängen, Herstellern und Typen aus Ost und West dazu. Besonders gefragt sind zurzeit Modellfahrzeuge deren Vorbilder in der DDR unterwegs waren. Das war nicht immer so. Als BREKINA den Lkw H 6 kurz nach der Wende herausbrachte, hielt sich die Begeisterung in Grenzen. Das hat sich aber 23 Jahre später sehr verändert. Die Modellautohersteller bringen immer weitere Modellfahrzeuge auf den Markt, deren Vorbilder aus dem Straßenbild der DDR stammen, das heißt, nicht nur in der kleinen deutschen Republik gebaute Fahrzeuge, sondern auch Importfahrzeuge aller Art. Das ist natürlich auch eine Zeitreise in die Vergangenheit. Die DDR-Fahrzeugproduktion endete bekanntlich, außer bei Multicar, mit der politischen Wende. Heute sind die meisten dieser Fahrzeuge schon Oldtimer. Die Geschichte jener Epoche des Fahrzeugbaues wird mit den Modellfahrzeugen weitergeschrieben. Zur DDR-Zeit war es kaum möglich, etwas zur Entwicklung und Produktion zu erfahren. Heute sind diese Informationen zugänglich. Dabei kommen immer mehr Tatsachen von ehemals geheimen Prototypen und Versuchsfahrzeugen an das Tageslicht. Wie diese Informationen von den Modellautofreunden genutzt werden, wird dann bei den einzelnen Modellen beschrieben.

Nun, wo bekomme ich aber meine Modelle her? Da gibt es verschiedene Varianten: Einmal sind es die Händler, oft spezielle Modelleisenbahn- oder andere Spielzeugläden. Seit einigen Jahren die Versandhändler mit Online-Shop. Dazu gehören auch einige Hersteller, welche ihre Produkte direkt verkaufen oder Wiederverkäufer der Kleinserienhersteller. Natürlich sollte man das Online-Auktionshaus ebay nicht vergessen. Achtung, hierzu gibt es ein großes pro und contra. Man sollte sich etwas bei den Preisen der angebotenen Modelle auskennen, bevor man mitsteigert. Da werden schon mal Produkte mit utopischen Preisen angeboten. Im Gegenteil wiederum, kann man auch mit Sachkenntnis und Geschick sehr günstig Modelle ersteigern. Man sollte aber bei dem Preis für das Modell, nicht die Nebenkosten für Porto und Verpackung außeracht lassen, diese kommen bei dem Gesamtpreis noch dazu. Ob man da noch etwas gegenüber dem Fachgeschäft gutmacht, ist zu überlegen. Und dann gibt es ja noch die Modellauto- und Eisenbahntauschbörsen. Hier findet der Sammler fast alles für sein Hobby, wie beispielsweise seltene Modelle und Neuheiten. Aber auch preisgünstige Ware sowie Modelle von Kleinserienherstellern oder Bausätze. Von Vorteil ist dabei der direkte Kontakt und Erfahrungsaustausch mit den Händlern und Modellautosammlern, welcher in dieser Form online nicht stattfinden kann. Auch auf den Floh- und Antikmärkten kann man hin und wieder günstig einkaufen. Man muss nur etwas genauer suchen. Vor allem sollte man dabei die Preise im Kopf haben und sich das Modell genau ansehen, ob es sich auch im guten Zustand befindet.

Eine von vielen Tauschbörsen, die meist das ganze Jahr hindurch an verschiedenen Orten stattfinden.

Beim Betreten eines gut sortierten Modellauto-Eisenbahnladens ist man von dem Angebot der Hersteller überwältigt. Man muss schon genau überlegen, was man will.

2. Die Modellautohersteller

So, nun wissen wir wo wir Modellfahrzeuge herbekommen, aber welcher Hersteller produziert was. Es geht dabei vorwiegend um 1:87 Produkte. Hier eine kurze Übersicht über die Hersteller und ihre Produkte.

Es sollen hier nur einige wichtige Modellautohersteller genannt werden. Es gibt weit über 50 Hersteller von Modellfahrzeugen der verschiedensten Größen. Alle diese Fahrzeuge und ihre Vorbilder zu beschreiben, würde vielleicht mehrere Bände füllen. Die Hersteller haben meist eine sehr umfangreiche Modellfahrzeugpalette, oft weit über 100 verschiedene Modelle im Sortiment. Das Angebot an derzeitig verfügbaren Modellen ist riesig. An dieser Stelle sollen nur die Hersteller vom Maßstab 1:87 und dabei vorerst die, die einen Bezug zu DDR-Fahrzeugen haben, von Interesse sein. Nun macht es wenig Sinn, an dieser Stelle alles über diese Firmen zu schreiben. Erstens würde das ein Buch allein füllen und zweitens hat heut zu Tage fast jeder Internet, dort ist alles auf vielen Seiten über Modellautofirmen und ihre Produkte nachzulesen. Auf Prospekten und anderen Publikationen der Modellautohersteller kann man ebenfalls vieles über die Firmen erfahren. An dieser Stelle sollen nun einige Firmen, die derzeit aktuell sind, in einer kurzen Übersicht vorgestellt werden. Dabei sollen auch einige Kleinserienhersteller mit aufgeführt werden.

BeKa Dresden
Bernd Kasten
BeKa-Modellbau
Bunsenstraße 3
01139 Dresden
E-Mail: info@beka-modellbau.de
Telefon: 0351-848 5140

Hersteller von Fahrzeugen aus der DDR-Zeit: u. a. Busse H 6 und Ikarus, Garant-Lkw, Robur-Busse, Straßenbahn-Modelle, Traktoren 1:50, div. Zubehör.

BREKINA
BREKINA Modellspielwaren GmbH
Zeppelinstraße 8
79331 Teningen
www.brekina.de

Das Unternehmen wurde 1980 von drei Handelsvertretern aus der Spielwarenbranche gegründet, die die Idee hatten, eine eigene Modellauto-Fertigung zu beginnen. Als Firmenbezeichnung wählten sie die Anfangsbuchstaben ihrer Familiennamen: BRE-KI-NA. Heute wird BREKINA von Herrn Hartung geführt, der seit 1982 Gesellschafter-Geschäftsführer ist und im Firmennamen nicht verewigt wurde.
Als erstes Modell erschien im Sommer 1980 der Opel P 4, bald darauf der DKW F 7/F 8 beide lieferbar als Limousine und Cabriolet. In schneller Folge kamen Modelle der Epoche II hinzu, bis dann 1982 die Ep. III angegangen wurde. Ende des Jahres 1982 erschien das erste richtige

Das BREKINA Autoheft von 2014 sowie das Messe Prospekt 2014. Das neue BREKINA-Autoheft 2015, trägt die Artikel-Nr. 12214 und erscheint parallel zur Spielwarenmesse in Nürnberg vom 28. Januar bis 2. Februar 2015

Ältere BBREKINA Autohefte. Die Titelseiten zeigen, dass BREKINA nicht nur Modelle von Straßenfahrzeugen, sondern auch Modelle von besonderen Schienenfahrzeugen in verschiedenen Maßstäben im Sortiment hat.

Nutzfahrzeug, der Mercedes-Bus MB O 5000, der BREKINA nun einem breiteren Publikum bekannt machte. In den folgenden Jahren widmete sich BREKINA schwerpunktmäßig den Nutzfahrzeugen, v. a. mittleren und schweren Lastwagen. In nur zehn Jahren kamen mehr als 100 Modellfamilien zusammen Personenwagen, Omnibusse, Einsatzfahrzeuge vom Krankenwagen bis zur Feuerwehr, Kommunalfahrzeuge und vor allem Schwerlastwagen.

Neben den Modellen, die in aller Regel über den Spielwaren-Fachhandel vertrieben werden, hat BREKINA auch immer ein reiches Angebot von sogenannten Sommermodellen, die für bestimmte Abnehmer gefertigt werden und nicht flächendeckend im Handel erhältlich sind. Das sind exklusive Auflagen von Modellen auf Basis von Grundtypen, vorrangig für Abnehmer im Bereich der Sondervertriebsformen des Einzelhandels, also z. B. Conrad Electronic, die Deutsche Post oder Modellbahn-Hersteller.

Eine besondere Rolle spielen die Sonderserien der Deutschen Post, die BREKINA einem breiten Publikum bundesweit bekannt gemacht haben. Denn 1995 übernahm die damalige Deutsche Bundespost den Verkauf von speziellen Modellserien in ihren Postämtern, heute Postfilialen genannt. Etwa zwei Jahre konnte man die BREKINA-Setpackungen dort erwerben. Danach wurde der Vertrieb auf die Post Collection übertragen (die aus dem Briefmarken-Abo-Geschäft hervorgegangen ist). Bis heute arbeiten BREKINA und die Deutsche Post zusammen. Für die Deutsche Post wurden zahlreiche Sondermodelle entwickelt, v. a. Omnibusse und seltene Nutzfahrzeuge, die ansonsten nie eine Chance im Spielwarenmarkt gehabt hätten.

BREKINA ist weltweit distribuiert. Überall dort, wo es Modellspielwaren-Fachgeschäfte gibt, wird man die Modelle aus dem deutschen Südwesten antreffen. In den 2000er Jahren hat BREKINA seine Fertigung zunehmend nach China verlagert, aber unverändert werden auch heute noch Modelle in Deutschland hergestellt. 2003 erweiterte BREKINA das Angebot um Schienenfahrzeuge – nach Vorbild der DB und verschiedener Privatbahn-Gesellschaften. Im Laufe der Jahre hat BREKINA auch den Vertrieb weiterer Marken übernommen.

Neben der eigentlichen Kernmarke BREKINA gehören heute noch die etwas einfacheren „Drummer-Modelle“ und die besonders exklusive „Starmada-Linie“ zum Angebot des Unternehmens. Unter dem Begriff „Resina“ werden Kleinserien-Gießharz-Modelle offeriert. Mehr als 250 Modellreihen – allerdings ausschließlich Veteranen und Klassiker – sind BREKINA-Vorbilder und als Modelle erhältlich. Letztlich muss ergänzend erwähnt werden, dass sich BREKINA auch umfassend um die Vorbildgeschichte gekümmert hat. Seit mehr als 30 Jahren gibt es die Autohefte, die die Geschäftspolitik des Unternehmens beschreiben und jeweils über die aktuellen Vorbilder berichten. Speziell für den ostdeutschen Markt hat BREKINA immer ein offenes Ohr gehabt. Gleich nach der Wende – zeitgleich mit der deutschen Wiedervereinigung – erschien ein Modell des Schwerlastwagens IFA H 6. Es folgten bald weitere Modelle: Wartburg 311, Trabant P 50, ein breites Angebot von Barkas-Frontlenker-Transportern, Leichtlastwagen Robur LO und Robur Garant, IFA S 4000-1 und der legendäre ADK 6.3.

Busch
Busch GmbH & Co. KG
Heidelberger Straße 26
68519 Viernheim, Germany
Telefon: 0 62 04 - 60 07 10
Telefax: 0 62 04 - 60 07 19
E-Mail: info@busch-model.com

Die Firma Busch wurde am 01.10.1955 von der Familie Ernst Busch in Mannheim gegründet. Auf der Spielwarenmesse 1958 in Nürnberg stellte die Firma Busch das erste Mal aus. 1994 wurde die in Konkurs gegangene Firma Praliné mit ihrem Modellautoprogramm übernommen. Nach einer kompletten Neuorganisation des Betriebes, Qualitätsverbesserungen in allen Bereichen und Überarbeitung des Gesamtsortiments, wurden ab Sommer 1994 die ersten „Busch Automodelle 1:87" ausgeliefert. BUSCH Automodelle und der größte Teil des Modellbau-Programms werden heute im eigenen Zweigbetrieb in Schönheide (Vogtland) hergestellt. Neben einem eigenen Werkzeugbau, Kunststoffspritzgießerei und Druckerei befindet sich dort seit 2008 auch eine moderne Laser-Cut-Abteilung. Vor allem mit Modellfahrzeugen aus dem DDR-Straßenbild z. B. den Traktoren ZT 300 und 323 sowie mit dem Kran T 174, dem Mähdrescher E 514, Robur LO 2002 und ab 2012 mit „EsPeWeModelle"-Modellen z. B. des W 50 und L 60, hat sich die Firma einen Namen gemacht. Natürlich bietet Busch viel mehr, als nur Automodelle: Busch Modellwelten-Automodelle-Modellbahn.

Weitere Informationen dazu im Internet auf der Seite von Busch und bei Wikipedia.

Einige Seiten der Busch-Kataloge.

Herpa Miniaturmodelle GmbH
Postfach 40
90597 Dietenhofen
Telefon: 09824 951 00
http://www.herpa.de
herpa@herpa.de

Das Sortiment umfasst Kraftfahrzeug-Modelle in den Maßstäben 1:87, 1:120, 1:160 und 1:220 aus Kunststoff. Automodelle im Maßstab 1:43, Flugzeugmodelle in den Maßstäben 1:160, 1:200, 1:300, 1:400, 1:500 und 1:1.000 sowie Schiffsmodelle im Maßstab 1:1.250. Durch Herpa werden jedes Jahr über vier Millionen (!) Pkw- und Lkw-Modelle produziert – nach Angaben des Unternehmens, mehr als bei allen anderen deutschen Modellautoherstellern zusammen. Das Unternehmen beschäftigt 220 Mitarbeiter und unterhält auch Produktionsstätten in China und Ungarn. Die Modelle werden laut Herpa, nach Originalplänen der Hersteller produziert. Für den Markt der Bastler und Umbauer erscheinen hin und wieder Modelle ohne Bedruckung, welche aber preislich nicht wesentlich günstiger als bedruckte Modelle sind. Die Firmengeschichte begann am 15. März 1961, als der Ingenieur Fritz Wagener seinen kleinen Familienbetrieb RIWA in Nürnberg gegründet hatte. Der Firmenname wurde abgeleitet aus Teilen seines Namens Fritz Wagener. Der Betrieb war so erfolgreich, dass Fritz Wagener einen neuen Standort für seine Firma suchen musste. Er fand ihn etwa 30 Kilometer außerhalb von Nürnberg in Dietenhofen. Dort zog die Firma im Herbst 1965 ein. Im selben Jahr kaufte Wagener die Firma Herpa. Diese wurde 1949 gegründet und produzierte Zubehör für Modelleisenbahnen im bayrischen Beilngries. Der Name Herpa stammt von dem Firmengründer Hergenroeder -- Hergenroeder Patente. Die Übernahme von Herpa war der Beginn einer neuen und erfolgreichen Produktpalette. Bei Herpa setzte er neue Standards. 1967 war Herpa die erste Firma, die Zubehör für Rennbahnen herstellte. Die Söhne von Fritz Wagener, Claus und Dieter Wagener, heute in der Geschäftsleitung von Herpa, haben die Serie der Modellautos erweitert. Ab 1997 wurden nun in einer Schnapp-Bauweise, ohne Verwendung von Klebstoff, Modelle hergestellt, was bei Kunden, die ein Modell abändern wollten, sehr gut ankam. Die ersten Lastkraftwagen und Busse wurden vorgestellt und wegen ihrer Detaillierung wie zum Beispiel Scheibenwischer, lenkbare Achsen und Abschlepphaken, wurden sie sehr schnell akzeptiert. Die Automodelle wurden zum Hauptprodukt von Herpa. Herpa begann eine neue Serie von Modellautos im Maßstab 1:43. Darüber hinaus gab es neue Produktreihen, wie die „Private Collection“ in Klarsichtboxen, historische Autos und High-Tech-Modelle. Nicht zu vergessen die Flugzeug-Modelle „Herpa Wings“ in verschiedenen Maßstäben. Heute ist Herpa nach eigenen Angaben der Marktführer für Lastkraftwagen-Modelle im Maßstab 1:87. Im Werk Dietenhofen arbeiten über 400 Mitarbeiter, unterstützt von einer Niederlassung in Eisfeld, Thüringen, mit über 100 Mitarbeitern. Herpa baut unter sehr vielen anderen Modellen die Ost-Fahrzeuge: Trabant, Wartburg, Moskwitsch, Wolga, russische Lkw-Modelle, Skoda, Framo, Lkw G 5 und den L 60. Neu ist die MZ 250 mit Beiwagen. Das Modell des Mopeds Schwalbe ist schon länger im

von einem regionalen Transportunternehmen zu einem ternationalen Spediteur entwickelt, der sich auf Kühltransporte spezialisiert hat. Die vierte Generation von Van Dongen Transport B.V. führt die heutigen Geschäfte. Als eines der ersten Transportunternehmen begann Van Dongen Transport B.V. mit Hin- und Rücktransporte nach Spanien und Portugal nach deren Beitritt zur EWG im Jahr 1982. Durch Übernahme anderer Transportunternehmen breitete Van Dongen Transport B.V. seine Dienstleistungen nach Ländern wie Frankreich, England, Irland, Italien, Osteuropa und Skandinavien aus. Van Dongen Transport B.V. wurde 2005 durch die englische Gist Limited übernommen. Da die Spedition aktuell den neuen Mercedes-Benz mit BigSpace-Fahrerhaus mit dem auffälligen Design einsetzt, folgt nun auch die entsprechende Herpa-Miniatur mit dem gleichen interessanten Design.

301 572 MAN TGX XXL Tieflade-Sattelzug „Franke Bremen“

W & F Franke ist ein mittelständisches Schwerlast-Transportunternehmen mit Hauptsitz in Bremen und Niederlassungen in Magdeburg, Dresden, Warschau und Hässleholm (Schweden). Mit insgesamt 90 Mitarbeitern und modernem Fuhrpark führt die Spedition national und international Großraum- und Schwerlasttransporte durch. Der Hauptauftraggeber ist Deutschlands führender Hersteller von Windkraftanlagen. Zu den weiteren Kunden zählen namhafte Unternehmen aus der Raumfahrtindustrie, aus dem Anlagen- und Maschinenbau und der Bauindustrie, also Firmen, die in der Regel großvolumige Güter transportieren lassen. Das Schwerlastunternehmen Franke stellt das Vorbild für diesen Tiefladesattelzug. Die Zugmaschine zieht Goldhofer Achslinien, die mit Rohradaptern zur Aufnahme von Rohren oder Turmteilen bestückt sind.

Minitanks

Die Serie der Militärmodelle nach Vorbildern der Roten Armee und der NVA wird mit den damals typischen ZIL- und UAZ-Modellen fortgesetzt. Die aktuellen Fahrzeugmodelle stammen nicht aus dem Roco-Formenfundus, sondern sind detailreiche Kleinserienmodelle aus ukrainischer Produktion. Als Formneuheit erscheinen der russische Ural-Laster mit heckseitig geschlossenem Planenaufbau und der IFA L 60 mit Pritsche/Plane und mit Kofferaufbau. Die Modelle sind limitiert.

700 597 Wolga M 24 „CA“, schwarz/Aufdruck (SU)

700 603 Dodge M880 1,25 t, 4x4 Pritsche mit Plane, olivgrün (USA)

700 610 Dodge M880 1,25 t, 4x4 Sanitätskoffer, olivgrün (USA)

743 877 Feldhaubitze M114, 155mm, olivgrün (USA/BW)

744 010 HS 30 Mörserträger, olivgrün (BW)

744 027 Spz kurz (Hotchkiss), olivgrün (BW)

744 188 Zugmaschine 8 t, Krauss Maffei, sandgelb (DR)

744 195 IFA L 60 Koffer-LKW „NVA“, olivgrün/Aufdruck (DDR)

744 201 IFA L 60 Pritschen-LKW „NVA“, olivgrün/Aufdruck (DDR)

744 218 Ural Planen-LKW, olivgrün (DDR)

744 225 Ural Pritschen-LKW „CA“, olivgrün/Aufdruck (SU)

744 232 ZIL 157 Tank-LKW „Feuerwehr“, rot (SU). Das Modell ist limitiert

DER MASS:STAB

Seiten der Zeitschrift „DER MASS:STAB“. Hier wird ausführlich über das Vorbild und das Modell berichtet.

Programm. Die Zeitschrift „DER MASS:STAB“, das Magazin für alle Sammler und Herpa-Fans, gibt es seit 1982 bei Herpa und informiert ausführlich über Herpa Produkte. Es erscheint alle zwei Monate. Herpa betreibt in Dietenhofen ein Museum und einen Werksverkauf. Herpa schreibt, dass ständig 1.500 Sammlerstücke lieferbar wären. Herpa bietet gegenüber manch anderen Modellautoherstellern eine umfangreiche Collection an Schaukästen, Sammelboxen, Showroom-, Pkw- und Lkw-PC-Vitrinen, auch einen Teileservice für einzelne Teile und Baugruppen. Diese Teile sind neutral weiß und können dadurch individuell farbig behandelt werden. Aufgrund der Herpa-Schnappbauweise können die Fahrzeuge ganz individuell verbaut werden. Auch MiniKits bietet Herpa an, Bausätze von Herpa-Fahrzeugen in Schnappbauweise. Unter der Abteilung „minitanks“ (ehemals Roco-Fahrzeuge) bietet Herpa Militärfahrzeuge an. Ein Teil dieser Fahrzeuge der Roten Armee und der NVA sind Kleinserienmodelle aus ukrainischer Produktion (RK).
Weitere Auskünfte auf der Internetseite von Herpa, Wikipedia und in der Zeitschrift „DER MASS:STAB“.

NEUHEITEN

NEUHEITEN NOVEMBER/DEZEMBER 2012

Text: Gunter Waize und Oliver Kaschel

Fotos, soweit nicht anders vermerkt: Herpa Miniaturmodelle GmbH

301 602 Scania R '09 TL Kühlkoffer-Sattelzug „Alexandre Chevalier“ (F)

Die Spedition „Transporte Alexandre Chevalier hat ihren Sitz in Roussillon, in der Région Rhône-Alpes im Departement Isère. Gegründet wurde das Unternehmen am 1. Oktober 2003. Nach dem bekannten Show-Truck fährt nun ein weiterer aktueller Scania in den Farben der Spedition. Bereits 2005 bereicherte unter der Artikelnummer 120654 ein Showtruck der Spedition Alexandre Chevalier das Herpa-Sortiment. Der Unternehmer hat sich nun einen Scania ansprechend gestalten lassen, der in einer einmaligen Auflage als Miniatur produziert wird.

024 914 und 034 913 Opel Kadett B-Coupé Rallye

Der Kadett B von Opel war das zweite Modell der bis heute produzierten PKW-Baureihe „Kadett“, später „Astra“. Der Kadett B wurde im September 1965 als Nachfolger des Kadett A vorgestellt und bis Juli 1973 gebaut. Er gilt damit als eines der erfolgreichsten Opel-Modelle. Bis zu acht verschiedene Kadett-B Karosserien waren gleichzeitig im Angebot, darunter auch von 1965 bis 1970 der sogenannte „Kiemencoupé“ mit angedeuteten Luftungsschlitzen in der C-Säule, besser als Kadett L oder Rallye Kadett bekannt. Er ist äußerlich an den zusätz-lichen Halogen-Fernscheinwerfern, der mattschwarzen Lackierung der Motorhaube zur Einschränkung von Lichtreflexionen, anderen Seitenstreifen, mattschwarz lackierten Türschwellern und der schwarzen Innenausstattung zu erkennen. Der Wagen wurde nur als Coupé mit dem 60 PS starken 1,1-Liter-SR-Motor mit Zwei-Vergaser-Anlage angeboten. Ab 1967 gab es in der neuen Coupé-Karosserie („Coupé F“) den Rallye Kadett auch mit dem 1,9 Liter S-Motor und 90 PS. Nach dem zivilen Modell, erscheint nun auch die optisch aufgewertete Rallye-Version. Der Bolide hat die volle Kriegsbemalung und kommt als Herpa-Modell in Rot/Schwarz und in Blaumetallic/Schwarz.

DER MASS:STAB

028 226 und 038 225 BMW 3er Touring

BMW baut die 3er-Familie auch 2012 aus und zeigte auf der AMI in Leipzig den neuen BMW 3er Touring F31. Der Touring orientiert sich optisch und technisch erwartungsgemäß eng an der 3er Limousine, die seit Februar erhältlich ist. Der als Touring bekannte Kombi kommt mit längerem Radstand und mehr Platz im Kofferraum. Analog zu der Limousine zeigt sich auch der BMW 3er Touring mit einer bulligen Front und einer stärker geneigten Motorhaube. Unterschiede lassen sich erst ab der B-Säule festmachen. Ab hier ist der BMW 3er Touring mit großen Fensterflächen ausgestattet, die in einer schmalen, schrägen C-Säule enden. Am Heck reichen die L-förmigen Rückleuchten weit in die Seiten hinein. Im Vergleich zur Limousine (E91) ist die Spurbreite vorn um 37, hinten um 48 Millimeter verbreitert. Auch für den BMW 3er Touring sind die Ausstattungslinien Sport Line, Modern Line und Luxury Line sowie das M Sportpaket verfügbar. Zum Verkaufsstart stehen die Vierzylinder-Varianten BMW 320d und BMW 328i sowie der BMW 330d Touring mit 258 PS starkem Reihensechszylinder bereit. Ende des Jahres erweitert BMW dann das Motorenangebot noch um die Varianten 320i, 318d und 316d mit den aus der Limousine bekannten Vierzylindern mit 184, 143 und 116 PS. Bereits zeitnah zur Markteinführung erscheint auch bei Herpa die vierte Generation des neuen BMW 3er Touring in Alpinweiß und Havannaschwarzmetallic.

028 240 und 038 249 Audi R8 facelift, ibisweiß

Seit 2006 hat Audi mit dem R8 auch einen Supersportwagen im Programm. 2012 wurde der Zweisitzer überarbeitet. Seine Weltpremiere feierte der neue Audi R8 auf dem Autosalon in Paris. Mit einer neuen Top-Version, einer neuen Schaltoption und einer überarbeiteten Optik rollt der Sportler in die Saison 2012. Mit einem Single-Frame-Kühlergrill mit angeschrägten oberen Ecken, neuen Lufteinlässen an der Front (neue Frontschürze mit nun drei Querstreben in den Belüftungsschächten) und Änderungen an den seitlichen Blades hat Audi den R8 aufgewertet. Geändert sind auch die Voll-LED-Scheinwerfer und -Rückleuchten. Auf der Triebwerksseite bleiben der 4,2-Liter-V8 mit 430 PS sowie der 5,2-Liter-V10 mit 525 PS Nm unverändert. Neu hingegen ist die Audi R8 V10 Plus-Version mit 550 PS. Die Preise beginnen bei 113.500 Euro für das Original. Als Formneuheit ist das Modell das neuen Audi R8 ab November im Herpa-Programm. Der Preis für das ibisweiße Modell liegt bei nur 10 Euro, einen Euro mehr wird für die lavagraumetallic-farbene Version fällig.

027 502 Trabant 601 Limousine mit Anhänger und zwei Simson KR 51/1

Im typischen Babyblau kommt der Trabant 601 S mit Anhänger daher. Während der Trabant noch aus der alten Zweitakter-Produktion stammt, kommt der Anhänger schon aus dem Westen. Die beiden hier aufgelasteten Simson KR 51/1 habe ihr Vorbild noch aus DDR-Zeiten. Neu sind die Farben Ockergelb und Olivgrün.

049 627 Wolga M 24 „Taxi“

Der Wolga M 24 war zu DDR-Zeiten der pure Luxus. Der Personenwagen stammt aus sowjetischer Produktion und wurde ab 1968 von der russischen Automobilfabrik GAZ (Gorkovski Avtomobilni Zavod) im zentralrussischen Nischni Nowgorod produziert. Der GAZ-24 war ein besonders lange gebautes Modell. Er ähnelte amerikanischen Fahrzeugen jener Zeit. Die 24er-Reihe wurde bis 1992 produziert und diente als Grundlage für die Nachfolgemodelle 3102 (1982), 31029 (1992), 3110 (1997) und 31105 (2004). Wegen seiner Robustheit und seiner Fahreigenschaften war das Fahrzeug nicht nur beim Politbüro und den staatlichen Organen der DDR beliebt, sondern auch als hellgraues Taxi, insbesondere in der Hauptstadt und in Leipzig zur Messe.

DER MASS:STAB

Herpa Katalog bzw. Prospekt.

Eine Auswahl von Herpa-Modellen aus dem DDR-Straßenbild: Lkw G 5 TLF, der Trabant 1.1, Barkas Typ V 901/2 (Framo), der Wartburg 353 Limousine und Tourist, der Wohnwagen Queck, der Moskwitsch 403 und 408.

Praliné

1981 erhielt die Firma den Namen „Model International Duve GmbH“, aber bereits 1986 wurde die Firma gelöscht. 1986 wurde kurzzeitig die Verteilung, der Vertrieb und die Verbreitung der Praliné-Serie in Deutschland zu Revell GmbH & Co. KG gegeben. Der Geschäftsführer musste 1993 Insolvenz anmelden und 1994 wurden das Unternehmen an die Busch GmbH & Co. KG in Schönheide verkauft. 1993 gab es den letzten Praliné-Katalog. 1994 gab es einen BUSCH/PRALINÉ-Katalog. Seitdem wird diese Marke nur noch unter BUSCH weitergeführt. Praliné fertigte unter vielen anderen auch Horch- und BMW- bzw. EMW-Modelle.

Katalog 10 Jahre Praliné.

Roskopf

1955 wurde die Firma Roskopf Miniaturmodelle in West-Berlin gegründet. 1958/59 übersiedelte die Firma nach Traunreut, 1974 in den eigenen Neubau in Traunstein.

Seit 1982 fertigt die Roskopf Miniaturmodelle GmbH hochwertige Miniatur-Modelle. Vorwiegend historische Fahrzeuge aus der ersten Hälfte des vorigen Jahrhunderts, aber auch Lkw aus den 1960ern. 1994 wird die Firma Roskopf-Miniaturmodelle von der Sieper-Werke GmbH & Co. KG übernommen. Eine Zeit lang erscheinen im WIKING-Katalog beide Produktlinien. Im Juni 2002 verstarb Marcel Roskopf, der Gründer. Mit Einführung der Nostalgieserie 1988 fügt Roskopf seinem Zivilprogramm ein neues Sammelgebiet hinzu: Miniaturen von Fahrzeugen der 1920er und 1930er Jahre aus Deutschland. Die Firma Roskopf hatte sich auf Fahrzeuge aus den 1920er und 1930er Jahren und Fahrzeuge aus der Schweiz spezialisiert. Die Fahrzeugmodelle von Roskopf aus den 1920er und 1930er Jahren haben insofern Bezug zur DDR-Fahrzeugindustrie, da diese Modelle Aufbauten aus dem Fahrzeugbau Schumann Werdau, dem späteren VEB Kraftfahrzeugwerk „Ernst Grube“ Werdau darstellen könnten. Also zum Beispiel Pritschen-, Tank- und Möbelkofferaufbauten sowie Möbelwagen.

Weitere Infos auch unter: www.saurer-berna.info. Eine sehr interessante Seite mit weiteren Links über Marcel Roskopf und seine Modelle.

s.e.s Modelltec
MODELLTEC GmbH
Breitenbachstraße 11-12
13509 Berlin-Reinickendorf
Tel: 030-4174 8702
Fax: 030-414 80 05
E-Mail: mail@modelltec.de
www.modelltec.de, www.sesberlin.de/

Mit der Wende, im Spätherbst 1989, entstand bei Rainer Schmidt mit der Firma s.e.s die Idee zur Fertigung ostdeutscher Modellautos. Von der Treuhandanstalt konnten die Werkzeuge des ehem. VEB Plastspielwaren (Minicar GmbH) erworben werden. Fast drei Viertel der alten ESPEWE Formen kamen 1992 dazu. Hier wurden die alten Modelle mit zum Teil besserem Kunststoff, anderen Farben und Bedruckungen wieder gefertigt. Damit war der Einstieg in die Modellautobranche geschafft! Neben der Pflege der alten DDR-Produktionsmittel wurden schon bald neue Werkzeuge, wie z. B. für den Trabant und den Lkw W 50 in Angriff genommen. Auch für die Werbebranche haben Produkte von s.e.s immer wieder gute Dienste geleistet: Dabei auch der „Olympia-Trabi“ mit Bärchen, zur leider gescheiterten Olympiabewerbung Berlins anno 1992. 2006 erschienen bei s.e.s die Modelle der neu gegründeten Firma ESPEWE. 2012 hat dann Busch diese Modelle übernommen. S.e.s Modelltec hat über 500 Modell-Fahrzeuge im Angebot, die nicht immer dem Vorbild entsprechen.

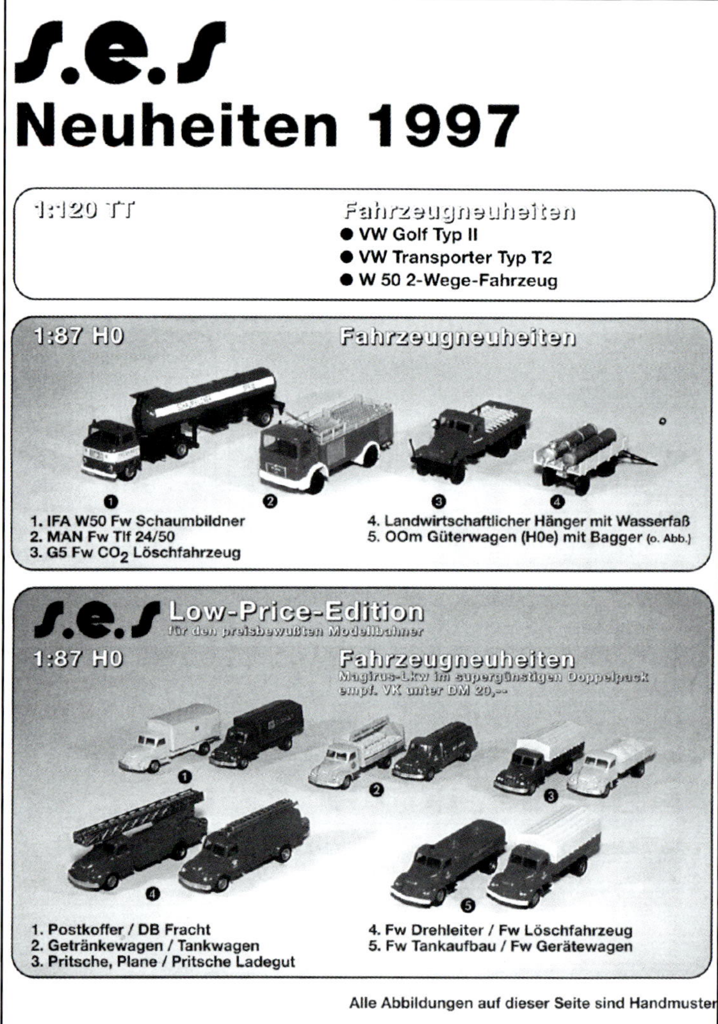

Ein neuzeitliches Prospekt und ein Prospekt von 1997 zeigt Fahrzeuge aus IMU-Formen, Low-Price-Edition.

Unter den 1:87 Pkw-Modellen gibt es wahrscheinlich bis heute nur ein bekanntes Modell, das lenkbare Vorderräder hat, der Lada Nova 2505 von s.e.s, erschienen im Jahre 1993. Dieses Modellfahrzeug ist schon etwas Besonderes. Entwickelt wurde der Lada Nova bei der Firma K.-O.-Behla in Eberswalde für s.e.s.

Wiking
Wiking-Modellbau GmbH & Co. KG
Schlittenbacher Str. 60
58511 Lüdenscheid
www.wiking.de und Wikipedia

Am 3. Dezember 1939 wurde in das Handelsregister von Berlin die Firma „Wiking-Modellbau Peltzer & Peltzer" eingetragen. Diese Firma stellte zunächst Schiffsmodelle im Maßstab 1:1.250 her, später dann im Maßstab 1:1.275. Zudem werden Wehrmachts-Modelle aus Metallguss ohne bewegliche Räder gefertigt. 1966 wurden die Modelle dann mit einer Inneneinrichtung versehen. Bereits 1969 wurde das WIKING-Lieferprogramm um Fahrzeuge im Maßstab 1:160 ergänzt. Am 1. Juli 1984 wird das Unternehmen, das seit dem Tod des Firmengründers von einem Nachlassverwalter geführt wurde, von der Sieper Gruppe übernommen. Fortan heißt das Unternehmen nun „WIKING Modellbau GmbH & Co. KG". Als Ostmodelle erschienen nur die Pkw Trabant bzw. der Horch sowie der Audi Front und der BMW 328.

Wiking bietet nicht nur Modellautos 1:87 in den Kategorien Personenkraftwagen und Transporter, Einsatzfahrzeuge, Lastkraftwagen und Lkw-Züge, Bau- und Kommunalfahrzeuge, landwirtschaftliche Fahrzeuge und klassische Modelle an, auch Modelle 1:160 sowie 1:32 und 1:43 werden angeboten. Dabei sind die Fahrzeuge der großen Maßstäbe doch mehr Spielzeug mit vielen Funktionen. Noch etwas bietet Wiking an – „Wiking Control87" funkferngesteuerte Modellautos im Maßstab 1:87 mit vielen Funktionen, z. B. Licht und Blinklicht.

Eigentlich sollten an dieser Stelle Bilder des Wiking-Prospektes stehen, um den Leser die Produkte vorzustellen. Aber Wiking gestattete es nicht bzw. nur mit besonderen Auflagen. Eine Modellautofirma, die es nicht gestattet Prospektseiten von ihren Modellautos zu zeigen, da soll sich jeder seinen eigenen Reim darauf machen. Auch das Zeigen von über 20 Jahre alten Prospektseiten z. B. zum Thema Horch wäre nur mit inakzeptablen Auflagen genehmigt worden. Auf Anfrage zur Veröffentlichung von einzelnen Prospektseiten erhielt der Autor folgende Antwort: (Auszugsweise zitiert)

„20.11.2013 um 12:10 Uhr
Sehr geehrter Herr Wappler,
vielen Dank für Ihre freundlichen Zeilen und Ihr bemerkenswertes WIKING-Engagement. Sie zählen damit zu einem erlesenen Kreis wirklicher Modell-Enthusiasten, die sich den ungewöhnlichen und ebenso legendären Miniaturen von Wiking-Modellbau verschrieben haben!
Leider können wir Ihrer Bitte auf Genehmigung der Nutzung der Marke WIKING nicht nachkommen. Gern unsere Begründung dafür: Gerade die Entwicklung der digitalen Medien in den letzten Jahren hat gezeigt, dass Grenzüberschreitungen in rechtlicher und auch moralischer Hinsicht leider keine Seltenheit mehr sind und auch vor der Marke WIKING nicht Halt machten. Aus diesem Grund hat sich Wiking-Modellbau grundsätzlich dazu entschlossen, keine Zustimmung mehr zur Nutzung der Marke für Projekte zu geben, deren Steuerung nicht mehr in unseren Händen liegt und damit langfristig unwägbar bleibt. Das gilt insbesondere für die Markennennung im Domain-Namen, die bekanntlich dem gesetzlichen Markenschutz unterliegt, aber auch für den Nachdruck oder die Digitalisierung von Printprodukten unseres Hauses. …
Wir betrachten diese Sachverhalte als vorsätzlich herbeigeführte Markenrechtsverstöße, die wir künftig zum Schutz der Marke WIKING nicht mehr dulden können. …Wir gehen davon aus, Ihnen unsere Beweggründe genauso ehrlich wie ausführlich erläutert zu haben, und sagen schon jetzt herzlichen Dank für Ihr Verständnis. …
Mit freundlichen Grüßen
Katja Grappendorf
Verkauf
Wiking-Modellbau GmbH & Co.KG"

Aus diesen Gründen wird in diesem Buch kein Wiking Prospekt abgebildet sein.

Das waren nur Beispiele, es gibt noch eine Reihe weitere Modellauto-Firmen. Die Folgenden sind bekannte Modellauto-Firmen, stellen aber keine Modellfahrzeuge nach DDR-Vorbild her.

Rietze Automodelle GmbH & Co. KG
In der Herrnau 1
90518 Altdorf bei Nürnberg
Telefon: 09187-9600

Die Firma stellt u. a. Modelle 1:43, 1:87 und 1:160 von Bussen, Lkw, Pkw, Einsatzfahrzeugen und Oldtimern her. Man kann sagen, die Firma Rietze ist der Bus-Spezialist. Viele Einsatzfahrzeuge sind speziell nach bestimmten Einsatzzwecken und Einsatzorten gestaltet. Auch die Bus-Modelle sind Nachbildungen von Busunternehmen in Ost und West aus heutiger Zeit. Als einige der wenigsten Firmen bietet Rietze den Modellautofreunden im Internet eine Modellvorschlag-Seite an: „Modellvorschlag" an folgende Adresse: modellvorschlag@rietze.de. Außerdem unterhält Rietze auch einen Internetshop.

WIETMARSCHER MB Sprinter Design-RTW
„Feuerwehr Jena"
72000 | 1:87 | FN | D | PG 28

WIETMARSCHER MB Sprinter Design-RTW
„Feuerwehr Solingen"
72001 | 1:87 | FN | D | PG 28

IVECO MAGIRUS DLK 32
„Feuerwehr Uelzen"
68540 | 1:87 | BV | D | PG 45

IVECO MAGIRUS DLK 32
„Feuerwehr Warendorf"
68539 | 1:87 | BV | D | PG 45

EINSATZ SERIE 1:87

IVECO MAGIRUS DLK 32
„Feuerwehr Werneck"
68541 | 1:87 | BV | D | BOX | PG 46

IVECO MAGIRUS Dragon X8
„Devlet Hava Meydanaları Isletmesi"
68354 | 1:87 | BV | TR | PG 52

MERCEDES-BENZ O 303
„ÖBB, Wien"
60293 | 1:87 | BV | AT | PG 40

NEOPLAN Jetliner
„Ernst Reisen"
69602 | 1:87 | BV | D | PG 45

MERCEDES-BENZ Integro
„Trentino Trasporti, Trento"
63260 | 1:87 | BV | IT | PG 40

NEOPLAN Cityliner C
„World Wide Gruppenreisen"
6?975 | 1:87 | BV | D | PG 45

NEUHEITEN 10.-12.2013 6 AUTOMODELLE IN PERFEKTION

RIETZE MADE IN GERMANY

MAN Lion´s City G
„Wiener Linien, Wien"
67279 | 1:87 | BV | AT | PG 49

MERCEDES-BENZ Citaro G Euro 6
„Die Post - Arbon"
68818 | 1:87 | BV | CH | PG 49

MERCEDES-BENZ Citaro
„ESWE, Wiesbaden"
14233 | 1:43 | BV | D | PG 61

RM RIETZEAUTOMODELLE

Rietze Automodelle GmbH & Co. KG
In der Hermau 1 · 90518 Altdorf
Tel.: 09187/9600 · Fax: 09187/96030
eMail: info@rietze.de · www.rietze.de

4 037748 990979

Ein kleines Video von der Produktion bei Rietze Automodelle
www.rietze.de/download/media/produktion-rietze01.mp4

Hinweis

Änderungen von Modellen, Farben und Beschriftungen behalten wir uns vor. Die Urheberrechte an diesen Modellen und der Bezeichnung "Rietze" liegen ausschließlich bei der Firma Rietze Automodelle GmbH & Co. KG. Jegliche Nachbildung eines Rietze Modells, sei es auch mittels eines anderen Herstellungsverfahren, zu anderen Ausmaßen, Farben oder mit anderen Beschriftungen, sowie die tatsächliche Verbreitung solcher Nachbildungen ist verboten und wird im Falle eines Verstoßes straf- und zivilrechtlich verfolgt. Wer Rietze Modelle im geschäftlichen Verkehr lackiert, bemalt, beklebt oder in sonstiger Weise in Gestalt, Farbe, Beschriftung und/oder Form verändert, wird wege Urheberrechts-, Markenrechts- Wettbewerbsverletzung in Anspruch genommen. Beachten Sie bitte, dass die Großzahl unserer Busmodelle und viele Bedruckungsvarianten der PKW-Modelle nur in einer einmaligen Auflage gefertigt werden. Die Auslieferungstermine erfahren sie a unserer Webseite.

„Mercedes-Benz", and the design of the displayed products are subject to intellectual property protection owned by Daimler AG. They are used by Rietze Automodelle GmbH & Co. KG under license.

"Marken-, Geschmacksmuster- und Urheberrechte werden benutzt mit der Erlaubnis des Inhabers Volkswagen AG."

Besuchen Sie unseren Werksverkauf in 90518 Altdorf, In der Hermau 1, Mo-Do: 08.00-12.00 und 12.30-15.30 Uhr, Fr: 08.00-12.00 Uhr. Einen Anfahrtsplan finden Sie auf unserer Webseite www.rietze.de.

BV = Bedruckungsvariante FN = Formneuheit BOX = Modell in PC-Box LIMIT500 = Limitierte Auflage z.B. 500 Expl.

Viessmann Modellspielwaren GmbH
Am Bahnhof 1
35116 Hatzfeld
Geschäftsführer: Wieland Viessmann
Telefon: 06452-93 400
info@viessmann-modell.de
www.viessmann-modell.com

2010 übernimmt Viessmann die traditionsreiche Marke kibri®, bekannt durch Gebäude- und Fahrzeug-Modelle. Kibri-Modelle werden jetzt beweglich und beleuchtet.

Gebr. FALLER GmbH
Kreuzstraße 9
78148 Gütenbach
Tel.: 07723/651-0
E-Mail: info@faller.de

Die Firma FALLER bietet ein großes Sortiment an Modelleisenbahnzubehör, wie z. B. Figuren, Häuser und Teile für den Anlagenbau an. Für uns ist hier das FALLER Car System von Interesse. Nähere Beschreibung dazu im Kapitel Sammelgebiete.

Der neue Katalog 2014 von FALLER und auf Seite 37 das FALLER Car System.

An dieser Stelle sollen die Kleinserienhersteller bzw. Kleinteilehersteller (Zurüstteile) nicht vergessen werden. Diese Firmen füllen die Lücken mit Fahrzeugmodellen aus, welche die Großserienhersteller nicht produzieren. Allerdings sind diese Modelle oder Bausätze aufgrund des größeren Aufwandes bei der Herstellung und der kleineren Stückzahl meist preisintensiver. Dabei ist die Qualität und Modelltreue sehr unterschiedlich. Diese Firmen stellen ihre Modelle oft aus Resin her, aber es gibt auch Modelle aus Metall. Das Zubehör besteht oft aus Messing-Ätzteilen. Die wenigsten Kleinserienhersteller haben Prospekte, sie bieten ihre Produkte meist über die Großserien-Händler oder über das Internet an. Hier nur eine kleine Angebotsübersicht:

JANO Modellbau
Jörg Albert
Langensalzaer Straße 40, 99817 Eisenach
Tel: 03691/881985
E-Mail: info@jano-modellbau.de

Das Unternehmen wurde 1999 von Jörg Albert & Nadine Oßwald in Eisenach gegründet.
Im Jahr 2000 begann die Produktion mit Gabelstablern und einigen Modellen von W 50, L 60 und Robur in TT-Modellgröße. Im derzeitigen Programm sind Fertigmodelle, Bausätze und Zurüstteile. Es werden die Modelle ausschließlich in Handarbeit aus Weißmetall, Messing und Kunststoff hergestellt.

Prospekte von adp.

adp Güstrow

www.adp-modelle.de

Das Unternehmen bietet seit 1992 Modelle von Flugzeugen, Straßen- und Schienenfahrzeugen in limitierten Auflagen an.
Automodelle der 1930er bis 1950er Jahre in den Maßstäben 1:87 und 1:43,
Automodelle der 1960er bis 1980er Jahre im Maßstab 1:87,
Schienenfahrzeuge in Spur 0, H0, TT und N,
Plastikbausätze in den Maßstäben 1:35, 1:72 und 1:100,
Zubehör für Modelleisenbahnen und Modellautos in den Maßstäben 1:87 und 1:220,
Hilfsmittel für den Modellbauer: Microscale-Produkte Maskierungslack, Metallfolienkleber, Decalretter, Fenstermacher).
Seit 1998 werden diese Erzeugnisse hauptsächlich aus Polystyrol, Polyurethan und Weißmetall in Deutschland hergestellt.

Modell-Car-Zenker

www.modell-car-zenker.de
Hilfegottesschachtstraße 3
08056 Zwickau
Tel.: 0375/3033022

Liefert viele Fahrzeuge mit Sonderfarben und Sonderbedruckungen, meist in begrenzter Stückzahl von bekannten Modellautofirmen aus. Liefert auch Kleinserien aus eigener Fertigung. Über Modell-Car-Zenker lief auch der Vertrieb des Multicar der East Side Custom GmbH aus Berlin.

Weitere Firmen:

- V & V-Modelle Večerník – Modely Plzenská1983 CZ-40747 Varnsdorf, Tschechien z. B. der Vertrieb läuft u. a. über www.modellmobildresden.de und andere Vertriebspartner
- RK (Russische Kleinserie) – Handarbeitsmodelle Automodelle in H0 z. B. über www. hobby-guensel.de, ZZ-modell Tschechien
- Modellbahn Kreativ, Siegfried Künzel aus Chemnitz, www.modellbahn-kreativshop.de
- Harold Mehlhose, Traktoren und Transportfahrzeuge in der Spurweite H0. ICAR IVO CARVANGen. Píky 1902272 Czech Republic
- REBS DRUCK, Helmut Rebs, Roßleben
- Hädl Manufaktur, Ralf Hadler,18299 Laage, www.haedl.de
- www.modellmobildresden.de

3. Literatur

Verschiedene Zeitschriften beschäftigen sich mit dem Thema Modellauto. Die Zeitschrift **„modellmagazin“** Automobil-Miniaturen-Fahrzeuge-Dioramen. Diese Zeitschrift beschreibt Modelle in ihrer Gesamtbreite vom Maßstab 1:18 bis 1:160 und aller möglichen Fahrzeug- und Modellauto-Hersteller. Das „modellmagazin“ erscheint 12 Mal im Jahr. Der Heftumfang beträgt 56 bis 64 Seiten, mit überwiegend farbigen Abbildungen.

Die **„Modell-Auto ZEITSCHRIFT“** (MAZ) ist eine unabhängige Zeitschrift für alle Freunde von H0-Modellen und deren Vorbilder, die monatlich erscheint. Über 30 Jahre gibt es diese Publikation bereits. Diese Zeitschrift liefert Informationen rund um die Automodelle des Maßstabs 1:87 und deren Vorbilder. Außerdem Berichte zur Nürnberger Spielwarenmesse mit einem Sonderheft. Neben handelsüblichen Modellen oder die von Firmen als Werbemittel eingesetzt werden, stellt die MAZ auch Um- und Eigenbauten privater Modell-Enthusiasten vor. Es erscheinen jährlich 13 Hefte (12 normale Ausgaben und das extra dicke Messeheft).

Auch bei den Modellautoherstellern erscheinen Zeitschriften, z. B. bei Herpa **„DER MASS:STAB“**.
Vom Hersteller BREKINA gibt es einmal jährlich das **„BREKINA Autoheft“**, das zum BREKINA-Hobby für Auto- und Eisenbahnfreunde sowie Modellautosammler Modelle und Vorbilder zeigt. BREKINA berichtet über die Vorbilder der Modelle, informiert über das BREKINA- und Starmada-Programm und zeigt alle in den letzten 12 Monaten erschienenen Sondermodelle mit Bild.
(Siehe Abbildungen auf S. 8/9 bei 2. Die Hersteller)

Das **„MODELLFAHRZEUG“** so der Titel der Zeitschrift, ist nach eigenen Angaben das führende Magazin für Autominiaturen. 6 Mal im Jahr liefert das aktuelle Insider-Forum für Modellauto-Freaks umfassende Reports, klare Bewertungen, Sammlerporträts, nützliche Tipps plus Infos zu Treffen und Messen. Das „MODELLFAHRZEUG“ ist, nach eigenen Angaben, die führende Fachzeitschrift zum Thema Modelle nach Personenwagen, Motorrädern und Nutzfahrzeugen, weil das Magazin die Begeisterung für dieses Thema weckt. Neben den aktuellen Neuheiten interessiert sich die Fachzeitschrift für die Menschen dahinter: Entwickler, Designer, Firmenstrategien aus der großen Welt der kleinen Autos und die Zeitgenossen, die das Hobby so lebendig machen: die Sammler.
- Gründungsjahr: 1990
- im Verlag seit: 2005
- Erscheinungweise: 2-monatlich

Das soll nur eine Übersicht der wichtigsten Zeitschriften für unser Thema Modellautos 1:87 sein. Natürlich bieten die Modellautohersteller regelmäßig Prospekte oder Hefte über ihre produzierten Modelle oder über Neuerscheinungen an. Ein besonders wichtiges Nachschlagewerk ist für viele Modellautofreunde das Buch **„Modellautos der DDR“**, das eine Gesamtübersicht der in der DDR produzierten Modellfahrzeuge mit sehr vielen Informationen beinhaltet. Es stellt allerdings nur die Modelle vor, keine Vorbildfahrzeuge.

Zum Thema Vorbildfahrzeuge: Über die Vorbildfahrzeuge, ob über West- oder Ost-Autos, gibt es zahlreiche Bücher und Zeitschriften. Vor allem über Ostfahrzeuge kommen immer neue Bücher auf den Markt. Das reicht von sehr gut recherchierten Büchern bis zu Büchern mit ein paar einfachen Fotos bzw. Prospektbildern ohne jeden fachlichen Hintergrund.

4. Das Internet

Auch das Internet ist zu einer riesigen Informationsquelle zum Thema Modellauto geworden. Jeder, der Modelle sammelt oder um- und neu baut, möchte seine Modelle auch gern Anderen zeigen bzw. Erfahrungen austauschen. Welcher Sammler möchte das nicht? Heute ist das World Wide Web dazu die ideale Plattform. Man muss sich jetzt fragen, wie hat man das nur früher gemacht? Auch die Kommunikation der Sammler mit den Herstellerfirmen ist besser denn je möglich. Aber nicht nur die Modelle werden besprochen. In den „Tiefen“ des Internets findet man auch fast alles zu den Vorbildern. Im Internet findet man auch noch mehr: Alle möglichen Kleinteilehersteller, zum Beispiel von Rädern, Profilen oder eben auch von 3D-gedruckten Teilen. Auf der Suche nach Farben, Klebern und Kleinwerkzeug wird man auch im Internet fündig. Natürlich findet man hier auch praktische Tipps zum Umgang mit den verschiedensten Materialien, auch der Austausch von Informationen der Modellauto-bastler untereinander ist im Internet recht einfach möglich.
Es gibt die verschiedensten Internetforen, in denen fast alles zum Thema DDR-Fahrzeugbau aufgearbeitet wird. Hier werden nicht nur Informationen gesammelt. Die Modellauto-Freunde stellen ihre gebauten Modellfahrzeuge vor und besprechen sie, wie gut sie gebaut wurden und wie nahe sie dem Original sind. Es wird sich dabei sehr intensiv mit der Technik aus der DDR-Zeit auseinander gesetzt. Genannt sei hier nur als Beispiel das „ddr-modellbau.aktiv-forum.com“ es enthält auch Links zu weiteren DDR-Fahrzeug-Foren. Es ist einfach schade, dass die Modellfahrzeuge und ihre Geschichte nur auf wenigen Ausstellungen und in Foren zu sehen sind. Diese Modelle sind es wert, einer größeren Öffentlichkeit vorgestellt zu werden. Denn diese Fahrzeugmodelle sind nicht nur einfach ein Stück Plastik, sie zeugen schließlich von der Entwicklung unserer Verkehrs- und Technikgeschichte.

Hier eine ganz kleine Auswahl an Internet-Seiten:

www.ddr-modellbau.aktiv-forum.com
www.ddr-landmaschinen.de
www.mo87.de
www.ost-mobil.de
www.1zu87.com
usw.

5. Modellauto-Sammelgebiete

Nach dem wir jetzt wissen, was ein Modellauto 1:87 ist, wo wir es kaufen können und wer was produziert, stellt sich die Frage: Welche Modelle sammle ich denn nun? Das ist schwierig zu beantworten. Jeder hat da so seine eigene Sammelphilosophie. Es gibt Modellautosammler, die einen persönlichen Bezug zu bestimmten Modellautos haben. Vielleicht haben sie das Vorbild mal selbst gefahren oder beruflich damit zu tun gehabt. Oder es hat sie das Vorbild schon immer begeistert, aber sie konnten es nie besitzen, so haben sie es wenigstens als Modell. Natürlich kann man auch Modellautos sammeln, die richtig was Wert sind, also wirkliche Raritäten. Aber da sollte man sich schon auf dem Gebiet etwas auskennen. Es gibt auch einige Replika-Modelle, die nur alt aussehen und einen höheren Wert vortäuschen. Von gefälschten Modellen mal ganz zu schweigen. Das Sammeln an sich, hat vielleicht etwas mit dem Jäger-und-Sammler-Gen zu tun. Der Modellautosammler kann nichts für das Gen, entweder man hat es oder nicht. Es ist aber nicht nur der Haben-wollen-Impuls sondern auch der Bezug zur Technik und deren Geschichte. Es soll ja auch Sammler geben, die ein Modellauto kaufen, weil es nach ihrem Geschmack einfach nur schön aussieht. Alle Modelle 1:87 sehen schön aus, naja die Meisten.

Wie schon erwähnt, gibt es eigentlich fast alles. Im Prinzip setzt das eigene Budget einen gewissen Rahmen oder aber auch der Platz für Modellfahrzeuge. Grundsätzlich sollten unsere kleinen „Lieblinge" staubgeschützt aufbewahrt werden und nicht direkter Sonneneinstrahlung ausgesetzt sein, das kann zu Farbveränderungen führen (ausbleichen). Nun könnte man ja seine Modellautos in Schränke und Schubladen verschwinden lassen. Dagegen spricht, dass man ja seine guten Stücke auch sehen und natürlich seine Sammlung auch jemandem zeigen möchte. Staubgeschützt und sichtbar sind die Modelle am besten in Plast-Vitrinen aufgehoben. Die Firmen Herpa und Wiking z. B. haben solche Plast-Vitrinen im Angebot. Normale Schränke mit Glastüren sind nicht so gut geeignet, weil auch hier der feine Staub durch die Ritzen ziehen kann. Ein Problem kann es geben: Manche Modellautos haben Gummireifen. Diese Weichkunststoffe enthalten Weichmacher. Diese Stoffe können, so unwahrscheinlich es klingt, die Plaste der Vitrinen angreifen. Das heißt, das Modell klebt leicht an und in der Plast-Vitrine entstehen kleine Vertiefungen, auch auf den Reifen ist das zu sehen. Vielleicht hilft es, etwas Alu-Folie unter die Räder zu legen. Es kann auch vorkommen, dass diese Gummireifen porös werden und zerbröseln. Wohlgemerkt, das betrifft nur Modelle mit echten Gummireifen. So, nun was sammeln wir? Das ist sehr schwierig zu beantworten. Es kommt auch darauf an, wie intensiv man sich mit dem Vorbild beschäftigt. Oder hat der Sammler einen Bezug zu irgendwelchen Fahrzeugen, z. B. beruflich oder während seiner Armeezeit oder einfach nur Interesse? Oder hat er mehr Interesse am Motorsport? Beliebt sind auch Einsatzfahrzeuge aller Art, zum Beispiel Feuerwehrfahrzeuge, THW, Polizei oder Krankenwagen. Auch hier kann ich wieder unterscheiden nach vielleicht Fabrikat des Fahrzeuges – MAN, Mercedes oder VW usw., vielleicht auch nach Aufbauten und Einsatzorten oder einfach nur Feuerwehrmodelle nach ostdeutschem Vorbild. Vorbilder und ihre Geschichte gibt es auf dem Gebiet ja reichlich. Ähnliches trifft auch auf Pkw- oder Lkw-Typen aller Art im Allgemeinen zu. Ich kann mich auch für Werbemodelle oder Sondermodelle entscheiden. Auch Busse wären nicht uninteressant oder doch lieber Baumaschinen oder Kräne? Oder wie wäre es mit Brauereifahrzeugen oder Post-Fahrzeugen. Ein großes Sammelgebiet sind auch Militärfahrzeuge. Auch hier reicht die Palette von Modellen über Panzer, Kraftfahrzeuge aller Art bis zum Raketentransporter. Bei Herpa findet der Sammler unter „minitanks" Militärfahrzeuge der Wehrmacht, der Bundeswehr und der NVA sowie der Sowjetarmee. Vor allem die Kleinserienhersteller (SK) bieten zahlreiche Modelle an.

Was es noch in 1:87 gibt: Motorräder, Motorroller und Mopeds in verschiedenen Varianten. Natürlich kann ich auch Landtechnik-Modelle zusammentragen. Auch hier gibt es vom Pflug über Heuwender bis zum Mähdrescher fast alles. Es gibt aber auch Modelle, die in kleinen Plast-Vitrinen, meist als Serie, geliefert werden. Zum Beispiel gab es dazu bei Herpa eine Serie mit Rennsportfahrzeugen in Plast-Vitrinen, die „Private Collection" in Klarsichtboxen, oder Trucks in Vitrinen. Modellautos werden auch gern zu Werbezwecken genutzt. Die Modelle erscheinen dann manchmal in einer besonderen Verpackung. Hier wären zum Beispiel Sets der Deutschen Post, vom THW, von Feuerwehrtagen und anderen. Außerdem gibt es Sonderpackungen von Nutz- oder Pkw-Produzenten, Werbung für eine Zeitschrift oder verschiedener anderer Firmen zu nennen. Es gibt auch Unternehmen, die Modellautos mit ihrer Werbung an Kunden oder zu Werbezwecken verschenken. Da diese Modelle nicht im Handel angeboten werden, sind sie bei Modellautosammlern sehr begehrt. Oft wird auch mit limitierten Stückzahlen, z. B. „nur" 500 Stück geworben. Auch das ist relativ, es gibt Fälle, da wurden nochmal 500 nachproduziert.

Hier einmal eine kleine(!) Auswahl an Modellfahrzeugen, die ich sammeln könnte:

Verschiedene Lkw-Modelle, von alt bis neu.

Verschiedene Modelle von Feuerwehr und Rettungsdienst.

Fahrzeuge aus dem Straßenbild der DDR: Das Modellauto-Angebot ist vielseitig.

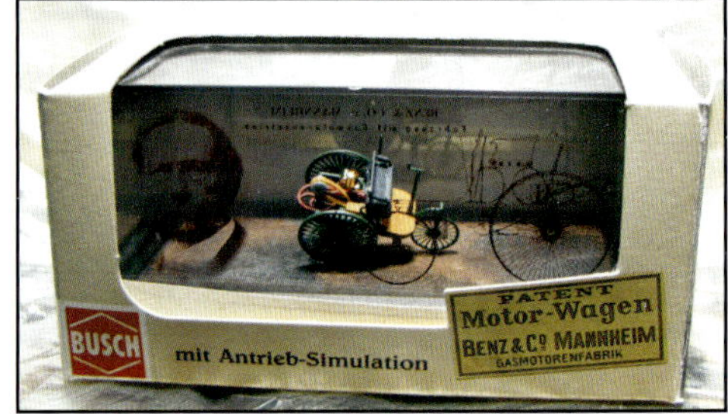

Packungen mit besonderen Modellen.

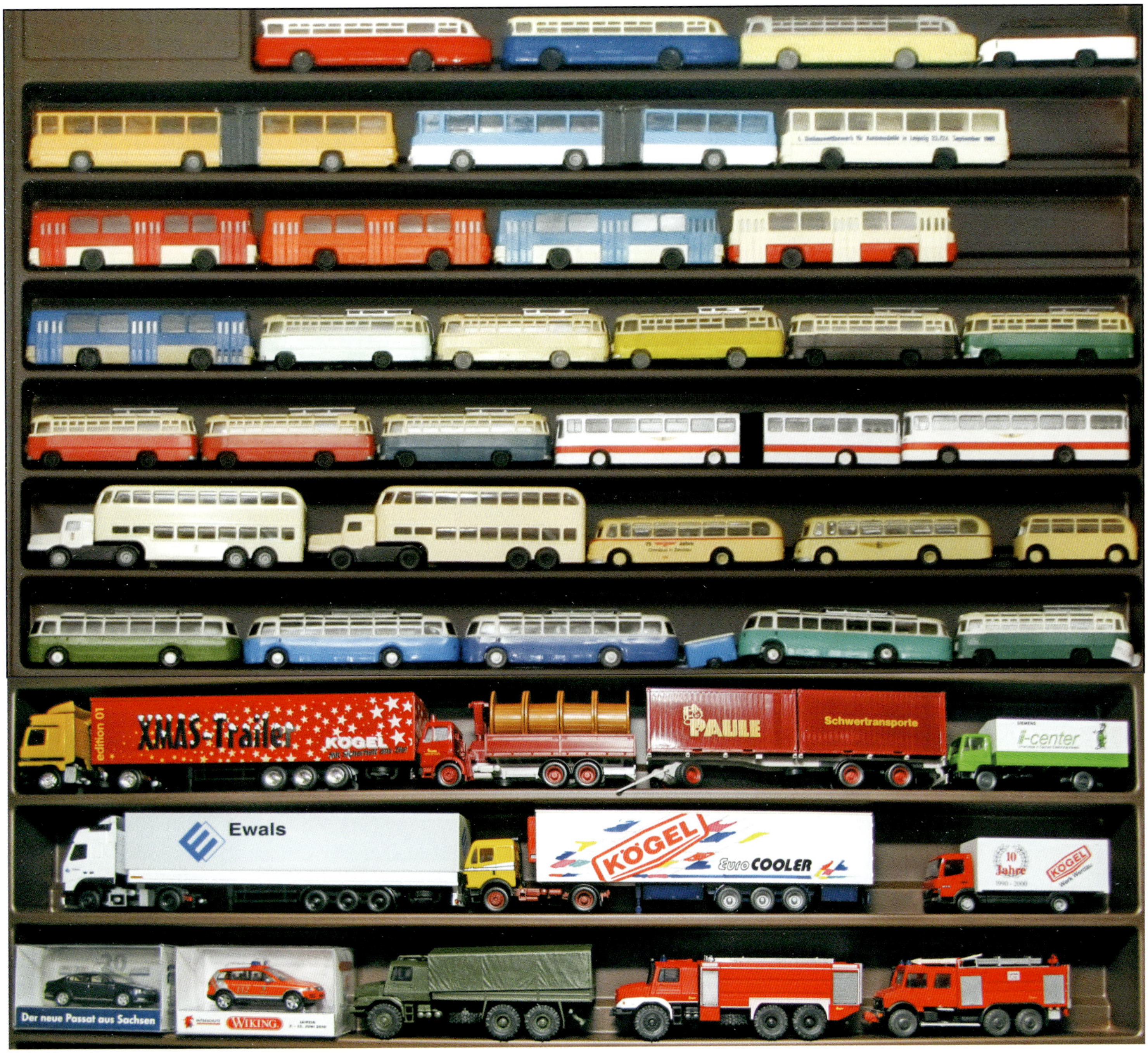

Modelle von Bussen und Lkw-Modelle mit Firmenwerbung.

Modell und Foto Michael Kunkel

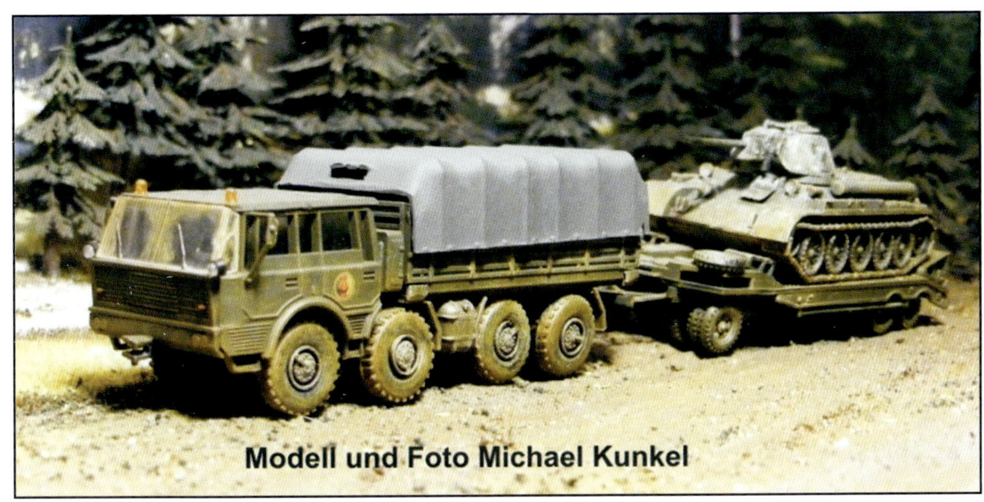

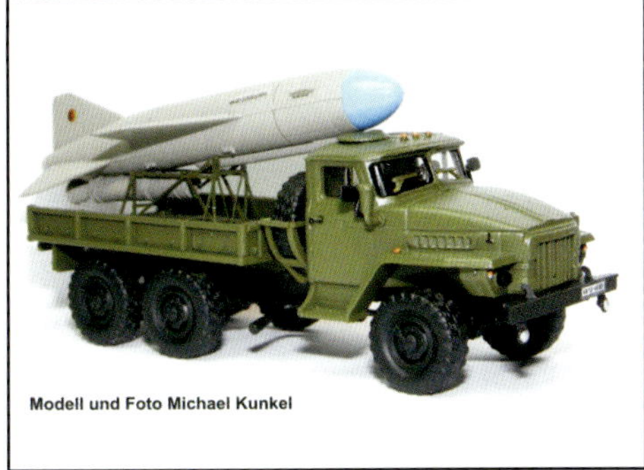

Natürlich sind Militärfahrzeuge, ob nun von vor 1945, von der Bundeswehr, aus Ostdeutschland, der Sowjetunion oder von anderen Nationen, ein großes und auch beliebtes Sammelgebiet. Hier zwei Umbau-Modelle von Michael Kunkel.

5.a Biertruck-Modelle

Nun, ein Sammelgebiet wären auch noch die sogenannten Biertrucks-Promotionsmodelle. Manchem Modellautosammler werden sich jetzt die Haare sträuben. Man könnte meinen, diese Modelle gehören nicht zum Sammelgebiet der 1:87 Modellautos. Ich denke, so einfach kann man sich die Sache nicht machen. Es gibt hier inzwischen unzählige Modelle. Natürlich sind diese Modelle recht einfach gehalten, in Blister-Packung, meist Werbemittel für eine bestimmte Brauerei bzw. einem Getränkevertrieb oder zu anderen Werbezwecken. Unter einer Blister- oder Sichtverpackung versteht man eine Produktverpackung, die es dem Kunden bzw. Käufer erlaubt, den verpackten Gegenstand zu sehen. Das Produkt wird dabei vor einer meist mit Informationen bedruckten Papprückwand präsentiert. Manche dieser Biertruck-Packungen enthalten auch Modelle die ganz interessant sind. Es gibt bestimmte Nostalgie-Sammlerserien zum Beispiel von DDR-Fahrzeugen, von der Schwalbe über bestimmte Motorroller und -räder und Pkw sowie Lkw. Auf der Pappe steht hin und wieder wissenswertes über die Originalfahrzeuge. Auch hier gibt es alle möglichen Sachen, vom Pferdegespann, über Traktoren und Lkw aller möglichen Art, bis hin zum Colani-Truck. Die Modellfahrzeuge sind, wie schon erwähnt, recht einfach in der Mischbauweise Metall-Plast hergestellt. Manche Fahrzeuge sind dem Maßstab 1:87, manche sind auch dem Maßstab 1:50 sehr ähnlich. Einige Modellfahrzeuge sind recht gut dem Vorbild in Detail und Form nachempfunden und manche sind das blanke Entsetzen. Diese Modelle haben nichts, aber auch gar nichts mit dem dargestellten Vorbild zu tun. In den Anfangszeiten, als es noch neu war, dass es Biertrucks als Zugabe zu einem gekauften Bierkasten gab, waren diese Modelle schon begehrt. Vor allem die Nostalgie-Serien von DDR-Fahrzeugen. Es soll ja Leute gegeben haben, die extra wegen einem bestimmten Modell ihre geliebte Bier-Marke gewechselt haben. Mancher hat die Biertrucks als kleine Sammler-Wertanlage gesehen. Heute werden die Biertrucks zuhauf auf Floh- und Antikmärkten zu ganz geringen Preisen angeboten. Aber es soll doch ein paar Modellfahrzeug-Biertrucks geben, die einen Seltenheits- bzw. Sammlerwert haben.

Sammelserie einer Brauerei mit DDR-Fahrzeugen.

Die Rückseiten einiger Verpackungen sind mit Informationen zum Fahrzeug versehen.

Diese Packungen enthalten Modelle, die zwar recht einfach gehalten sind, aber trotzdem einigermaßen dem Maßstab 1:87 entsprechen.

Diese Packungen enthalten Fahrzeuge, die mit dem Vorbild nichts, aber auch gar nichts zu tun haben.

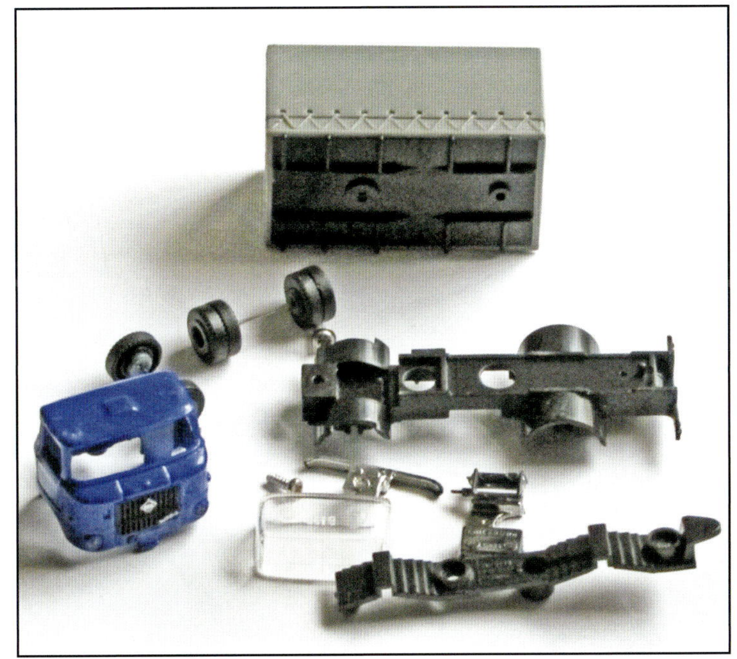

Unten ein Biertruckmodell des H 6 im Vergleich mit einem H 6-Modell von BREKINA, bzw. ein W 50 im Vergleich mit einem s.e.s-Modell. Die Biertruck-Modelle in ihren Einzelteilen. Die Fahrerhäuser sind aus Metall, die restlichen Teile aus Metall und Plast. Auf den Modellfahrzeugen steht „Made in China". Die Werbefirmen bestellen die unbedruckten Rohlinge und fertigen sie dann für ihre Kunden nach Wunsch an.

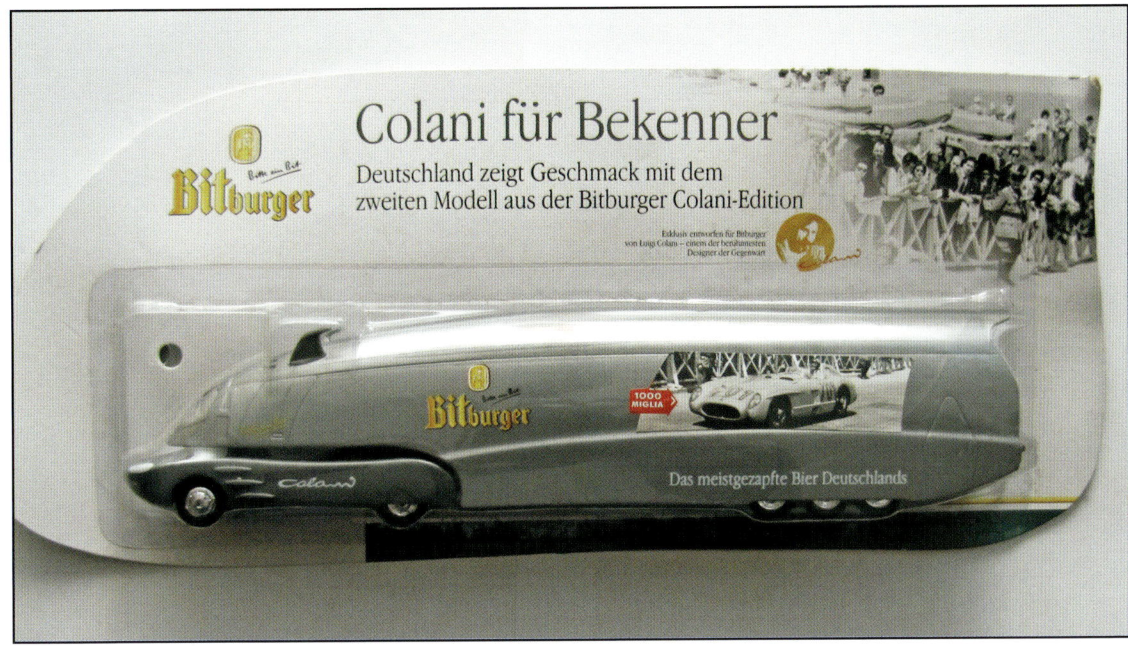

Ein Modell aus der Minitruck Edition von Luigi Colani.
Wenn es auch nach etwas Besonderem aussieht, über ebay ist es schon für 2,- bis 3,- Euro zu haben.

5.b Das FALLER Car System

Wem dieses Modellfahrzeug-Angebot noch nicht reicht, der kann sich ja eine FALLER Car Anlage bauen. Hier fahren Modellautos 1:87, wie von Geisterhand gesteuert, auf der Modell-Straße, halten bei roten Ampeln an und fahren selbstständig weiter. Die Fahrzeuge kommen aus Gebäuden gefahren, fahren über Kreuzungen und Straßen und auch wieder in ihre Fahrzeughalle. Feuerwehrfahrzeuge zum Beispiel kommen mit Blaulicht und Sirene daher. Natürlich leuchten auch bei anderen Fahrzeugen die Scheinwerfer und Rücklichter, wie sich das so gehört. Was ist nun das FALLER Car System: 1989 wurde das von der Firma FALLER entwickelte FALLER Car System, also ein Fahrsystem für Modellautos, vorgestellt.

In den Fahrbahnteilen aus stabilem Karton ist in der Mitte ein Draht unsichtbar eingelassen. Die Modellfahrzeuge verfügen über eine Lenkachse, an dessen nach vorn ragendem Lenkhebel ist ein kleiner Magnet angeklebt. Dieser Magnet schleift auf der Straße und folgt somit dem in der Straße eingelassenen Fahrdraht. Damit ist es möglich, das Fahrzeug fast überall hin zu lenken. In den Fahrzeugen befindet sich ein Elektromotor, der über ein Getriebe die Fahrzeugräder bewegt. Angetrieben wird der Motor von einem Akkumulator, der auch für die Beleuchtung der Fahrzeuge herhalten muss. Außerdem befindet sich in den Modellfahrzeugen noch ein Reedkontakt. Dieser in einem Glasrohr befindliche Schalter reagiert auf Magnetspulen, so dass damit der Fahrstrom für das Modell unterbrochen werden kann. Das heißt, auf der FALLER Car Anlage sind diese Magnetspulen installiert. Werden diese Spulen aktiviert und das Modell fährt darüber, wird der Reedkontakt angezogen und der Fahrstrom am Modell wird unterbrochen. So ist es möglich, das Modell an jeder x-beliebigen Stelle anzuhalten. Dazu gibt es auch noch Weichen für Straßenkreuzungen, damit das Modell auch seinen richtigen Weg findet. Es müssen nur noch die richtigen Magnetspulen und Kreuzungsweichen zur richtigen Zeit gestellt werden und es herrscht Verkehr wie auf der richtigen Straße. Nun kann man seine FALLER Car Anlage ähnlich einer Modelleisenbahn ausgestalten, also z. B. mit Häusern und Landschaft. Auch hier kann man seiner Fantasie und der Größe der Anlage freien Lauf lassen. Was für den Modellautofreund hier noch so interessant ist: man kann fast jedes Modellauto auf seiner FALLER Car Anlage fahren lassen. Man muss ja nicht gleich das Miniwunderland mit seinen FALLER Car Fahrzeugen zum Vorbild haben. Man kann ja mit fertigen Modellen, die in den Startpackungen liegen, beginnen. Es gibt noch die Möglichkeit fertige FALLER Car Fahrzeuge dazu zu kaufen. Der fortgeschrittene Bastler baut seine Modelle auf das System selbst um. Inzwischen gibt es die Teile, wie zum Beispiel komplette Lenkachsen, Motor mit Getriebe und Akkus, einzeln im Handel. Die Teile müssen nur noch in das richtige Modell eingebaut werden und schon kann es losgehen. Allerdings ganz so einfach ist es nicht. Man sollte schon etwas Bastelerfahrung haben, bevor man ein Modellauto umbaut. Gut geeignet sind Sattelzüge und andere Lkw mit Plane sowie Busse. Hier lassen sich die Bauteile, Akku und Antrieb, gut einbauen. Es gibt aber auch verschiedene Pkw, Kleintransporter, Geländewagen und auch Traktoren mit Anhänger als FALLER Car Fahrzeuge. Natürlich wird auch hier der begeisterte Modellautobauer

Anhalten, losfahren – ganz wie beim Vorbild

Betrieb und Wartung der Fahrzeuge

Alle Fahrzeuge des FALLER-Car-Systems sind mit einem hochwertigen Glockenankermotor ausgerüstet, der sich durch besonders ruhigen Lauf, geringen Stromverbrauch und lange Lebensdauer auszeichnet. Er ist völlig wartungsfrei und bezieht seine Energie, wie bereits erwähnt, aus Knopfzellenakkus. Über einen an der Fahrzeugunterseite befindlichen Schiebeschalter (1) wird der Betriebsstrom zugeschaltet. Alle Fahrzeugtypen haben außerdem einen zusätzlichen Schalter (5) (Reedkontakt), der rechts unten angebracht ist und auf fernsteuerbare Stoppstellen reagiert.

Zum Nachladen der Knopfzellenakkus sollte man ausschließlich das hierfür speziell entwickelte FALLER-Akku-Ladegerät 1690 verwenden, das über den zu der ebenfalls an der Fahrzeugunterseite angebrachten dreipoligen Ladebuchse (2) passenden Stecker verfügt. Bei Verwendung eines anderen Ladegerätes könnten die Akkus zerstört werden. Die Aufladezeit beträgt ungefähr sieben Stunden. Je nach den gegebenen Straßenführungen reicht eine volle Akkuladung bei den Lastkraftwagen, Bussen und Feuerwehrfahrzeugen für eine Betriebszeit von 2 bis 4,5 Stunden, bei den kleineren Fahrzeugen ca. 40 Minuten. Da die Akkus über einen Überladungsschutz verfügen, nehmen sie auch bei längerer Ladezeit über Nacht, ja selbst über mehrere Tage hinweg, keinen Schaden.

In der Regel können die größeren Akkus in den Lastkraftwagen und Bussen bis zu 800 mal nachgeladen werden, was einer Gesamtlaufzeit von über 2000 Betriebsstunden entspricht. Die kleineren Fahrzeuge sind auf 800 Ladezyklen und eine Gesamtlaufzeit von ca. 400 Stunden ausgelegt. Allerdings sollte man die Akkus nie total leerfahren, da die öftere Tiefentladung ihre Lebensdauer erheblich verringert.

In der nachstehenden Schemaskizze einer Fahrzeugunterseite sind folgende Details aufgeführt:

1. Schiebeschalter zum Starten und Anhalten
2. Dreipolige Buchse zum Anschluß des Ladegerätes
3. Antriebseinheit mit Schneckengetriebe
4. Lenkeinheit mit Führungsmagnet
5. Reedkontakt

Die in dieser Skizze rot umringten Stellen (Lenkgestänge, Achslager und Schneckengetriebe) sollte man gelegentlich einmal ölen. Hierzu wird jedoch ausschließlich FALLER-Öl (Art. 489) empfohlen, das garantiert säurefrei ist und die Kunststoffteile nicht anlöst. Dabei darf man aber nicht übertreiben: ein einziger Tropfen an jede zu ölende Stelle aus der Ölerkanüle reicht für einen leichten Lauf über mehrere Stunden hinweg. Vor dem Ölen sind eventuelle Verunreinigungen im Getriebebereich und an den Radachsen (z. B. Staubfussel) mit einer Pinzette zu entfernen.

Abb. 3: Anschluß des Ladegerätes am Fahrzeug.

Abb. 4: Motor mit zwei Knopfzellenakkus.

Abb. 5: Schemazeichnung der Fahrzeugunterseite.

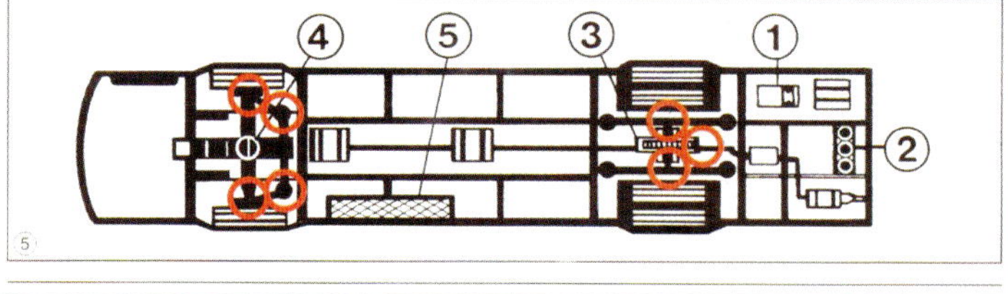

Hier eine Seitenauswahl aus einem älteren FALLER-Faltblatt.

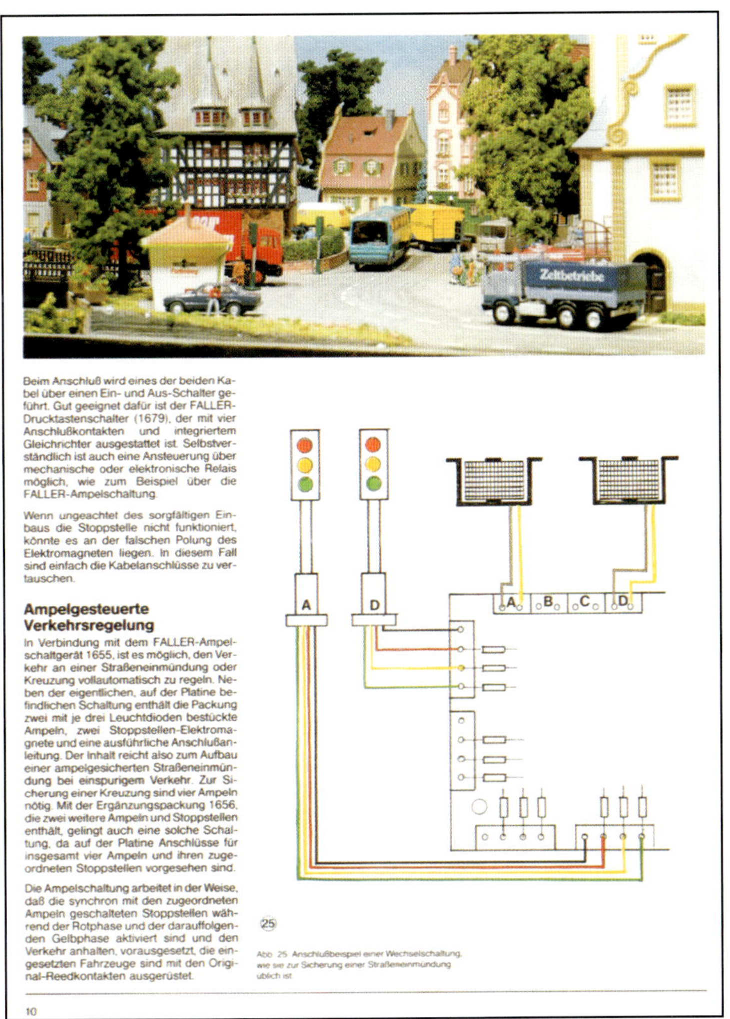

Beim Anschluß wird eines der beiden Kabel über einen Ein- und Aus-Schalter geführt. Gut geeignet dafür ist der FALLER-Drucktastenschalter (1679), der mit vier Anschlußkontakten und integriertem Gleichrichter ausgestattet ist. Selbstverständlich ist auch eine Ansteuerung über mechanische oder elektronische Relais möglich, wie zum Beispiel über die FALLER-Ampelschaltung.

Wenn ungeachtet des sorgfältigen Einbaus die Stoppstelle nicht funktioniert, könnte es an der falschen Polung des Elektromagneten liegen. In diesem Fall sind einfach die Kabelanschlüsse zu vertauschen.

Ampelgesteuerte Verkehrsregelung

In Verbindung mit dem FALLER-Ampelschaltgerät 1655, ist es möglich, den Verkehr an einer Straßeneinmündung oder Kreuzung vollautomatisch zu regeln. Neben der eigentlichen, auf der Platine befindlichen Schaltung enthält die Packung zwei mit je drei Leuchtdioden bestückte Ampeln, zwei Stoppstellen-Elektromagnete und eine ausführliche Anschlußanleitung. Der Inhalt reicht also zum Aufbau einer ampelgesicherten Straßeneinmündung bei einspurigem Verkehr. Zur Sicherung einer Kreuzung sind vier Ampeln nötig. Mit der Ergänzungspackung 1656, die zwei weitere Ampeln und Stoppstellen enthält, gelingt auch eine solche Schaltung, da auf der Platine Anschlüsse für insgesamt vier Ampeln und ihren zugeordneten Stoppstellen vorgesehen sind.

Die Ampelschaltung arbeitet in der Weise, daß die synchron mit den zugeordneten Ampeln geschalteten Stoppstellen während der Rotphase und der darauffolgenden Gelbphase aktiviert sind und den Verkehr anhalten, vorausgesetzt, die eingesetzten Fahrzeuge sind mit den Original-Reedkontakten ausgerüstet.

Abb. 25: Anschlußbeispiel einer Wechselschaltung, wie sie zur Sicherung einer Straßeneinmündung üblich ist.

10

Eine flotte Flotte: das Car-System Fahrzeug-Programm

Ob LKW, Omnibus oder Feuerwehr, Krankenwagen oder Polizei-Einsatzfahrzeug – das FALLER Car-System bietet ein umfangreiches Fahrzeug-Programm. Damit kann eine Spielwelt geschaffen werden, die ganz dem großen Vorbild entspricht.

Mit den Start-Set-Packungen 1630, 1632 und 1633 werden u.a dem Einsteiger »Paketlösungen« angeboten, die es in sich haben. Da ist alles enthalten, was für die Erstausstattung gebraucht wird:
Ein Fahrzeug mit Reedkontakt, Ladegerät, Spezialfahrdraht, Spachtelmasse oder Fahrbahnteile und beim Start-Set 1632 mit Stopstelle, Straßenmarkierungen und Leitplanken.

Das FALLER-Car System Fahrzeugprogramm wird laufend ergänzt. Fragen Sie bei Ihrem Fachhändler nach den neuesten Modellen.

1630
car system Start-Set »Bus«

Packungs-Inhalt:
- Bus (+Reed-Kontakt)
- Akku-Ladegerät
- Fahrbahnteile mit Fahrdraht zum Bau eines Fahrbahnovals
- ausführliche Anleitung

1632
car system Start-Set »Geländewagen«

Packungs-Inhalt:
- PKW (+Reed-Kontakt)
- Akku-Ladegerät
- 10 m Spezialfahrdraht
- Straßen-Spachtelmasse
- Straßenmarkierungen
- Leitplanken, Begrenzungspfähle
- Stopp-Stelle
- ausführliche Bauanleitung

1633
car system Start-Set »Polizei«

Packungs-Inhalt:
- VW-Bus (+Reed-Kontakt)
- Akku-Ladegerät
- Fahrbahnteile mit Fahrdraht zum Bau eines Fahrbahnovals
- ausführliche Anleitung

1601
LKW (HERPA), MAN F 90

1602
LKW (HERPA), Scania

1603
LKW (HERPA), DAF

Sämtliche Fahrzeuge sind ausgerüstet mit Motor, Akkus, Lenkung, Ladebuchse und Reed-Kontakt (SRK).

13

sein Modell so originalgetreu umbauen wie möglich. Beliebt sind beim FALLER Car System besonders Feuerwehrfahrzeuge. Hier kann man noch mehr machen, außer dass das Modell nur umherfährt. Man kann Licht vorn und hinten und blinkende Blaulichter einbauen. Dazu kommt noch ein Soundmodul auf die Anlage mit der entsprechenden Feuerwehrsirene und die Illusion ist perfekt.

<u>Eine Auswahl an Fahrzeugen für das Car System:</u>

- VW Tuareg Feuerwehr, Basismodell Wiking
- VW Tuareg mit Pferde-Hänger, Basismodell Wiking
- MB Atego Feuerwehr, Basismodell Wiking
- MAN 635 Feuerwehr, Basismodell BREKINA
- Ford Transit, Basismodell BREKINA
- MB 0404 Reisebus, Basismodell Rietze
- Setra S 315 HDH Reisebus, Basismodell Herpa
- Traktor MF mit Hänger, Basismodell Wiking
- VW T 1 Möbel-Manufaktur, Basismodell BREKINA
- VW T 5 Bus, Basismodell Wiking

CAR SYSTEM DIGITAL 3.0

Ist ein relativ neues System mit neuen Fahrzeugfunktionen, Licht, Sound, verschiedenen Geschwindigkeitsstufen, Funk, mit Ultraschall und Satellit.

<u>Ausführliche Info dazu im Fachhandel oder bei:</u>

www.faller.de
Gebr. FALLER GmbH
Kreuzstraße 9
78148 Gütenbach
Tel.: 07723/651-0
E-Mail: info@faller.de
www.facebook.com/faller.de
www.faller.de/de/googleplus
www.youtube.com/GebrFaller

Eine große Anzahl an beleuchteten Fahrzeugen bietet auch die Firma Viessmann an. Unter der „Emotion" Serie bietet sie u. a. beleuchtete Baustelleneinrichtungen, verschiedene Fahrzeuge mit Beleuchtung, z. B. Mähdrescher, Traktoren und Lkw sowie Feuerwehrfahrzeuge. Allerdings sind diese Fahrzeuge Standfahrzeuge, die mit einer Stromquelle, meist 14 - 16 V, gespeist werden müssen. Das Besondere sind Fahrzeuge, die sich bewegen, z. B. Kippmulde hoch und runter, oder ein Kran, der sich dreht, oder ein Gabelstabler hebt und senkt den Mast. Aber es geht auch noch kleiner: Figuren 1:87, ganze 2 cm groß, bewegen sich. Der geübte Modellautobastler baut sich das natürlich selbst.
(Prospekte der Firma Viessmann siehe Seite 16/17)

Natürlich gibt es inzwischen auch funkferngesteuerte Modellfahrzeuge 1:87, als Fertig- Modell z. B. von Wiking. Seit Oktober 2008 gibt es eine neue Produktreihe „WIKING CONTROL 87" mit funkferngesteuerten Modellen im H0-Maßstab. Das erste Modell dieser Reihe ist ein Feuerwehrmodell mit funktionierenden Scheinwerfern, Rückleuchten, Blinkern, Blaulicht und Sirene. Es handelt sich um ein Löschfahrzeug (LF10/6 CL) von Rosenbauer auf MAN TGL. Seit 2009 ist außerdem ein ferngesteuertes Modell des „Panther" Flugfeldlöschfahrzeugs von Rosenbauer im Angebot.

5.c DDR-Modellautos

Natürlich kann man auch Modellfahrzeuge zusammentragen, die bis 1990 in der DDR produziert wurden. Zur DDR-Zeit gab es doch ein recht umfangreiches Modellautoprogramm. Die Modelle waren zu der Zeit in Qualität und Detailtreue zum Teil besser als manches Modell aus dem „Westen". Als der VEB Spezialprägewerk Annaberg-Buchholz (ESPEWE) 1961 den Robur Lastzug in exakt 1:87 in den Handel brachte, war der Anfang der DDR-Modellautoindustrie gemacht. Es erschienen zahlreiche Modelle, vorwiegend aus Kunststoff, aber auch Spritzguss-Modelle waren im Handel. Aufgrund von Farb- und Formenveränderungen im Produktionszeitraum, gab es von Modellen verschiedene Varianten. Aber auch bei den Verpackungen gab es zahlreiche Unterschiede, erst von den privaten Herstellern oder später mit Beschriftung der Produktionsgenossenschaften und zum Schluss von Kombinatsbetrieben. Manchmal gab es Farbvarianten, weil die notwendige Farbe nicht da war oder das richtige Verpackungsmaterial fehlte. Diese Modellfahrzeuge stellen ein geschlossenes Sammelgebiet dar und sind natürlich bei Sammlern sehr begehrt. Mit so einem Sammelgebiet bei null zu beginnen wird schwierig und auch kostenintensiv. Wer solche, zum Teil inzwischen 50 oder 40 Jahre alten Modelle noch hat, wird sie natürlich nicht so einfach hergeben. Deshalb haben diese Modelle ihren Sammlerpreis. Also Augen auf beim Kauf solcher DDR-Modelle. Man sollte nicht utopische Summen für ein Modell z. B. bei ebay bezahlen, nur weil es mal in der DDR hergestellt wurde. Besser ist es, sich schon vorher über einen fairen Sammlerpreis zu erkundigen. Viele Infos zu Modellautos aus der DDR-Zeit gibt es unter www.espewe-sammlung.de und natürlich im Buch Modellautos der DDR. Dieses Buch hat immerhin 488 Seiten, so umfangreich war das Thema.

Eine kleine Auswahl an Modellfahrzeugen aus der DDR-Zeit im Maßstab 1:120.

Eine kleine Auswahl an Modellfahrzeugen aus der DDR-Zeit 1:87.

Die Hersteller erweitern ständig das Modellautoangebot durch Neuheiten, was die Entscheidung natürlich für den Sammler nicht einfacher macht. Wichtige Termine für den Modellautofreund, natürlich auch für den Modelleisenbahner, sind die Messen und Ausstellungen z. B. „modell hobby spiel“ in Leipzig und vor allem die Spielwarenmesse in Nürnberg Ende Januar eines jeden Jahres. Hier lassen die Modellautohersteller dann immer wieder die „Katze aus dem Sack“, will sagen, sie zeigen ihre neuesten Entwicklungen. Natürlich herrscht immer großes Rätselraten und es gibt viele Vermutungen, welche neuen Modelle erscheinen werden. Wenn dann die neuen Modelle vorgestellt sind, kann man es kaum erwarten, bis man sie kaufen kann. Aber manchmal muss man bis dahin sehr viel Geduld aufbringen. Manche Modelle werden im Januar vorgestellt und kommen dann erst im Dezember oder manchmal auch gar nicht in den Handel. Natürlich kommen wiederum von den Firmen auch Modelle in den Handel, die nicht in Nürnberg vorgestellt wurden.

Kataloge bzw. Seiten mit DDR-Modellautos.

Im Frühjahr 1965 erschien dieses Sondermodell anlässlich der Leipziger Messe. Die Wagenräder sind gut gestaltet, heute – 50 Jahre später, sind sie bei manchem Modellfahrzeug-Hersteller auch nicht viel besser.

Perlini kauft Perlini

Leipziger Frühjahrsmesse 1967. Auf dem Freigelände gegenüber der Halle 4 dominiert Italien. Links der große Fiat-Stand, rechts daneben die gewaltigen, knallgelb lackierten Dumper von Perlini, trotz ihrer Größe ästhetisch. Etwas versteckt dahinter die Koje des Signore Perlini aus Verona, in der er schon so manch gutes Geschäft mit unserer Republik machte. Und drin in dieser Koje, auf dem Tisch, eine ganze Reihe kleiner „Perlinis", originalgetreue Nachbildungen in Plast, gebaut nicht etwa in Verona, im Norden Italiens, sondern in Annaberg-Buchholz, einem kleinen Erzgebirgsstädtchen im Südosten der DDR. Mehr als ein Dutzend schwere Dumper hat Signore Perlini bisher an die DDR geliefert, 1000 kleine Perlinis kaufte er im Frühjahr 1967 hier ein. Modelle aus Annaberg-Buchholz, gebaut im Maßstab 1 : 87 – genau richtig also für die Modellbahnanlagen –, ausgezeichnet geeignet auch für die Werbung, die Signore Perlini auf den Märkten in aller Welt macht. So ergab sich der wohl einmalige Fall, daß Perlini Perlini kauft.

Ein Grund mehr für mich, Rudi Poller, dem Chefkonstrukteur im VEB Spezial-Prägewerke Annaberg-Buchholz, ein wenig über die Schulter zu sehen. Sein Konstruktionsbüro scheint mir auf den ersten Blick eine gelungene Mischung zwischen Spielstube, Reißbrettatmosphäre und Bastelwerkstatt. Da liegen überall Kinderspielzeuge, Puppenstubenbestecke, kleine Autos, Kurvenlineale, große Zeichnungsbogen, die verschiedenartigsten Werkzeuge – von der Pinzette bis zum Küchenmesser –, Leimtöpfe und Farbtuben. Ausgewachsene Männer spielen selbstvergessen mit Modellautos, „fummeln" hier und da ein bißchen daran herum, während zwei hübsche junge Mädchen emsig am Reißbrett werken müssen. Ich frage, warum sie denn nicht auch spielen ...

Rudi Poller empfängt mich freundlich. Allerdings mißfällt ihm, daß ich die beiden besten Teilkonstrukteurinnen von Annaberg und Umgebung zum Spielen verleiten will. Ja – aber die Männer spielen doch auch ... Der dort drüben zum Beispiel, mit dem kleinen Perlini-Kipper. Die nächsten Stunden sollen mir Aufklärung darüber verschaffen, daß, was manchmal Spiel scheint, durchaus ernsthafte und ziemlich komplizierte Arbeit ist. Es begann vor sechs Jahren. Als der neue „Robur"-Lkw aus Zittau Messeschlagzeilen machte, wußte kaum einer, daß der Vielgerühmte noch einen kleinen Bruder in Leipzig hatte. Genau 68 mm lang, stand er in einer Vitrine des Messehauses Petershof. Am meisten darüber gewundert mögen sich die alten Kunden der Annaberg-Buchholzer Spezialprägewerke haben. Waren sie es doch gewohnt, hier Sargverzierungen und andere Prägearbeiten zu bekommen. Für Rudi Poller und seine Mannschaft jedoch war dieser 68-mm-„Robur" der geglückte Sprung in ein neues Element.

Der Erfolg – besser der blitzartig einsetzende Ansturm der Modellsammler auf die Geschäfte – gab ihnen recht. Inzwischen sind es mehr als dreißig verschiedene Typen geworden, der Perlini als jüngster unter ihnen. Und die Serien gehen jedesmal in die Hunderttausende. Ende 1966 konnte man in Annaberg-Buchholz auf 2,9 Millionen Stück Jahresproduktion zurückblicken, in diesem Jahr werden es wenigstens 3,3 Millionen sein.

Am Anfang eines Modells steht – wie überall – die Idee. Dabei gibt die Attraktivität den Ausschlag. Die muß allerdings auch noch dasein, wenn der meterlange Perlini-Dumper auf ein paar Zentimeter zusammengeschrumpft ist. Doch den echten Sammler interessiert mehr. Er will originalgetreue Fahrzeuge. Und originalgetreu, das bezieht sich sowohl auf die Funktionen (ein Flug-

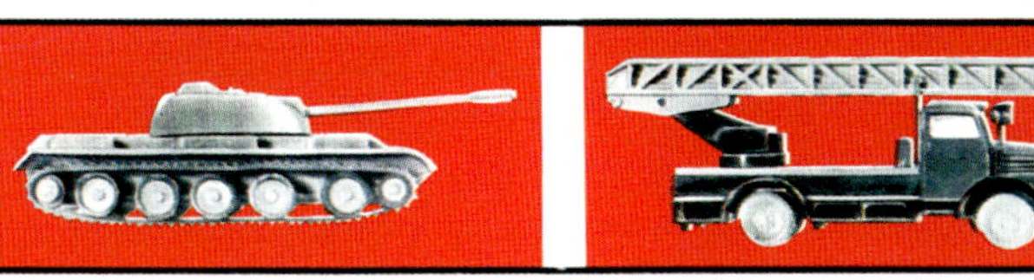

450

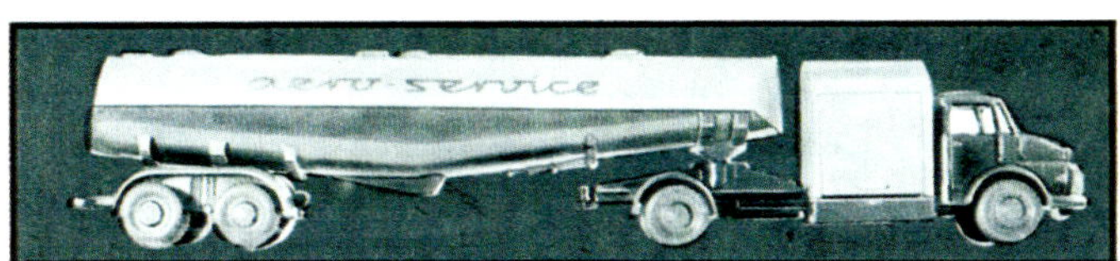

feldtankwagen muß hinter aufklappbaren Türen eben Armaturen haben, eine Feuerwehrdrehleiter muß man nicht nur drehen, sonder auch ausfahren können, ein Kipper muß sich kippen, eine Baggerschaufel sich schwenken lassen) als auch auf die Details, ganz gleich ob nun am Fahrzeug oder darunter.

Ist damit eigentlich schon eine ganze Menge über die Schwierigkeiten der Modellkonstrukteure gesagt, so fängt's doch jetzt erst richtig an. Oft genug nämlich haben sie nicht die Möglichkeit, einen Originalplan als Grundlage für die Verkleinerungsarbeit benutzen zu können. Dann müssen es ein Prospekt mit den notdürftigsten technischen Daten und ein paar Bilder tun. Wenn schließlich trotzdem alles auf den richtigen Maßstab umgerechnet und zu Papier gebracht ist, kann der Handmusterbauer das erste Holzmodell fertigen. Die Konstrukteure und die Technologen beschäftigen sich unterdessen mit den Vorbereitungen für die notwendigen Werkzeugkonstruktionen, mit denen die Spritzgußautomaten später bestückt werden. Solch ein Werkzeug kostet immerhin Zehntausende, da will alles gut durchdacht sein. Mittlerweile hat auch der Handmusterbauer seine Arbeit vorgelegt. Nun müssen nur noch die Fachleute der Arbeitsgruppe Plastspielwaren bei der VVB, der Handel und das DAMW ihren Segen bzw. das Gütezeichen dazugeben, dann kann die Serienproduktion beginnen.

Um sie kennenzulernen, fahren wir nach Steinach, einer 1500 Einwohner zählenden Gemeinde östlich von Annaberg, die noch vor gar nicht langer Zeit von der Strumpfwirkerei lebte. Aber weitgehende Automatisierung in diesem Spezialzweig der Textilindustrie gab die Möglichkeit, in wenigen konzentrierten Fertigungsstätten mehr zu schaffen als früher in vielen dezentralisierten Kleinbetrieben.

So kam die Plastspielwarenindustrie nach Steinach, genauer: die Produktion von Modellfahrzeugen. Spritzgußautomaten spucken Unmengen von Kleinteilen aus, an zwei Fließbändern montieren geschickte und flinke Frauenhände gerade eine neue Serie Škoda-Autobusse. Filigranarbeit mit Milligramm und Millimetern. Und dabei 1800 Busse pro Schicht. Hut ab vor solchen Leistungen! In der Sowjetunion, in Polen, in der ČSSR, aber auch in Ghana oder Westdeutschland, weiß man sie zu schätzen. Das Firmensymbol ESPEWE-Modelle hat sich international gut eingeführt.

Daß der Poller-Entwicklungsmannschaft mal die Ideen ausgehen, ist nicht zu befürchten. Stets kommen neue Fahrzeuge heraus, und „Stoff" gibt es auch bei Vorhandenem noch genug. Zu den bereits bekannten Modellgruppen (z. B. Feuerwehr- oder Baufahrzeuge) soll demnächst eine unter dem Titel Kleintransportmittel kommen, so etwa in der Richtung Multicar und Flurfördergeräte. Auch ein ganzer Wanderzirkus könnte sicher viele Sammler reizen.

Nur eins hat mir in Annaberg-Buchholz nicht ganz gefallen: Das Firmenzeichen ESPEWE (eine etwas unglückliche Abkürzung für Spezial-Präge-Werke). Aber Werkleiter Horst Kollek sagt mir, daß auch er nicht vollkommen glücklich dabei ist – trotz der internationalen Verkaufserfolge. Und so meinte er: Vielleicht können uns die Leser von „Jugend und Technik" sowie die Modellsammler helfen, einen treffenden, klangvollen und international verständlichen Namen für unsere Modelle zu finden ...

Warum nicht! Die Redaktion nimmt entsprechende Angebote gern zur Weiterleitung nach Annaberg-Buchholz entgegen.

Wolfgang Schuenke

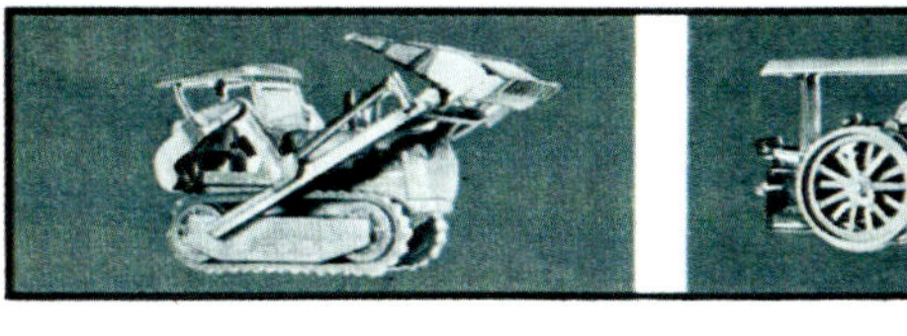

451

Auszug aus JUGEND+TECHNIK Mai 1967. (Sammlung: BB)

6. Fertigmodelle, Bausätze, Nach- und Umbau-Modelle

Wie schon erwähnt, hat jeder so seine eigene Sammelphilosophie. Was kann ich nun mit dem neu erworbenen Modellauto machen? Auch hier gibt es verschiedene Varianten. Die einen nehmen ihre Modelle, so wie sie aus dem Laden kommen, und stellen sie in die Vitrine. Denn nur unveränderte, originale Modelle können später vielleicht einmal einen bestimmten Wert haben. Hier geht es schon los: die Einen mit, die Anderen ohne Verpackung. Dann die Anderen, die ihr neu erworbenes Modell mit den mitgelieferten Zurüstteilen, z. B. Spiegel versehen.

Ein Modell von ROCO, dem relativ viele Zurüstteile beigegeben wurden.

Dann gibt es noch die Gilde, die Modelle kaufen, nur um sie sofort zu demontieren. Es sind die Bastler, welche Modelle um- bzw. nachbauen, um das Vorbild so identisch wie möglich darzustellen. Da die in Großserie hergestellten Modellautos nicht immer den Erwartungen der Sammler entsprechen, muss einiges verändert werden. Nun ist es ja auch so, dass nicht jede Farbvariante oder kleine Veränderungen des Originals in ein Serienmodell übernommen werden können. Gerade bei Fahrzeugen aus der DDR gab es aus Mangel an Teilen viele Fahrzeugumbauten. Zum Beispiel: als Farbe wurde die genommen, die gerade zur Verfügung stand und nicht die, die eigentlich an das Fahrzeug gehört hätte. Oder es gab größere technische Veränderungen, z. B. anderer Motor oder anderes Fahrerhaus bzw. Aufbauten. Hier waren ja die DDR-Techniker äußerst kreativ. Hier muss natürlicher der Bastler ran, um auch diese Modelle in seine Sammlung zu bekommen. Manchmal stimmt die Größe und Art der Räder nicht, kleine Makel am Äußeren, Aufbauten verändern oder manchmal sind die Lampen oder andere Kleinteile nicht richtig dargestellt. Von fehlenden oder falschen Farben und Beschriftungen ganz zu schweigen. Mit verschiedenen Materialien und Farben wird dabei versucht, jedes noch so kleine Detail vom Vorbild in das Modell 1:87 zu übernehmen. Mit viel Fingerfertigkeit, einem guten Auge und natürlich mit guten Kenntnissen vom Aussehen des Vorbilds entstehen dabei manchmal wahre Kunstwerke. Es sind dabei richtige Künstler, die hierbei nichts am Modell auslassen. Bei denen gibt es gegenüber dem Vorbild keine Kompromisse, alles muss stimmen. So werden die Modelle oft auch in Dioramen, also stehenden Schaukästen, mit Modellfiguren und -landschaften vor einem oft halbkreisförmigen, bemalten Hintergrund in ihrer realistischen Umgebung dargestellt. Oft ist das so gut gemacht, dass der Betrachter überlegen muss: Original oder Modell? Bei H0-Modellfahrzeugen aus Kunststoff ist eine Veränderung oder auch ein Neubau des Modells relativ einfacher. Der Plastewerkstoff lässt sich gut thermisch verändern, sägen, schneiden, schleifen, kleben und lackieren. Dabei sollte man aber genau überlegen, welchen Kleber und welche Farbe man benutzt. Lösemittel können dem Plastemodell ein jähes Ende setzen. Aufgrund des Materials ist es möglich, das Modell noch zu „supern“, das heißt, Teile ergänzen, Farben verändern oder umbauen, um es dem Vorbild sehr nahe zu bringen, zum Beispiel mit Evergreen Polystyrol Kunststoffprodukten. Die gefrästen Profile, Streifen, Rohre und Platten lassen sich sehr gut verarbeiten. Außer diesen Materialien gibt es auch vorgefertigte Teile, wie z. B. Spiegel, Lampen, Signallichter (z. B. Blaulichter) und Signaleinrichtungen sowie komplette Karosserien, Fahrerhäuser und andere Aufbauten. Manchmal bieten auch die Hersteller Kleinteile als Zurüstteile oder aber auch Ersatzteile an. Das Material der Kleinserienhersteller ist u. a. Resin – ein Gießharz, das aus zwei Komponenten besteht und schnell aushärtet. Dieser Werkstoff wird hauptsächlich von Kleinserien-Herstellern verwendet. Als Möglichkeit kleinste Teile am Modell zu verbauen, werden Ätzteile aus Messing- oder Neusilberblech verwendet.

Außerdem werden noch Decals verwendet. Dieses Wort ist aus dem Englischen abgeleitet und die geläufige Bezeichnung für die, vor allem im Modellbau verwendeten, Nassschiebebilder. Dadurch werden auf dem Modell die dem Vorbild entsprechenden Beschriftungen, zum Beispiel an der Plane, an der Pritsche oder am Fahrerhaus bzw. bei Pkw an der Karosserie angebracht.

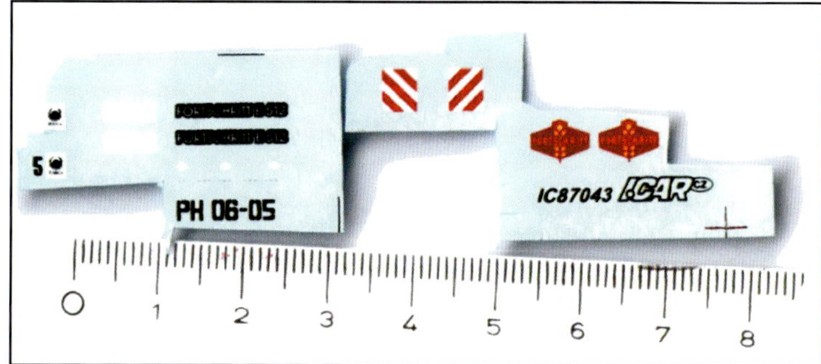

Decals oder Nassschiebebilder machen das Modell komplett.

Auch die polizeilichen Kennzeichen werden auf die Art angebracht. Es gibt auch die Möglichkeit, seine Decals auf dem heimischen Drucker selbst herzustellen. Natürlich wird dann das Modell noch vorbildgerecht in der richtigen Farbe gestaltet. Hier gibt es verschiedene Varianten. Man sollte da schon etwas geübt sein. Manchmal kann man mit zu viel Farbe ein Modell auch „versauen“. Man muss auch unterscheiden zwischen einem Bausatz und einem Fertigmodell, das umgebaut wird. Bei den Bausätzen wiederum gibt es auch Unterschiede, der einfache Bausatz zum Beispiel von Herpa MiniKit, Preiser oder Kibri, an dem sich schon größere Kinder versuchen können. Komplizierter wird es mit Bausätzen von Kleinserienherstellern. Genannt seien u. a. Pkw-Bausätze von V&V oder Bausätze von Landmaschinen und Lkw aus der Tschechischen Republik (ICAR, CZ). Diese Bausätze sind wirklich nur etwas für den erfahrenen Modellbauer. Über diese Bausätze soll später bei der Besprechung der jeweiligen Modelle berichtet werden.

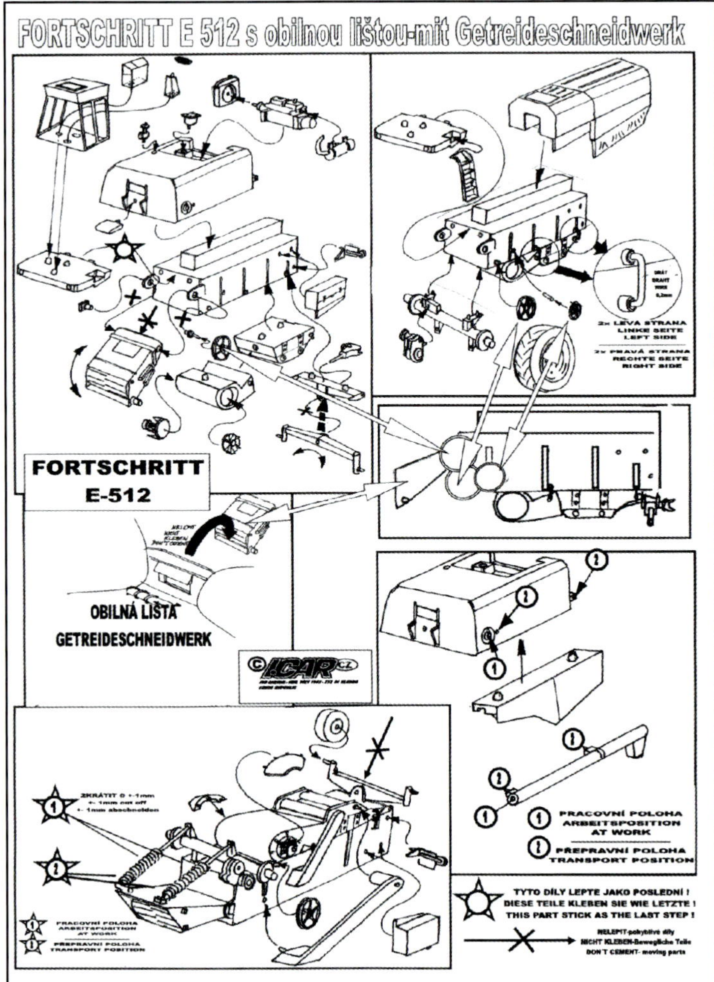

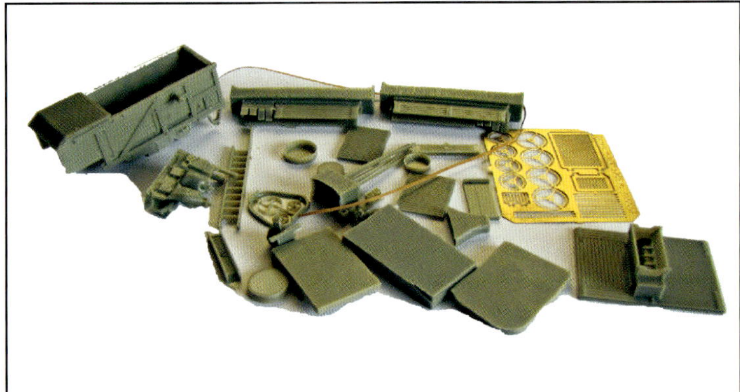

Hier einige Beispiele von Bausätzen und wie das fertige Modell dann aussehen sollte. Bei diesen Bausätzen ist natürlich eine Bauanleitung dabei. Aber so einfach ist der Zusammenbau nun doch nicht. Oft müssen auch die Teile noch nachbearbeitet werden, z. B. thermisch mit dem Heiß-Föhn oder heißem Wasser.

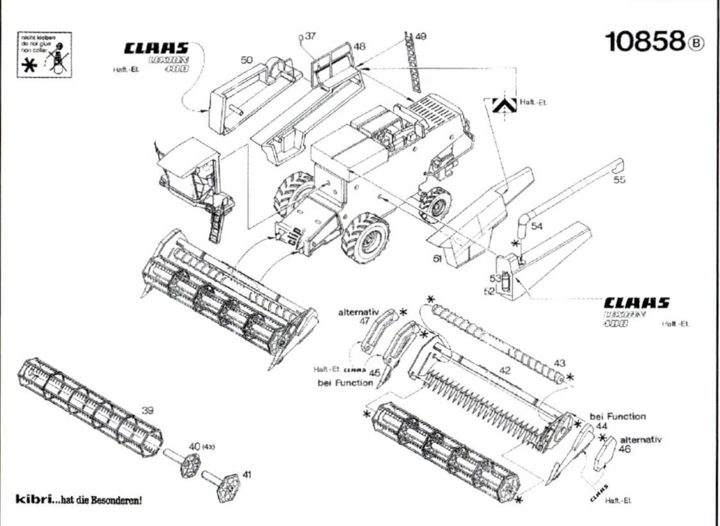

Relativ einfache Bausätze von Kibri, an denen sich schon größere Kinder versuchen können. Diesen Bausätzen liegt eine ausführliche Bauanleitung bei. Auch hier gibt es Modelle aus allen möglichen Sammelbereichen.

MiniKit-Bausatz von Herpa – es wird von Herpa natürlich nicht nur der Wartburg als Bausatz angeboten.

Dieses Landwirtschaftsdiorama zeigt, welche Landmaschinen-Modelle in 1:87 in einer hervorragenden Qualität möglich sind. Einige der Fahrzeuge sind Bausätze, einige sind Umbauten und einige sind nur nach Zeichnungen und Fotos nachgebaut, also reine Eigenbauten. Diese Modelle zeigen Technik- und Zeitgeschichte in der Landwirtschaft. Gebaut wurden diese Modelle von Mike Ditscher und Christoph Dombrowski.

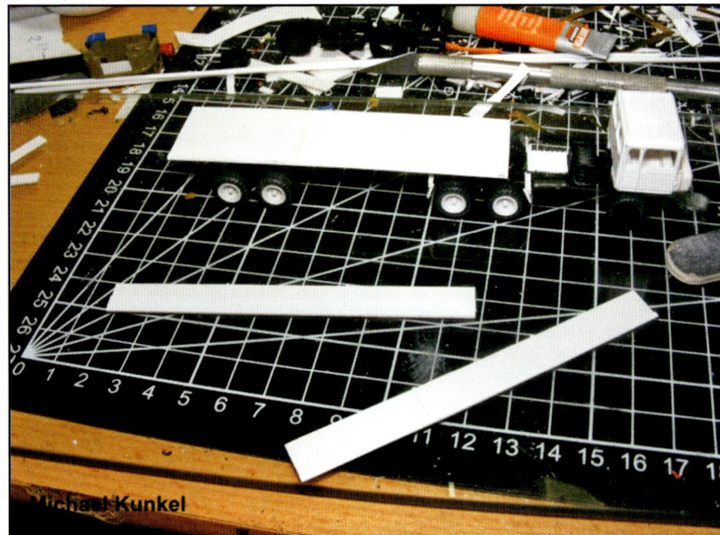

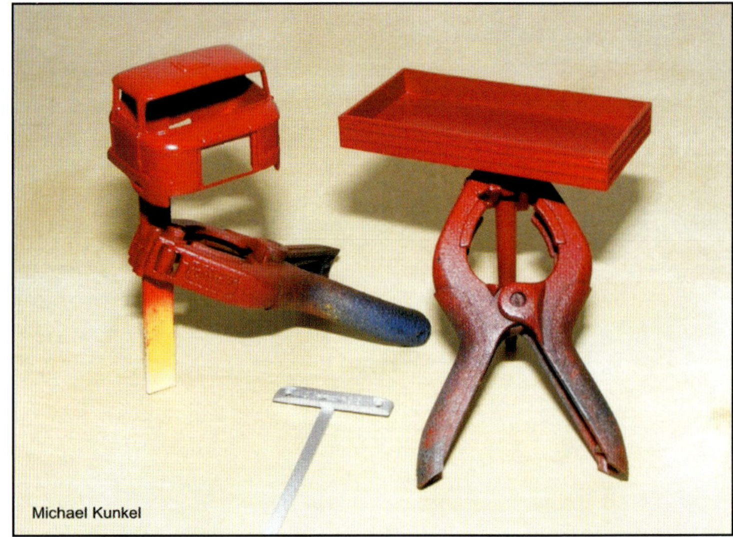

Der Modellautobastler braucht nur einen kleinen Arbeitsplatz. Hier einige Bilder vom Rohbau einiger Umbau- bzw. Neubaumodelle. Es sind schon geschickte Hände erforderlich. Modell und Foto Michael Kunkel.

6.a Dioramen

Es gibt auch noch das Diorama im Modellautobau. Dabei wird auf einer mehr oder weniger großen Grundplatte, also vom Bierdeckel bis zur Tischgröße, eine landschaftliche Illusion mit detailreichen Szenen dargestellt. Das heißt, hier kann man seine Modellfahrzeuge richtig in Szene setzen, also fast zum Leben erwecken. Auch hier gibt es Meister ihres Faches, die mit Modell und Landschaft die perfekte Illusion des Vorbildes erzeugen. Ist es Modell oder Vorbild? Aber auch der Anfänger wird überrascht sein, welche Wirkung etwas Hintergrund, Bäume oder Häuser, ein Stück Straße und natürlich die Modelle in Szene gesetzt, haben. Eigentlich ist eine Modelleisenbahn nichts anderes als ein großes Diorama. Wer nicht den Platz hat, baut sich eben kleine Dioramen mit seinen Modellfahrzeugen. Auch hier ist wieder alles möglich, vom Feuerwehreinsatz oder Mähdrescher bei der Ernte oder auch für Militärfahrzeuge bietet das Diorama eine gute Darstellung der Modelle. Wenn man noch ein paar Figuren 1:87 und andere Teile aus dem Modelleisenbahnbereich mit dazu stellt, ist die Illusion perfekt.

Modelle vom Feinsten! Perfekt umgebaute Modelle bis ins kleinste Detail, dazu noch perfekt in Szene gesetzt. Fotos und Modelle Kai Rücker ...

... und Andreas Thiele

Beleuchteter Trabant mit Hänger, gesehen auf einer Modelleisenbahnausstellung.

Natürlich kann der geübte Modellauto-Bastler noch mehr machen. Gute Dienste leisten ihm dabei die immer kleiner werdenden Elektronikbauteile. Hier wären zum Beispiel Mini-Leuchtdioden zu erwähnen. Mit diesen Bauteilen kann man nicht nur große Modelle mit Licht ausstatten sondern auch kleine Figuren. Modellautos, an denen vorn und hinten Licht brennt sind schon nichts Besonderes mehr. Aber ein Fahrrad in 1:87 mit Scheinwerfer und Rücklicht auszustatten, die auch richtig leuchten, macht schon etwas mehr Arbeit.

Modellautos vollgestopft mit Elektronik bis an die Grenze des Machbaren. Natürlich kann das Miniatur Wunderland in Hamburg nicht der Maßstab für den normalen Modellauto-Bastler sein, aber es inspiriert, was man alles mit Modellautos machen kann.

Fotos mit freundlicher Genehmigung des Miniatur Wunderlandes, der größten Modelleisenbahn der Welt.

Modellautos 1:87 mit Funkfernsteuerung auszurüsten ist auch möglich. Auch hier bietet der Handel die nötigen Bauteile. Den Rest kann man selbst machen. Wir reden jetzt nicht vom funkferngesteuerten Fertigmodell. Der Kreativität der Modellauto-Bastler sind da kaum Grenzen gesetzt.

Einige der kreativen Modellautobauer und ihre Modelle sollen später noch vorgestellt werden.

6.b Der 3D-Druck

Eine noch relative neue Art Teile für den Modellautobau, natürlich auch für andere Bereiche, herzustellen, ist der dreidimensionale Druck.
Ein 3D-Drucker funktioniert eigentlich wie ein normaler Drucker. Computergesteuert wird hier schichtweise Material aufgebracht, das dabei nach oben „wächst" und somit ein dreidimensionales Werkstück aufbaut. Beim Aufbau finden physikalische oder chemische Härtungs- oder Schmelzprozesse statt. Als Werkstoffe für das 3D-Drucken sind Kunststoffe, Kunstharze, Keramiken und Metalle verwendbar.
Es gibt verschiedene Varianten von Druckern, z. B. ein Mehrfarb-Druckkopf verteilt farbige Tinte auf einer dünnen Schicht aus gipsähnlichem Pulver. Beigemischtes Bindemittel lässt die bedruckten Stellen aushärten. Fertige Modelle werden nachträglich mit Kunstharz getränkt, um sie zu stabilisieren. Der Vorteil – die Teile sind bereits in der richtigen Farbe, heißt, brauchen nicht nachlackiert werden. Da kann man eine größere Stückzahl auf einmal drucken. Bei einer anderen Variante wird geschmolzener Kunststoff aus einer Düse gedrückt, die schichtweise die gewünschte Form mit einem Strich aus weichem Plastik zeichnet. Als Material kommt meist ABS-Kunststoff zum Einsatz.

Nur ein Beispiel von vielen, um eine Vorstellung zu bekommen: Ein großer Elektronikversand bietet einen 3D-Drucker-Bausatz bereits für unter 700,- Euro an. Der Drucker druckt nur Einzelteile. Ein paar Daten:

- baut Objekte bis zu einer Größe von 20 x 20 x 20 cm
- Druckgeschwindigkeit bis zu 30 mm/s
- kleinste Bewegung in der X- und Y-Achse von 0,015 mm

Das Material: ein 3 mm dicker, massiver Kunststoffschlauch aus Acrylnitril-Butadien-Styrol-Copolymerisat (ABS) oder aus einer Polymilchsäure (Polylactic Acid, PLA). Bei sauberer Trennung kann ABS problemlos wieder eingeschmolzen und wiederverwendet werden. Das Material ist farblos bis grau. Diese Teile können eventuell noch thermisch verändert werden. Viele 3D-Drucker arbeiten nach diesem Verfahren. Eine weitere Variante: Es gibt Geräte die drucken aus einer zweiten Düse Stützkonstruktionen, sodass auch Modelle mit Überhängen möglich sind. Auch mit verschiedenen Farben zu drucken, soll möglich sein. Es gibt noch weitere Varianten von 3D-Druckern. Bevor aber ein 3D-Drucker drucken kann, muss erst das Objekt im Computer vorliegen. Im Computer wird ein virtuelles Modell eines dreidimensionalen Objektes erzeugt. Das geschieht mit CAD (computer-aided design) Programmen, also ein rechnerunterstütztes Konstruieren. Mit CAD entsteht die Bildung eines virtuellen Modells von dreidimensionalen Objekten mit Hilfe eines Computers. Von diesem können die üblichen technischen Zeichnungen abgeleitet und ausgegeben werden. Besonders im Hobbybereich können z. B. für den Modellautobauer kleinste Teile hergestellt werden. So ist es möglich, die Teile ganz individuell so zu verändern, wie man sie für sein Modell braucht. Es wird auch kein Hersteller benötigt, der eine Mindeststückzahl herstellen muss, um kostendeckend zu arbeiten. Es entfällt dabei natürlich auch der umständliche Versand der Teile. Noch sind die 3D-Drucker für den Heimgebrauch etwas teuer, auch das wird sich ändern. Lassen wir uns überraschen, was hier die Zukunft bringt.

Dieser 3D-Drucker spritzt Schicht für Schicht Farbe in ein besonderes Gips-Bett. Hier können mehrere Teile gleichzeitig gedruckt werden. Dieser Druckertyp ist mehr etwas für Firmen.

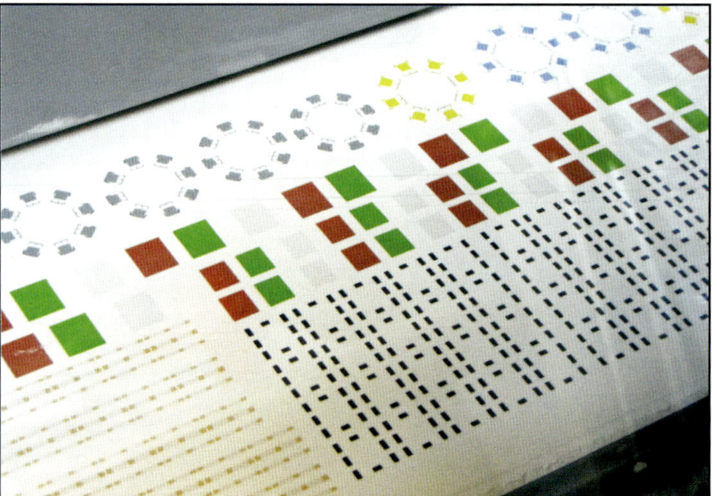

Ein Fahrerhaus so in 3D zu drucken, dürfte in Zukunft kein Problem sein.

Räder des Lkw H 6 wie sie im Computerprogramm vorliegen.

Zuerst muss natürlich das Original genau vermessen und auf 1:87 umgerechnet werden.

Der direkte Vergleich eines Rades vom Modell des H 6 von Brekina und darunter das Rad im 3D-Druck – der Unterschied ist deutlich zu sehen.

Das Vorderrad eines Lkw H 6 in 1:87, ganze 11 mm im Durchmesser.

7. Modell und Vorbild

Jetzt wissen wir, was Modellautos sind und was man damit machen kann. Wenn man in einem Modellauto-Geschäft die vielen Modellautos sieht, muss man sich fragen: Ja was sind denn das für Modelle. Haben sie alle ein Vorbild? Ja, sie haben alle ein Vorbild! Nun wäre es sehr mühevoll, von allen Modellautos, die es im Handel gibt, das Vorbild zu suchen und zu beschreiben. Um das Gebiet etwas einzuschränken, sollen hier Modellautos und ihre Vorbilder beschrieben werden, die auf den Straßen der DDR unterwegs waren. Also, welche Fahrzeuge gab es von 1949 bis 1990 in der DDR und welche Modelle von welchen Herstellern gibt es dazu. Um DDR-Fahrzeuge zu beschreiben, müssen auch die Fahrzeuge beschrieben werden, die vor 1949 gebaut wurden. Die meisten DDR-Fahrzeuge waren Entwicklungen von Vorkriegsfahrzeugen, ohne die hätte es die späteren Fahrzeugtypen vielleicht nicht gegeben. Natürlich gehören auch die Import-Fahrzeuge aus den sozialistischen Bruderländern dazu. Diese Fahrzeuge waren, aus Mangel an eigenen Fahrzeugen, in großer Stückzahl in der DDR unterwegs, sie sollen zu einem späteren Zeitpunkt besprochen werden.

Um zu wissen, um welches Modell es sich handelt, muss man sich in der Literatur, das heißt, mit verschiedenen Büchern oder Zeitschriften oder auch in Archiven schlau machen. Es gibt dabei eine große Anzahl an Fahrzeug- oder Traktorenbüchern. Natürlich nicht zu vergessen das Internet. Eine gute Informationsquelle sind dabei auch die verschiedensten Oldtimertreffen oder andere Veranstaltungen, beispielsweise auch Festumzüge mit Fahrzeugen. Manchmal gibt es von dem gesuchten Fahrzeug nur noch ein paar wenige Fotos. Für den Um- oder Selbstbauer von Modellen sind insbesondere die Daten des Vorbildes wichtig. Vor allem Baujahre, Farbgebung, Einsatzgebiete oder Modellwechsel im Laufe der Zeit. Dabei spielt es keine Rolle, ob es sich um Straßenfahrzeuge oder Landtechnik handelt. Immerhin gibt es auch noch etliche Fahrzeuge aus der DDR-Zeit, welche auch nach über 20 Jahren des Produktionsendes im aktiven Einsatz sind. Besonders schwierig wird der Nachbau von Prototypen oder Versuchsfahrzeugen, da es meist nur noch wenige Fotos oder technische Zeichnungen gibt. Aber auch diese Modelle werden, so gut es geht, nach Vorlagen nachgebaut.

Nach der politischen Wende 1989 wurden erst einmal die alten DDR-Fahrzeuge gegen westdeutsche Fahrzeuge ausgetauscht. Dabei kamen nicht nur neue Fahrzeuge zum Einsatz, die Hauptsache war nur „West“. 25 Jahre später ist es wieder anders. Heute hat fast jede Spedition oder jedes Fuhrunternehmen, welches etwas auf sich hält, wieder ehemalige Ost-Fahrzeuge im Bestand. Aus Ostalgiegründen oder warum auch immer. Auch gibt es zahlreiche Museen und andere Dauerausstellungen zur DDR-Fahrzeugindustrie. Oldtimer- oder Traktorentreffen, speziell mit Ost-Technik, gibt es fast über das gesamte Jahr. Aber auch der freie Zugang zu Archiven und Informationen von Privatleuten bringt manche zur DDR-Zeit verschwiegene Tatsache zu Tage. Dem großen Interesse der Modellautofreunde an Fahrzeugen aus volkseigener Zeit wurden die Modellautohersteller in den letzten Jahren gerecht. Die Firma Brekina hat neben seinen zahlreichen anderen Modellfahrzeugen sein H 6-Lkw-Programm ausgebaut, der Lkw S 4000-1 ist erschienen. Es gibt den Trabant 500, den Wartburg 311, den Lada Niva in zahlreichen Varianten, den Barkas in mehreren Varianten und den Robur. Aber auch andere Modellfahrzeughersteller folgen dem Ost-Mobile-Trent. So hat Herpa den Trabant, Wartburg, Moskwitsch und Wolga und Busch eine Vielzahl an Modellen im Programm, wie zum Beispiel Traktoren, Mähdrescher, Anhänger und den W 50 und L 60. Weitere Traktor- und Busmodelle werden bestimmt folgen. Aber, welches Vorbild hatten diese Modelle – Typ, Baujahr und Einsatzgebiet. Gab es das Modell genauso, stimmt die Farbgebung? Oder waren die Hersteller bei ihrer Modellumsetzung aus Herstellungsgründen etwas großzügig. Gibt es vergleichbare Originalfahrzeuge? Um das heraus zu finden, muss man schon intensiver nachforschen.

Natürlich ist das bei der Vielzahl von Modellfahrzeugen, auch wenn es sich dabei nur um Ost-Fahrzeuge handelt, nicht einfach. Viele Informationen müssen gesammelt und verarbeitet werden. Dazu kommt, wo anfangen? Modelle nach ihrem Verwendungszweck beschreiben? Also kam der Gedanke, die Firmen und den Herstellungsort der Vorbilder zu suchen. Also, wo wurden in der DDR Fahrzeuge hergestellt? Welche Fahrzeugtypen wurden hergestellt? Und ganz wichtig, gibt es dazu ein Modell 1:87? Einige Modellautohersteller produzieren ja nicht nur Modelle von Fahrzeugen aus der Neuzeit, sondern auch Modell-Fahrzeuge von Vorbildern vor 1945. Viele Modelle von BREKINA und Wiking sind auch von Fahrzeugen aus den 1950er und 1960er Jahren. Diese Modelle und ihre Vorbilder zu beschreiben, würde bestimmt mehrere Bücher füllen. Wie schon erwähnt, sollen hier nur Fahrzeuge beschrieben werden deren Vorbilder in Ostdeutschland vor 1945 und danach unterwegs waren bzw. gebaut wurden. So erschien schon ab 1948/49 bei Wiking ein Modell des Horch aus Zwickau. Oder bei BREKINA kam 1980 der Wanderer und der DKW als Modell auf den Markt. Zu der Zeit wusste man wenig über Fahrzeuge aus Ostdeutschland. Aber wer kennt die Geschichte dieser Original-Fahrzeuge, wann und wo wurden sie eigentlich gebaut? Hier soll nun mit den Modellfahrzeugen und mit Bildern der Originale diese Fahrzeuggeschichte Ostdeutschlands dargestellt werden. Natürlich werden bei dieser Gelegenheit auch die Modellautos etwas näher vorgestellt. Also begeben wir uns auf eine Zeitreise mit Modell und Vorbild.

Erich Honecker soll 1981 gesagt haben: „Aus unseren Betrieben ist noch viel mehr rauszuholen!“ Dieser nur 1,5 cm große Schwalbe-Fahrer und Fettkübel-Dieb hat das wohl wörtlich genommen! Eine Meisterleistung von Jan Helle.

Dieses schöne Gespann konnte am Reformationstag 2014 in Nähe der Zittauer Schmalspurbahn abgelichtet werden. Vielleicht auch eine Anregung dieses SR 2 mit Hänger als Modell nachzubauen. (Foto: BB)

8. Autos aus Chemnitz und Zwickau – Die Modelle, die Vorbilder

Einige Modellautohersteller stellen oder haben Modelle hergestellt, deren Vorbilder in Zwickau gebaut wurden. Dabei ging es wahrscheinlich nur um den Bekanntheitsgrad des Fahrzeuges, beispielsweise Audi, Horch oder Trabant. Die wenigsten Modellautofreunde kennen dazu die Geschichte dieser Fahrzeuge.

Zwei Automarken haben Zwickau in Sachsen besonders bekannt gemacht: Horch und Trabant. Nun war ja August Horch nicht irgendwer, seine Autos gehörten der Spitzenklasse der damaligen Autoindustrie an. Die Autos der Marke Horch sind heute nur noch als Oldtimer zu bewundern. Auch die Geschichte des Trabants endete 1991. Nur die Automarke Audi, von August Horch 1910 gegründet, gibt es am neuen „West"-Standort Ingolstadt noch. Zur Lebensgeschichte von August Horch und seinen Autos existiert bereits umfangreiche Literatur. Ab 1932 gehörten die Werke Horch und Audi zur Auto Union. Auch DKW in Zschopau und die Wanderer-Werke Chemnitz brachten sich in den ersten deutschen staatlichen Automobilkonzern ein. Da es auch hier eine umfangreiche Modellautopalette gibt, macht es sich notwendig, das Modell und ihre Vorbilder näher zu betrachten. Auch wenn einige dieser Fahrzeuge vor der Gründung der DDR gebaut wurden, so gehören sie doch zur Geschichte dieser Werke. Denn ohne diese Vorkriegsfahrzeuge hätte es schlecht um die DDR-Fahrzeugindustrie ausgesehen. Die bekannten Modellautohersteller haben unter anderem Horch-, Audi-, Wanderer- und DKW-Modelle schon länger im Programm.

Weitere Fahrzeuge wurden nach dem 2. Weltkrieg in Zwickau gebaut. Die da wären: der Pkw F 8, der Pkw F 9, der Pkw P 70, der Pkw Sachsenring P 240, Trabant P 50, P 60,Trabant 601 und der Trabant 1.1. Auch die Wiege des DDR-Lkw-Baues stand in Zwickau. Nach dem Krieg begann hier der Bau des Lkw H 3, welcher zum H 3 A und zum S 4000-1 weiterentwickelt wurde. Das „H" steht hier für Horch und „S" für Sachsenring. Mit der Weiterentwicklung zum S 4500 in Zwickau ab etwa 1958 und zum W 45 in Werdau wurde die Grundlage für den Lkw W 50 gelegt. Dieser Lkw wurde dann schließlich in Ludwigsfelde gebaut. In keinem Museum, weder im August-Horch-Museum Zwickau, noch in Ludwigsfelde wird jedoch die Entwicklung des W 50 über den S 4500 und W 45 irgendwie dokumentiert. Auch werden keine Prototypen bis zur Entwicklung des L 60 gezeigt. Eigentlich ganz so, als ob es diese Fahrzeuge nie gegeben hätte. Auch um diese zum Teil unbekannten Fahrzeuge kümmern sich Modellautofreunde. Sie erforschen diese Geschichte und bauen diese Fahrzeuge im Modell nach.

Die Lkw-Geschichte soll aber an dieser Stelle nicht näher beschrieben werden, das soll später unter der Rubrik „Fahrzeuge aus Werdau" und „Fahrzeuge aus Ludwigsfelde" geschehen.

Das wohl bekannteste Fahrzeug aus Zwickauer Produktion ist der Trabant. Dieses Fahrzeug gilt als Symbol der starren Planwirtschaft, aber auch als Symbol für die Wiedervereinigung, als hunderte Trabis gen Westen fuhren. Auch hierzu gibt es zahlreiche Publikationen, so dass nur die Vorbilder des jeweiligen Modells vorgestellt werden sollen.

Folgende Fahrzeuge werden in Bild und Text, als Modell und Vorbild beschrieben:

8.1 Der Pkw Horch und Audi
8.2 Der Pkw Wanderer
8.3 Der Pkw DKW F 7
8.4 Der Pkw F 8
8.5 Der Pkw F 9
8.6 Der Pkw Horch-Sachsenring P 240
8.7 Der Pkw P 70
8.8 Der Trabant von P 50 über P 601 bis Trabant 1.1

Das Logo der Auto Union.

Autos aus Zwickau im Zeichen der 4 Ringe der Auto Union – Horch, Audi, Wanderer, DKW.

8.1 Der Pkw Horch und Audi

8.1.1 Der Horch von Wiking

Bereits ab 1948/49 gibt es ein Wiking-Modell des Horch 850 in ca. 1:100. Das Modell ist in „Der gelbe Katalog", der Wiking Sammler Katalog von 1990, unter der Nr. 29/1 bis /3 aufgeführt. Diese unverglaste Nachbildung mit Drahtachsen, war recht einfach gestaltet und lässt sich mit heutigen Ausführungen nicht vergleichen. Allerdings haben diese alten Modelle ihren Preis, den die heutigen Exemplare nie erreichen werden. Das hier gezeigte Modell ist wesentlich jünger, es hat die Nr. 825/13 und erschien 1989. Es hat den Horch 850 von 1937 als Vorbild. Dieses Modell ist nach Wiking-Art recht einfach gehalten. Die Karosserie ist nicht bedruckt und weist wenige Gravuren aus. Scheinwerfer, Kühlergrill und das Horch-Logo sind nur einfach in grauer Plaste bzw. gar nicht dargestellt. Das Auto Union-Zeichen fehlt ganz.

Im Neuheiten-Katalog von Wiking ist unter klassische Modelle 082504 – Horch 850 – patinagrün mit schwarzem Faltdach und schwarzen Trittbrettern Baujahr 1935 bis 1940 angegeben. Diese Ausführung unterscheidet sich von seinem Vorgänger durch mehr Details, wie Bedruckung der Türklinken, Frontscheibe und schwarz abgesetztes Faltdach sowie Trittbretter. Die Felgen sind in Wagenfarbe abgesetzt. Ansonsten wurden im Front- und Heckbereich die gleichen mattgrauen Teile verwendet.

Einige weitere Varianten des Horch-Modells von Wiking laut Wiking Datenbank:

- Horch 850 Coupé 029-5-1, 1948-1949 | 1:100 | staubgrau, unverglast, Dach schwarz lackiert, Fenster schwarz
- Horch 850 Limousine 825-1-1 (825), 1974-1989 | 1:87 | anthrazitgrau, IE lichtgrau
- Horch 850 Limousine 825-2-1 (825 00), 1989-1994 | 1:87 | schwarz, IE rot
- Horch 850 Limousine 825-2-1 (825 00), 1989-1994 | 1:87 | schwarz, IE rot, eingesetztes 3-Speichen-Lenkrad, Scheibenwischer Teil der Verglasung, angesetzter silberner Grill, Scheinwerfer Teil des Grills, unbemalt, 2 Reserveräder seitlich in Kotflügelaussparungen geklebt, Räder zweiteilig 9 mm mit Radkappe R 080 silbern, Chassis silbern, Bodenprägung WIKING - BERLIN-W - HORCH - 850
- Horch 850 825 00, 1989-1993, schwarz, IE rot mit eingesetztem Lenkrad weiß, Scheibenwischer Teil der Verglasung, 2 Reserveräder seitlich in Kotflügelaussparungen geklebt, angesetzter Grill silbern, Frontscheinwerfer Teil des Grills, Stoßstangen Teil der Bodenplatte silbern, Räder zweiteilig mit eingesetzten Radkappen silbern, Bodenprägung HORCH 850 WIKING - BERLIN-W.

Verschiedene Ansichten des Horch 850.

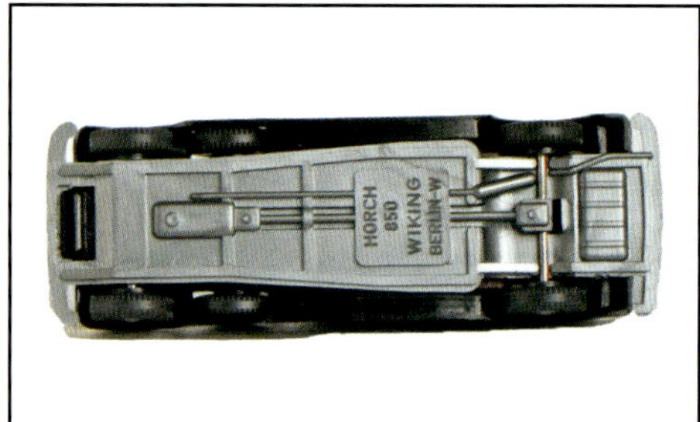

Der Horch 850 von unten.

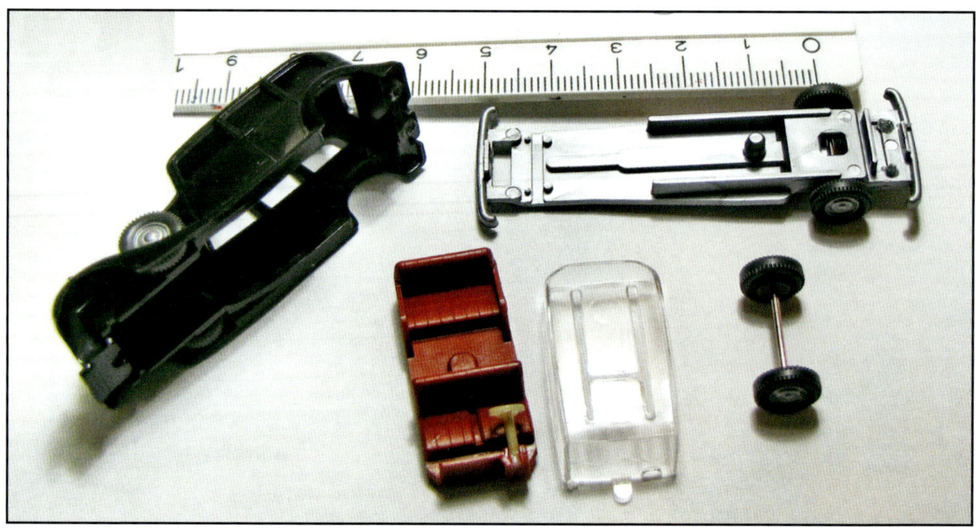

Der Radstand des Vorbildes, umgesetzt auf 1:87, stimmt mit dem Modell überein.

8.1.2 Der Horch von Ricko

Man kann einfach nur sagen: Modelle der Spitzenklasse mit vielen Details! Die Firma Ricko Limited gibt es seit 2001. Begonnen hat es mit der Modellauto-Produktion von Modellen im Großmaßstab 1:18. 2004 erweiterte sich der Produktionsbereich auf den Maßstab 1:87. Unter dem Label „Ricko Ricko" importierte Busch aus China und Brekina hat die Oldtimer von Ricko unter dem Namen „Starmada" im Programm. Adresse: 4 / F., Sang Ming Industrail Building, 19 Hing Yip Street, Kwun Tong, Kowloon, Hong Kong.

Der Horch 851 Pullman von 1935 (38809) ist eines der ersten Modelle von Ricko. Zum Programm 1:87 gehören noch weitere Modelle, beispielsweise Wanderer von 1936, Porsche von 1960, Mercedes-Benz 1930, Maybach von 1930, Audi Alpensieger von 1914 und Andere. Den Horch 851 Pullmann gibt es von Ricko auch im Maßstab 1:18.

Das Modell hat sehr viele Details und ist gut gestaltet:

- in Wagenfarbe gehaltene Räder
- mehrfarbige feine Trittstufen
- Scharniere am Heckkoffer und an den Türen
- separater Auspuff am Wagenboden
- farbig gestaltetes Faltdach bzw. farbig abgesetztes Dach bei der Limousine
- bemalte Rücklichter
- sehr gut gestalteter Innenbereich, auch hier viel Farbe und Chrom
- viele Chromteile, beispielsweise Fensterumrahmungen, Scheibenwischer, Stoßstangen und im Frontbereich

Wie bei Ricko üblich, ist das Modell auf einem Hochglanz-Plastiksockel montiert, mit einer durchsichtigen Haube geschützt und in einem Papp-Umkarton mit „Fenstern" verpackt.

Allerdings ist bei den Modellen die vordere Stoßstange gegenüber dem Original etwas zu hoch angebracht. Wie das Modell zerlegt wird, ist nicht bekannt. Warum sollte man es auch zerlegen und verbessern. Der Preis für das detaillierte Modell von Ricko, ist zur Zeit nur einen Euro höher als das vergleichbare Modell von Wiking.

Der direkte Vergleich der Horch-Modelle von Busch Ricko und von Wiking.

Das Horch 930 V Cabriolet (1939).

Das Horch 930 V Cabriolet (1939).

Der Horch 851 Pullmann (1935).

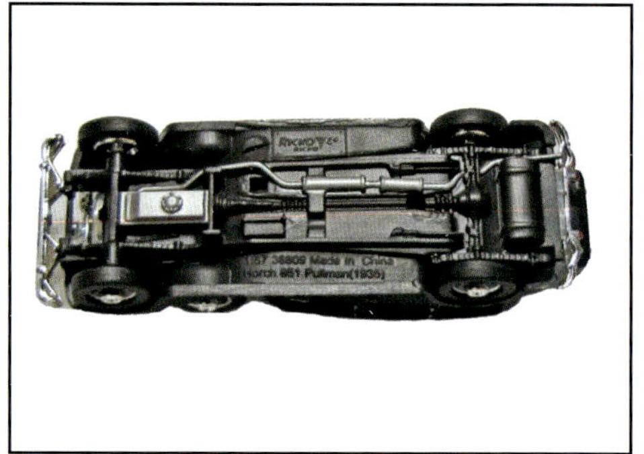

Das Modell ist auch von unten recht gut gestaltet.

Diese Art der Befestigung der Modelle auf der Grundplatte gibt es auch nur bei Ricko.

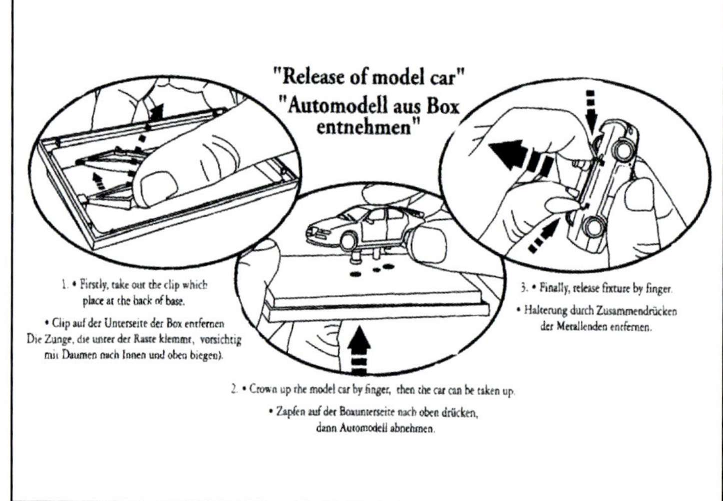

Anleitung zum „Automodell aus der Box entnehmen“:

1. **Clip auf der Unterseite der Box entfernen. Die Zunge, die unter der Raste klemmt, vorsichtig mit Daumen nach Innen und oben biegen.**
2. **Zapfen auf der Boxunterseite nach oben drücken, dann Automodell abnehmen.**
3. **Halterung durch Zusammendrücken der Metallenden entfernen.**

Die Ricko-Modelle werden in einer Klarsicht-Box geliefert.

Einige Modellvarianten:
- 38809 Horch 851 Pullman (1935) grün und schwarz
- 38880 Horch 930 V Cabriolet (1939) schwarz, blau, rot/schwarz, weiß/schwarz
- 38852 Horch 930 V Cabriolet (1939) blau/schwarz, rot/schwarz, schwarz, schwarz/weiß
- 38852 Horch 930 V Cabriolet (1939) gelb/schwarz, weiß/schwarz

8.1.3 Die Horch-Modelle von Praliné und Busch

1981 wurde das Unternehmen unter dem Name „Model International Duve GmbH“ gegründet. Die ersten Automodelle der Reihe „Praliné“ kamen 1982 als „Praliné Walldorf H0-Serie 1:87“ auf den Markt. 1986 übergab man kurzzeitig die Verteilung, Vertrieb und Verbreitung der Praliné Serie in Deutschland an die Revell GmbH & Co. KG. Der Geschäftsführer musste 1993 Insolvenz anmelden und 1994 wurde das Unternehmen an die Busch GmbH & Co. KG in Schönheide verkauft. Die Praliné-Modelle wurden bei Busch überarbeitet, überholt und teilweise ausgemustert. Zum Beispiel die Horch-Modelle: einmal Praliné in recht einfacher Form und das Busch-Modell: bedruckt, Chrom-Teile, Speichenräder.

Die Modelle stellen den Horch 853 A, gefertigt von 1937 bis 1940, dar. Der Radstand beim 853 A 3450 mm durch 87 = 39,6 mm stimmt am Modell, ebenso die Länge mit rund 61 mm.

Das Modell ist recht einfach gehalten, beim älteren Praliné-Modell sind die Speichenräder nur angedeutet und auf durchgehende Achsen angegossen, auch die Reserveräder haben eine durchgehende Achse. Beim Busch-Modell sind es Halbachsen, auf dem sich die Räder lose befinden. Auch sind die Räder des Busch-Modells größer. Beim Praliné-Modell sind an den Radkappen das Horch-Symbol dargestellt, während am Busch-Modell an den Rädern die Schnell-Schraubverschlüsse nachgebildet wurden, welche es aber bei dem 853 A so im Original wahrscheinlich nicht gab. Auch die Inneneinrichtung ist bei beiden Modellen in Wagenfarbe und weist wenig Details auf. Auch Äußerlich hat das Busch-Modell insgesamt mehr Chromteile erhalten. Bei beiden Modellen ist jeweils das Dach farbig abgesetzt und mattfarben, während die Karosserie glänzend ist.

<u>Das Busch-Modell:</u>

Busch bietet das Modell des 853 A in verschiedenen Varianten, als offenes und geschlossenes Cabrio sowie in verschiedenen Farben, an.

<u>Einige Modell-Varianten:</u>

- 41309, braun-weiß
- 41311, Holzoptik Spur H0, Horch 853 als Jubiläumsmodell – Text von Busch dazu: „Und tatsächlich, sie sind wirklich aus Holz. Ein besonderes Material und eine spezielle Technik machen es möglich, Modelle in dieser herrlichen Holzoptik erstrahlen zu lassen. Alle feinen Konturen sind problemlos und lupenrein erkennbar. Verpackt ist das edle Fahrzeug in einer Präsentationsbox mit Holzsockel und Jubiläumsdruck auf der Plexiglashaube. 50 Jahre Busch 1958-2008“.
- 41312, Neuheit November 2009, Farbe: grau
- 41314, Farbe rot/metallic-schwarz
- 41313, mit Tarnfarbe Feldpolizei
- Unter Praliné erschienen PR 0030 Feuerschutzpolizei aus einer Praliné-Sonderpackung Historische Fahrzeuge Feuerschutzpolizei Berlin.

<u>Weitere Praliné-Horch,Modelle von 1991:</u>

- 1301, Horch 853, anthrazit, geschl. Cabrio
- 1302, senfgelb, offenes Cabrio, weißes Faltdach
- 1305, senfgelb, weiße Reifen, de Luxe, schwarzes Faltdach
- 1306, schwarz, geschl. Cabrio, weiße Reifen, de Luxe
- 9838852, Horch 930 V Cabriolet v. 1939 wird ab März 2014 in verschiedenen Farben angeboten.

Das Praliné-Modell Horch 853 A Cabrio.

Das Busch-Modell Horch 853 A Cabrio. Das Modell hat die originale Farbgebung. Das Vorbild in gleicher Farbe steht im August-Horch-Museum Zwickau.

Das Praliné- und das Busch-Modell im Vergleich.

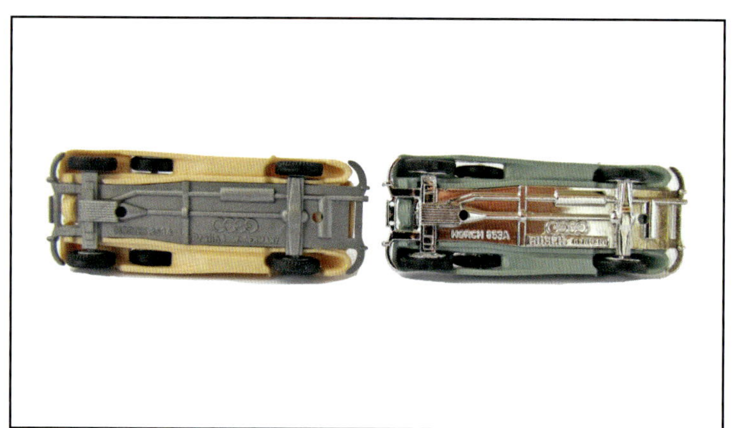

Beide Modelle von unten.

Die beiden Modelle in ihre Einzelteile zerlegt.

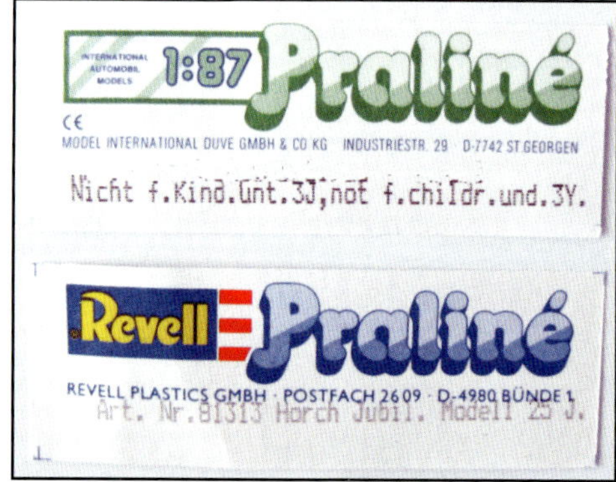

Die Firma Praliné gehörte eine Zeitlang zur Firma Revell.

Ein Prospekt von Busch aus dem Jahr 2013 mit Horch-Modellen.

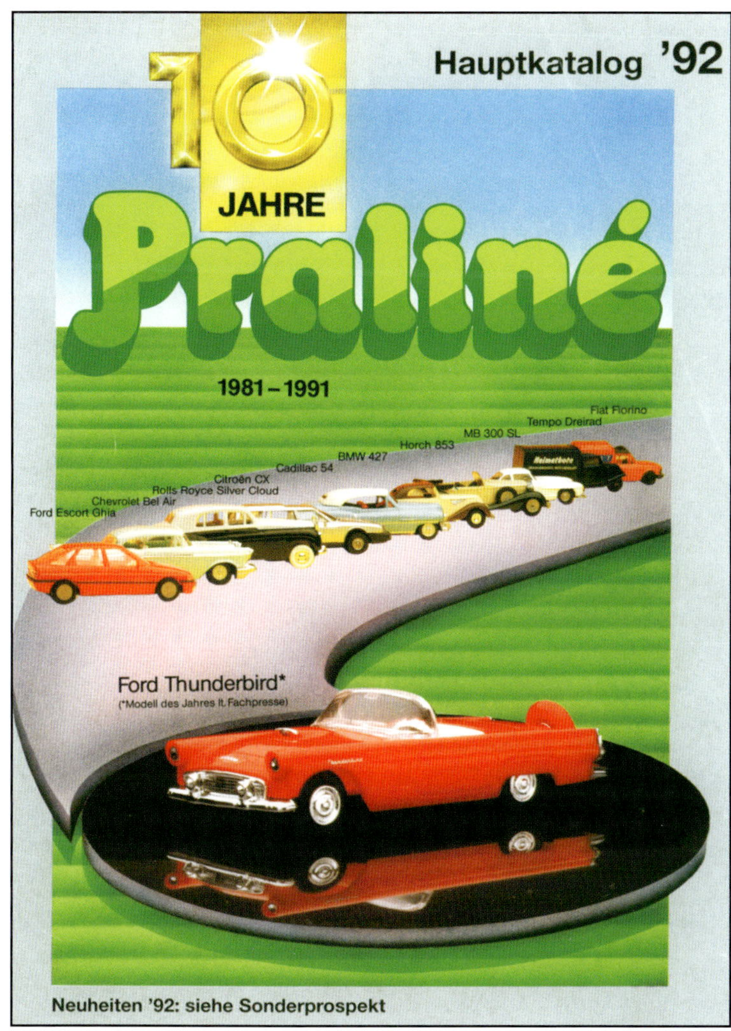

Zwei Prospektseiten des Praliné-Kataloges von 1992.

8.1.4 Audi Front von Wiking

Seit 1991 ist bei Wiking auch der Audi Front von 1934 in verschiedenen Varianten auf dem Markt. Auch dieses Modell ist recht einfach gehalten. Die Inneneinrichtungen sind farbig abgesetzt.

<u>Einige Modellvarianten laut Wiking Datenbank©:</u>

- Audi Front Cabriolet, Artikel-Nr. 826 00, 1991-1993 schwarz, IE mit eingesetztem Lenkrad fichtengrün, Scheibenwischer Teil der Verglasung, Verdeck dunkelgrün, hintere Seitenscheiben eingesetzt, Grill silber eingesetzt, Frontscheinwerfer Teil des Grills, Reserverad rechts in Kotflügel geklebt, Räder einteilig 8 mm mit gesilberten Naben, Bodenplatte silber, Bodenprägung modernes Wiking-Logo + „Audi Front“ + „Germany“.
- 826/1 B, Audi Front Cabriolet 826 01, 1993-1995, stahlblau, IE mit eingesetztem Lenkrad beige, Scheibenwischer Teil der Verglasung, Verdeck beige
- 826/1 C, Audi Front Cabriolet 826 02, 1996-2000, rotbraun, IE mit eingesetztem Lenkrad creme, Scheibenwischer Teil der Verglasung, Verdeck schwarz
- 826/1 D, Audi Front Cabriolet 826 03, 2000-2002, lichtgrün, IE mit eingesetztem Lenkrad ultramarinblau, Scheibenwischer Teil der Verglasung, Verdeck ultramarinblau
- 0826_50, Audi Front Cabriolet 0826 50, 2011, platingrau, IE mit eingesetztem Lenkrad weinrot, Scheibenwischer Teil der Verglasung, Verdeck weinrot

Audi Front von Wiking.

Wiking Audi blau, hier ist gut die Inneneinrichtung zu erkennen. Das Lenkrad ist etwas zu groß geraten. Kühler und Lampen sind ein Teil. Die 4 Ringe der Auto Union sind nur angedeutet. Die große „1“ auf dem Kühler der Vorbildfahrzeuge ist am Modell gut dargestellt.

8.1.5 Die Vorbilder Horch und Audi

Horch

Am 10. Mai 1904 legte August Horch mit der Firma Horch & Cie. Motorwagen-Werke den Grundstein des Automobilbaues in Zwickau. Horch kaufte damals die Gebäude und Grundstücke einer leerstehenden Spinnerei an der Crimmitschauer Straße in Zwickau, dem späteren VEB Sachsenring Automobilwerke. Das kurz vor dem Beginn des 1. Weltkrieges errichtete Hochhaus steht heute noch und der Name „Horch-Werke“ ist noch zu lesen. August Horch verließ 1909 sein Unternehmen und gründete fast gegenüber der Horch Werke am 25. April 1910 die Audi Werke GmbH. Es ist das Gelände des Sachsenring Werk 2, das heutige Gelände des August-Horch-Museums. Er durfte nach dem Ausscheiden aus seiner alten Firma den Namen Horch nicht mehr für seine Fahrzeuge verwenden, Audi ist der lateinische Name für Horch. Ab 1910 baute Horch mit seinen 543 Beschäftigten verschiedene Personenkraftwagen. Bis 1918 wurden 2.130 Audi-Wagen hergestellt. Ab 1912 wurden auch Lastwagen mit verschiedenen Nutzlasten hergestellt. August Horch schied 1920 aus dem Unternehmen aus und 1928 wurde auch die Lastwagenproduktion eingestellt. Die alten Horch Werke produzierten bis 1932 die bekannten Horch-Wagen, dann wurden sie eingebunden in die Auto Union. Die Auto Union wurde am 29. Juni 1932 gegründet. Dazu gehörten: die Audi-Werke AG, die Horch Werke AG in Zwickau, die Zschopauer Motorenwerke Rasmussen, bekannt unter dem Namen DKW, und die Wanderer Werke Chemnitz. Die bei Horch gebauten Fahrzeuge erhielten ab Mai 1936 deshalb neben dem Horch-Zeichen auch die 4 Ringe mit dem Schriftzug „Auto Union“.
Nachdem die Horch-Werke den ersten Achtzylinder 1927 als Typ 304 herausbrachten, setzte sich der Siegeszug der großen Achtzylinder-Horch-Wagen bis 1940 fort. Es entstanden zahlreiche Varianten und Weiterentwicklungen des großen Horch, als Cabrio oder Pullmann Limousine. Seit dem ersten Achtzylinder bis zum Schluss wurden 25.838 Fahrzeuge gebaut. Ende 1943 musste in Zwickau die Produktion auf den Nachbau anderer Einheitsfahrzeuge für die Wehrmacht umgestellt werden. Die großen Horch-Wagen zeichnen sich durch Eleganz und Qualität aus. Die Fahrzeuge gehörten zur Luxusklasse und hatten hohes gesellschaftliches Prestige und Spitzenpositionen unter den Automobilherstellern in den 1930er Jahren. Auch heute noch zählen diese Wagen wegen ihrer Eleganz zu den beliebtesten Fahrzeugen der Oldtimerfreunde. Auf der Berliner Automobilausstellung 1935 wurde ein neues Sportcabriolet mit Pullmann-Karosserie vorgestellt. Der Motor ist ebenfalls ein Reihenzylinder 8, 4.944 ccm, 120 PS, Leergewicht 2.600 kg, Radstand 3.450 mm, gebaut: 397 Stück. Der Horch 853 war einer der schönsten Horchwagen, den es je gegeben hat. Die Eleganz des langgestreckten Wagens wurde sehr gepriesen.

Audi

Aber auch August Horch baute weiter Autos in der Audi GmbH. 1910 entstehen die Audi Typ A 10/25 PS Wagen. Das besondere Merkmal der Audi-Fahrzeuge war die große „1“ auf dem Kühler. Man wollte damit auf die Nummer 1 in Sachen Qualität und Leistung hinweisen. Die Audi-Werke AG, 1928 vom DKW-Besitzer Jørgen Skafte Rasmussen übernommen, verfolgte ab 1930 verschiedene Frontantriebsprojekte. Dem Kleinwagen DKW Front von 1931 folgte 1933, nunmehr unter dem Dach der Auto Union AG, der Audi Front in der Mittelklasse. Der modern konzipierte Wagen war mit einem Zentralkastenrahmen und Schwingachsen ausgestattet. 1930 erschien Audi Typ „S“ mit dem Sechszylinder-Motor mit 4.372 ccm Hubraum und 70 PS Leistung. Bereits ab 1929 wurde der Achtzylinder-Motor und 5.130 ccm mit 100 PS in die Audi-Wagen eingebaut. Als Zusatzbezeichnung erhielten die Wagen den Namen des Fertigungsortes „Zwickau“ und das Stadtwappen auf dem Kühler. Nach Gründung der Auto Union 1932 brachte Audi 1933 ein Nachfolgemodell

Ein Horch 830 mit Pullmann Karosserie von 1938 bei der „August Horch Klassik 2013“. Dieses Fahrzeug könnte das Vorbild für das Wiking-Modell des 850 Horch bzw. der 851 Modelle von Ricko gewesen sein. Technische Daten: 3.517 ccm Motor mit 82 PS, Radstand 3.350 mm, Länge 5.050 mm.

mit der Bezeichnung Audi Front Typ UW auf den Markt. Dieses Fahrzeug war schon etwas Besonderes: Ein Sechszylinder-Motor mit 1.949 ccm Hubraum und 40 PS von den Wanderer-Werken. Eine weitere Besonderheit: der Motor wurde wegen des Frontantriebes in umgekehrter Art eingebaut, das heißt, das Getriebe vorn und dann erst der Motor. In der Bauzeit 1939 bis 1941 gab es dann noch den Audi Typ 920 als Cabrio mit einem Sechszylinder-Reihenmotor mit 3.288 ccm Hubraum und 75 PS Leistung. Das Fahrzeug mit Hinterradantrieb war als Nachfolger des Typ 225 gedacht. Der Fahrzeugname „Audi" ist heute noch im Straßenverkehr präsent. 1945 flüchteten die Vorstände der Auto Union in den Westteil Deutschlands. Das Gesamtvermögen der Auto Union Chemnitz A.G. wurde von den Russen entschädigungslos enteignet und demontiert. 1948 wurde die Auto Union Chemnitz aus dem Handelsregister gelöscht. Dies galt auch für Unternehmen, die zu mehr als 50 % im Staatsbesitz waren. Im Zuge der Löschung der Firma im Chemnitzer Handelsregister im August 1948 versäumte man hier die Sicherung der Markenrechte an der Marke „Auto Union". In Ingolstadt entstand im Dezember 1945 die Auto Union Ersatzteil GmbH und somit der Neustart. 1964 wurde die von Daimler Benz aufgekaufte Auto Union an Volkswagen verkauft. 1965 kam dann wieder der erste Nachkriegs „Audi" auf den Markt. Seit 2007 ist die Markengruppe Audi wieder selbstständig und hat in Deutschland einen Marktanteil von 8,60 % bei den Neuzulassungen 2012. Auch die Modellautohersteller Brekina, Wiking und Herpa haben verschiedene Audi-Modelle der letzten 48 Jahre im Angebot.

Definition Pullmann Karosserie: Auch dafür gibt es eine DIN Norm 70010. Ein Personenkraftwagen mit Pullmann Karosserie ist eine Limousine:

- mit geschlossenem Aufbau
- mit festem, starrverbundenem Dach
- mit vier oder mehr Sitzen in zwei oder mehr Sitzreihen
- mit Trennwand mit Kurbel- oder Schiebefenster zwischen Vorder- und Hintersitzen

Definition Phaeton: DIN Norm 70011 vom März 1959, der „Phaeton (Tourenwagen)" ist ein offener Personenkraftwagen:

- mit zwei oder mehr Sitzen
- mit zwei oder vier Türen und aufsteckbaren oder einknöpfbaren losen Seitenteilen
- das Verdeck musste als zurücklegbares oder versenkbares Scherenverdeck oder als zurücklegbares oder abnehmbares Klappverdeck ausgeführt sein.

Dieses Horch 830 Sport-Cabriolet (Baujahr 1933, 3,0-Liter-V8-Motor, 70 PS) war bei der Sachsen Classic 2004 mit dabei. Hier am alten MZ-Werk in Zschopau. (Foto: BB)

Zur 4. August Horch Klassik 2014 war dieses Horch 830 Cabriolet (Baujahr 1934, 65 PS) in Schmalzgrube zugegen. (Foto: BB)

Horch 830 von 1936 mit 75 PS Leistung.

Hier der Horch 830 BL Pullman Saloon auf einer Werksaufnahme. (Audi MediaService)

Ein Horch 853 Sport-Cabriolet an einer Autobahn-Tankstelle um 1935-1940. (Audi MediaService)

Horch 853 Cabrio von 1936, 120 PS Leistung.

Bild des wunderschönen Horch 853 von 1937, das Vorbild der Busch und Praliné Horch 853 A-Modelle. Das Original hatte natürlich den Achtzylinder-Reihen-Motor mit fast 5.000 ccm Hubraum bei einer Leistung von 100 PS. Gebaut wurden 1.024 Wagen.

Dieses Horch 853 A Cabriolet (Baujahr 1938, 4,9-Liter-Reihenachtzylinder-Motor, 120 PS) war in Zschopau zur Sachsen Classic 2004 zu sehen. (Foto: BB)

Heckansicht des großen Horch, ähnliche Gepäckkoffer sind bei den Ricko-Modellen des 851 gut dargestellt.

Der Audi Front Typ 225 mit dem Sechszylinder-Motor mit 1.949 ccm und 40 PS Leistung von 1934 bei der „August Horch Klassik 2013". Das Vorbild des Wiking-Modells.

8.2 Der Pkw Wanderer

8.2.1 Das Modell des Wanderer von BREKINA

Diese Modelle wurden von BREKINA im Sommer 1980 zunächst als Wanderer W 21 und W 22 vorgestellt und vertrieben, jedoch seit 1988 unter der richtigen Bezeichnung W 235 und W 240 geführt. Im Laufe der Zeit montierte man immer wieder neue Rad-Typen und zugleich statt der schwarzen, auch verchromte Nummernschildträger am Heck. Durch unterschiedliche Kombinationen von Chassis und Gehäuse, sowie dem Austausch der steckbaren Teile, beispielsweise Nummernschilder oder Verdeck beim Cabriolet, entstand eine Reihe von nicht authentischen Fälschungen diverser Verkäufer.

- Wanderer W 22 / W 240 / W 40 (ab 1933 bis 1938)
- Wanderer W 240 Cabrio-Limousine beige/braun, Nr.: 17040
- Wanderer W 240 Cabrio-Limousine beige/schwarz
- Wanderer W 240 Cabrio-Limousine braun/schwarz
- Wanderer W 240 Cabrio-Limousine dunkelblau/grau, Reserveraddruck „Wanderer mit Schwingachse", Nr.: 17040
- Wanderer W 240 Cabrio-Limousine grau/schwarz, Nr.: 17040
- Wanderer W 240 Cabrio-Limousine karminrot/schwarz, Heckdruck „Wanderer mit Schwingachse", Nr.: 17040
- Wanderer W 235 / W 240 Wanderer Limousine versch. Farben, Nr.1701
- Wanderer W 235 / W 240 Wanderer Kabriolett verschiedene Farben, Nr.:1702
- Wanderer Feuerschutzpolizei Limousine und Cabriolet grün, Nr.: e 1705

Hier sollen nur einige Varianten vorgestellt werden, es soll 53 verschiedene Varianten geben. Sehr detaillierte Informationen gibt es unter anderem bei Brekina und www.tugemann/friedolin.

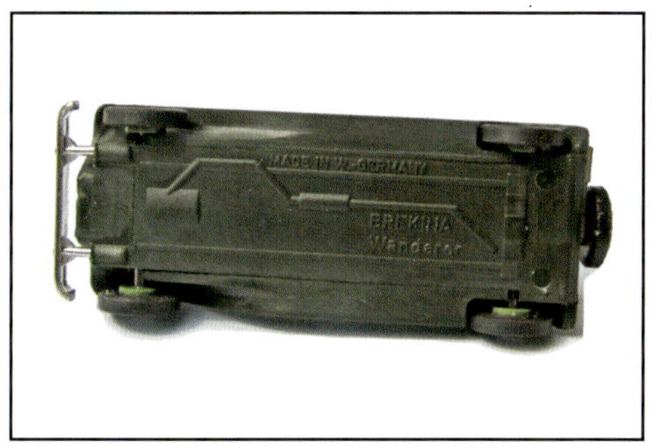

Der Wanderer mit Schwingachse, zusätzlich zum Frontgrill, der Stoßstange vorn und Nummernschild hinten, sind hier die Radkappen, Trittbrettleisten und Türklinken verchromt.

Im Frontbereich sind das W und das Zeichen „Auto Union" zu erkennen.

Ein Wanderer-Modell schwarz/braun, hier gibt es nur im Frontbereich verchromte oder auch silberne Teile, dafür aber ein weißes Lenkrad.

Das braune Modell hat gegenüber dem grünen andere Räder bzw. anderes Reserverad und weniger Bedruckung bzw. Chrom.

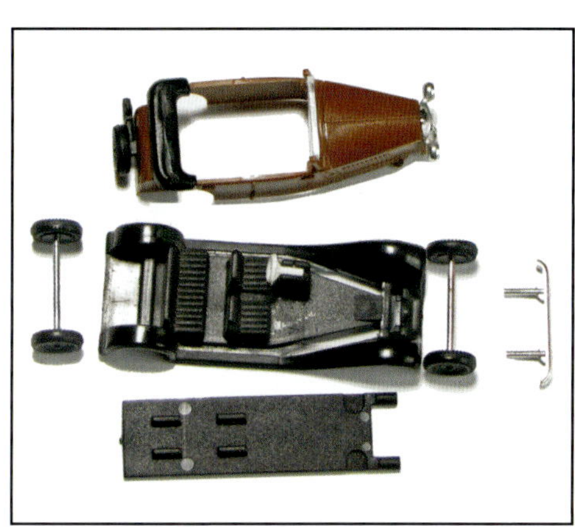

Das Zerlegen des BREKINA Wanderer-Modells ist recht einfach. Die Teile sind nur zusammengesteckt. Ein herausziehen der vorderen Stoßstange oder der Reserveradhalterung hat keinen Einfluss auf die Demontage des Modells.

Dampfwalzen

Dampfwalzen für den Straßenbau standen in den 50er Jahren noch häufig im Einsatz. Gebaut wurden sie ab etwa 1870–1920 und waren bei allen größeren Tiefbauunternehmen anzutreffen. Den Dampfwalzen sehr ähnlich waren dampfbetriebene Pflüge, von der Baugröße her meist noch schwerer, die statt der Walzen über 4 Räder verfügten. Dampfwalzen und Dampfpflüge sind heute begehrte Ausstellungsstücke bei Oldtimertreffen und erinnern an eine Zeit, als die Dampfmaschine auch im Straßenverkehr noch Verwendung fand.

1601 Dampfwalze, rostrot · 1610 Dampfwalze USA-Version

BMW-Dixi

Vorbilddaten:
Der BMW-Dixi, der auf Lizenz der englischen Austin-Werke zurückgeht, wurde von 1929 bis 1931 gebaut. Es gab ihn in verschiedenen Karosserieversionen, 2- und 4sitzig. Der kleine Vierzylindermotor mit 0,75 Liter Hubraum leistete 15 PS, was für eine Höchstgeschwindigkeit von 70 km/h reichte.
Das BMW-Modell ist seit Herbst 1981 im BREKINA-Programm.

1521 BMW-Dixi Limousine ADAC (A) · n 1522 BMW-Dixi Kabrio ADAC

1511 BMW-Dixi Roaster, versch. Farben · 1513 BMW-Dixi 4sitzig, versch. Farben

Wanderer W 21/W 22

Vorbilddaten:
Der Wanderer war ein beliebtes Mittelklasse-Auto der 30er Jahre. Die Vorbilder zu unseren Modellen wurden 1933 vorgestellt und konkurrierten damals vor allem mit den Mercedes-Typen 170 und 200. Der W 21 wurde mit einem 1,7-Liter-Sechszylindermotor, der 35 PS leistete, geliefert. Der W 22 hatte einen 2-Liter-Motor mit 40 PS Leistung. Wie damals üblich, gab es die Modellreihe mit verschiedenen Aufbauten, u. a. das Kabriolett Phaeton.
Der Wanderer ist seit Sommer 1981 im BREKINA-Programm.

1701 Wanderer Limousine, versch. Farben
1702 Wanderer Kabriolett, versch. Farben

1703 Wanderer Lim. m. Gasflaschen, versch. F.
1730 Wanderer Taxi

5

Eine Seite aus dem BREKINA Autoheft von 1986/87. Es zeigt den Wanderer mit der Artikel Nummer 1701 und 1702 und der Bezeichnung Wanderer W 21/W 22.

BREKINA-Gesamtprogramm '89

DKW-Kastenwagen

Vorbilddaten:
Die Kastenwagen auf DKW F 7-Fahrgestell wurden 1937/38 gebaut. Der Zweizylinder-Zweitakt-Motor mit 600 ccm Hubraum leistete 118 PS, was für eine Höchstgeschwindigkeit von etwa 70 km/h reichte.
Der DKW F 7 wurde erstmals im Herbst 1980 als BREKINA-Modell angeboten, inzwischen gibt es nur noch die Kastenwagen-Variante.

1321 DKW-Kastenwagen, verschiedene Drucke · 1330 DKW „Ersatzteildienst"

Citroen 15 six

Das Vorbildfahrzeug zu unserem Citroen-Modell, der Typ 15 six, wurde 1937 vorgestellt. Der 2,9-Liter-Sechszylinder leistete 77 PS und erreichte eine Höchstgeschwindigkeit von 135 km/h, was ihn damals zur schnellsten Serien-Limousine machte und in Verbindung mit der guten Straßenlage den Ruf als „Gangsterwagen" begründete. Der Citroen wird seit Frühjahr 1981 im BREKINA-Programm geführt.

1401 Citroen Limousine · 1431 Citroen Feuerwehr · n 1402 Citroen mit Gasflascher

BMW-Dixi

Vorbilddaten:
Der BMW-Dixi, der auf Lizenz der englischen Austin-Werke zurückgeht, wurde von 1929 bis 1931 gebaut. Es gab ihn in verschiedenen Karosserieversionen, 2- und 4sitzig. Der kleine Vierzylindermotor mit 0,75 Liter Hubraum leistete 15 PS, was für eine Höchstgeschwindigkeit von 70 km/h reichte.
Das BMW-Modell ist seit Herbst 1981 im BREKINA-Programm.

1511 BMW-Dixi 2sitzig · 1513 BMW-Dixi 4sitzig · 1522 BMW-Dixi ADAC (A

Wanderer W 235/W 240

Vorbilddaten:
Der Wanderer war ein beliebtes Mittelklasse-Auto der 30er Jahre. Die Vorbilder zu unseren Modellen wurden 1934 als Weiterentwicklung der Typen W 21/22 vorgestellt. Sie konkurrierten damals vor allem mit den Mercedes-Typen 170 und 200. Der W 235 wurde mit einem 1,7-Liter-Sechszylinder-Motor, der 35 PS leistete, geliefert. Der W 240 hatte einen 2-Liter-Motor mit 40 PS Leistung. Wie damals üblich, gab es die Modellreihe mit verschiedenen Aufbauten, u. a. das Kabriolett Phaeton. Die Wanderer-Modelle sind seit Sommer 1981 im BREKINA-Programm.

1701 Wanderer Limousine · 1702 Wanderer Kabriolett

4

Im BREKINA Autoheft-Gesamtprogramm 89/90 ist der Wanderer unter der Artikel-Nummer 1701 und 1702 als Wanderer W 235 / W 240 dargestellt.

8.2.2 Das Wanderer-Modell von Ricko

Wie bei Ricko, im Vertrieb Busch, üblich, ist das Wanderer-Modell sehr detailliert ausgeführt. Die Bedruckung ist umfangreich und genau. Viele Einzelheiten erkennt man am Modell. Auch die Inneneinrichtung, Sitze, Armaturen, Lenkrad und der Rückspiegel sind gut dargestellt. Mit einem Wort: Für diesen Verkaufspreis erhält man ein sehr gut detailliertes Modell.

Neuheit 2006, Artikelnummer: 38849 Ricko, Busch: Wanderer W 25 K Roadster 1936.

8.2.3 Das Vorbild – der Wanderer

Auch wenn die Firma Wanderer aus Chemnitz eigentlich nicht zum Thema Autos aus Zwickau passt, so muss sie doch hier kurz erwähnt werden. Das Unternehmen gehörte ab 1932 mit zum Auto Union-Konzern. Die Wurzeln von Wanderer gehen bis in das Jahr 1885 zurück. Im jenem Jahr gründeten Johann Baptist Winklhofer und Richard Adolf Jaenicke in Chemnitz (Sachsen) die am 26. Februar 1885 ins Handelsregister eingetragene Gesellschaft „Chemnitzer Velociped-Depot Winklhofer & Jaenicke" zum Verkauf und zur Reparatur von Fahrrädern. Um 1900 war Wanderer zu einem bedeutenden Unternehmen auf dem Fahrradmarkt geworden.1902 wurde bei Wanderer das erste Motorrad gebaut, 1907 kam das „Wanderermobil" und 1911 der Wanderer 5/12 PS Typ W 1, auch genannt „Wanderer Puppchen", auf den Markt. Zwei Jahre später wurde die Automobilserienproduktion aufgenommen. 1913 kam die Weiterentwicklung zum W 2, der 15 PS leistete. Die Entwicklung ging bis zum W 8 5/20 PS im Jahre 1926/27. Ab 1932 gehörte auch Wanderer zu dem Auto Union-Konzern. Hier wurden weiter Automobile der Mittelklasse unter der Marke Wanderer gebaut. 1935 kam der W 21 auf den Markt. Insgesamt bot die Marke Wanderer ab diesem Jahr eine breitgefächerte Modellpalette von sechs Karosserien mit drei Motoren an. Vom Wanderer W 24 wurden rund 24.000 Exemplare hergestellt. Ab 1933 kam bei den Wanderer-Fahrzeugen die Schwingachse hinten zum Einsatz. Hier hatten die Räder Einzelradaufhängung mit einer quer eingebauten Blattfeder. 1937 gab es den Wanderer W 50 als Pullmann-Limousine mit der Bezeichnung W 26. 1939 wurde die Karosserie nochmals modernisiert und technische Einzelheiten verändert. Das Fahrzeug hatte jetzt die Bezeichnung W 26/II und kam 1939 auch als Phaeton auf den Markt. Ab 1943 begann bei den Wanderer-Werken die Lizenzproduktion des österreichischen Steyr 1500 A. Nach dem Krieg wurden auch die Wanderer-Werke Chemnitz enteignet und in der DDR als Volkseigene Betriebe weitergeführt. Wanderer-Modellautos 1:87 sind bei BREKINA, Ricko (Busch) und BUB erschienen.

Einige technische Daten des Wanderer W 25 K (K wie Roots-Kompressor):

- Zylinderzahl/-anordnung: 6 in einer Reihe
- Bohrung: 70 mm
- Hub: 85 mm
- Hubraum: 1.963 ccm
- Nennleistung: 85 PS
- Nenndrehzahl: 4.000 U/min
- Benzinverbrauch: 19-20 Liter/100 km

Wanderer W 10-Cabriolet (Baujahr 1932, 1.552 ccm Hubraum) bei der August Horch Klassik Rundfahrt 2013.

Dieses Wanderer W 50 L-Cabriolet war zur Sachsenerlebnistour des Chemnitzer Oldtimerclubs e. V. 2010 in Zschopau zugegen. (Foto: BB)

Wanderer W 50 Limousine am Schloss Wildeck in Zschopau zur Sachsenerlebnistour 2010 des Chemnitzer Oldtimerclubs e. V. (Foto: BB)

Ein Wanderer W 25 K Roadster (Baujahr 1938, 2,0-Liter-Reihensechszylindermotor, 85 PS) bei der Sachsen Classic 2008 im Hof von Schloss Augustusburg. (Foto: BB)

8.3 Der Pkw DKW F 7

8.3.1 Das Model des DKW F 7 von BREKINA
8.3.2 Das Vorbild – der DKW

8.3.1 Das Model des DKW F 7 von BREKINA

Das Modell des F 7 Kastenwagens gibt es bei BREKINA schon seit 1980. Es gab die Formvarianten Cabriolet- und Limousine-Pkw der F 7 Reichsklasse und der F 7 Meisterklasse. Der letztere unterscheidet sich bei ansonsten gleicher Karosserieform nur durch die zusätzlich angebrachten Stoßstangen vorn und hinten vom DKW F 7 Reichsklasse. Die Modelle wurden vorn ohne Stoßstangen geliefert, was eigentlich dem Vorbild entsprach. Allerdings gab es Anfragen an BREKINA, ob man die Stoßstangen vorn am Modell vergessen hätte. Deshalb entschloss man sich, das Modell 1982 vom Markt zu nehmen und ein baugleiches Modell mit Stoßstangen auszuliefern. Bei dem früheren Modell ohne Stoßstangen sind die Lamellen am Kühler senkrecht, bei den Fahrzeugen mit Stoßstange diagonal, im Winkel von etwa 45 Grad von der Mitte nach außen und unten verlaufend. Hier, wie auch beim Vorbild, ist das Zeichen der Auto Union mit den 4 Ringen auf dem Kühler. Allerdings haben alle BREKINA-Modelle gegenüber dem Original denselben Fehler: Die Scheinwerfer sind nicht, wie beim Vorbild, am Kühler angebracht, sondern immer auf den Kotflügeln.

Ende 1980 erschien eine weitere Formvariante, der Kastenwagen DKW F 7 Reichsklasse. Das F 7 Kastenwagen-Modell wird in fast unübersichtlicher Zahl an Bedruckungen, nicht nur für den allgemeinen Sammler-Markt, sondern auch für Werbezwecke und von verschiedenen Firmen im In- und Ausland genutzt.

Auf dem Neuheiten-Blatt von 1990 DDR erschienen erstmals die F 7 Kastenwagen mit der DDR-Bedruckung. Es gab 5 verschiedene Modelle: „Rot mit Leiter auf dem Dach" (unbedruckt), „Deutsche Post", „Deutsche Reichsbahn", „Kundendienst Ernst Grube Werk Werdau"jund IFA Kundendienst. Alle Modelle hatten das IFA-Zeichen auf dem Kühlergrill. Nummernschild und Rücklicht befinden sich an der Dachkante, über der Hecktür. Auf dem Prospekt Neuheiten 1990 DDR ist der F 7 Kastenwagen noch mit dem verchromten Kühler, Lampen und Stoßstange, so wie mit dem Auto Union-Zeichen dargestellt. IFA-Modelle dagegen haben nur silbergraue Teile und das IFA-Logo. Dafür sind die Radkappen silber bedruckt. Die Modelle erhielten auch noch bereits bestehende Art.-Nr. Allerdings hat es den F 7 mit IFA-Zeichen so nicht gegeben. Das Original des F 7 wurde ab 1937 gebaut. Die Beschriftung mit dem IFA-Logo kam erst 1948 auf und war nur beim IFA F 8 und F 9 üblich. Als Serienmodell in 1:87 gab es eigentlich vom IFA F 8 nur den Lieferwagen mit der Stabholzkarosserie geschlossen und mit Fenster sowie einen Krankenwagen. Der Fahrtrichtungsanzeiger hinter der Fahrertür, die hinten angeschlagenen Türen, die Halterung für die Motorhaube und das Kennzeichen mit Lampe am Heck oben stimmen. Aber am Original geht es nach der A-Säule nicht schräg, sondern gerade nach unten und die Türen haben unten keine Abschrägung. Nach inoffiziellen Angaben soll es insgesamt 248 verschiedene Modelle des BREKINA DKW F 7 geben. Nähere Infos unter www.dkw-autounion.de/DKW_Automodelle/DKW und www. tugemann/friedolin sowie BREKINA.

Der DKW F 7 Kastenwagen Reichsklasse „Deutsche Post" mit schräg angeordneten Lamellen auf dem Kühler und ohne vordere Stoßstange. Das Frontteil ist verchromt.

BREKINA-Gesamtprogramm '88

Opel P 4

Der P 4 wurde von 1935–1937 gebaut. Er verfügte über eine 1,1-Liter-Vierzylinder-Maschine, die 23 PS leistete. Der Wagen erreichte eine Höchstgeschwindigkeit von 70 km/h.
Mit dem Opel P 4 begann im Sommer 1980 die BREKINA-Modellauto-Fertigung.

1122 Opel Kabriolett mit Heckkoffer

DKW-Kastenwagen

Vorbilddaten:
Die Kastenwagen auf DKW F 7-Fahrgestell wurden 1937/38 gebaut. Der Zweizylinder-Zweitakt-Motor mit 600 ccm Hubraum leistete 18 PS, was für eine Höchstgeschwindigkeit von ca. 70 km/h reichte.
Der DKW F 7 wurde erstmals im Herbst 1980 als BREKINA-Modell angeboten, inzwischen gibt es nur noch die Kastenwagen-Variante.

1321 DKW-Kastenwagen, verschiedene Drucke 1330 DKW „Ersatzteildienst"

Citroen 15 six

CITROEN *Traction Avant*

Das Vorbildfahrzeug zu unserem Citroen-Modell, der Typ 15 six, wurde 1937 vorgestellt. Der 2,9-Liter-Sechszylinder leistete 77 PS und erreichte eine Höchstgeschwindigkeit von 135 km/h, was ihn damals zur schnellsten Serien-Limousine machte und in Verbindung mit der guten Straßenlage den Ruf als „Gangsterwagen" begründete. Der Citroen wird seit Frühjahr 1981 im BREKINA-Programm geführt.

1401 Citroen Limousine v 1431 Citroen Feuerwehr

Dampfwalzen

Dampfwalzen für den Straßenbau standen in den 50er Jahren noch häufig im Einsatz. Gebaut wurden sie ab etwa 1870–1920 und waren bei allen größeren Tiefbauunternehmen anzutreffen. Den Dampfwalzen sehr ähnlich waren dampfbetriebene Pflüge, von der Baugröße her meist noch schwerer, die statt der Walzen über 4 Räder verfügten. Dampfwalzen und Dampfpflüge sind heute begehrte Ausstellungsstücke bei Oldtimertreffen und erinnern an eine Zeit, als die Dampfmaschine auch im Straßenverkehr noch Verwendung fand.

1601 Dampfwalze, rostrot · 1610 Dampfwalze USA-Version

7

Diese Seite aus dem BREKINA Autoheft-Gesamtprogramm 1988/89 zeigt den F 7 Kastenwagen mit Stoßstange und längs Lamellen am Kühlergrill und ein Modell ohne Stoßstange mit schrägen Lamellen am Kühler.

Der IFA F 7, der ein F 8 sein soll. Am Modell sind, vom IFA Zeichen abgesehen, die Kühlerlamellen senkrecht und es gibt eine Stoßstange am Modell. Das Frontteil ist hier mattgrau.

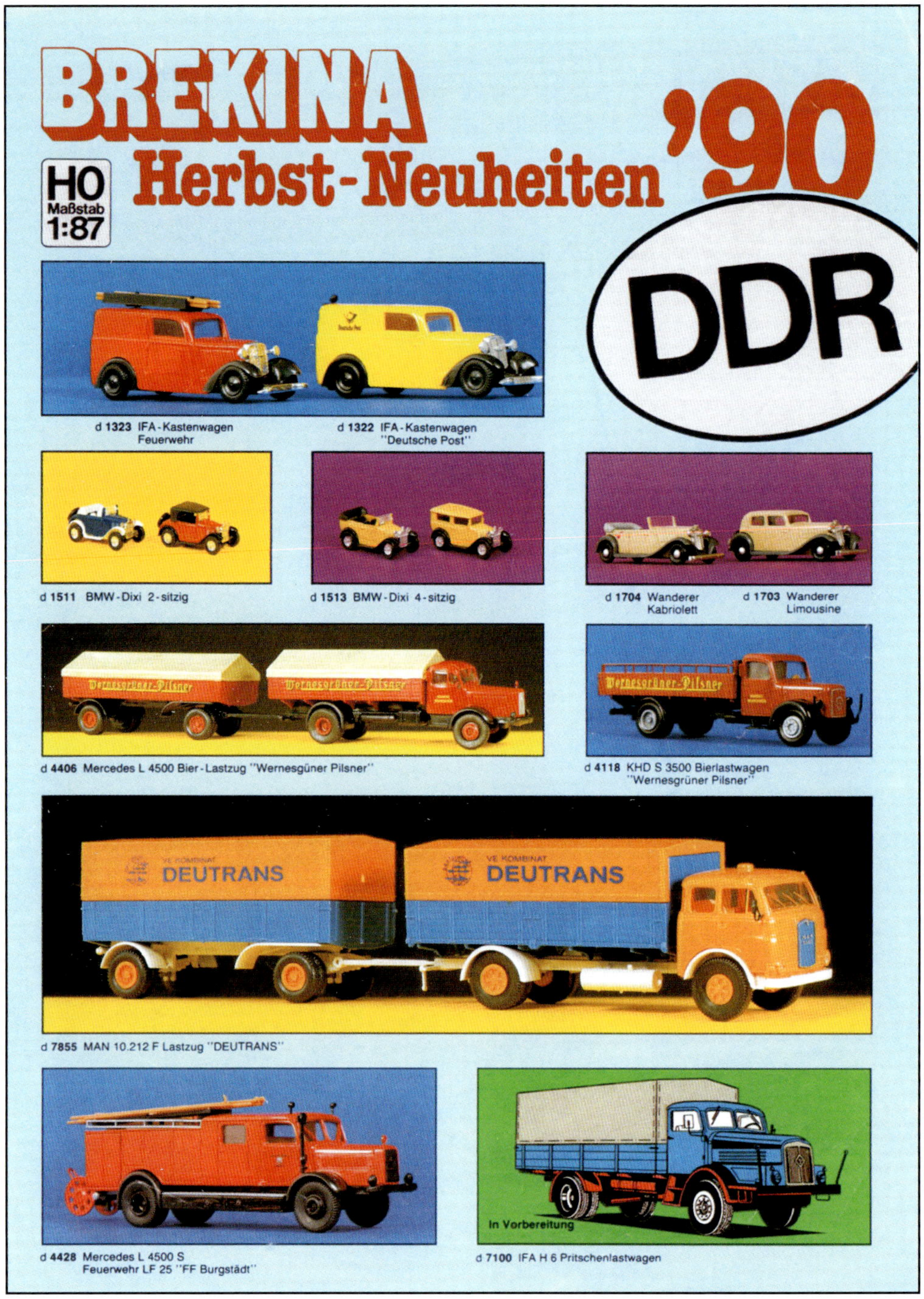

BREKINA
HO Maßstab 1:87
Herbst-Neuheiten '90
DDR
d 1323 IFA-Kastenwagen Feuerwehr
d 1322 IFA-Kastenwagen "Deutsche Post"
d 1511 BMW-Dixi 2-sitzig
d 1513 BMW-Dixi 4-sitzig
d 1704 Wanderer Kabriolett
d 1703 Wanderer Limousine
Wernesgrüner-Pilsner
d 4406 Mercedes L 4500 Bier-Lastzug "Wernesgüner Pilsner"
d 4118 KHD S 3500 Bierlastwagen "Wernesgrüner Pilsner"
VE KOMBINAT DEUTRANS
d 7855 MAN 10.212 F Lastzug "DEUTRANS"
d 4428 Mercedes L 4500 S Feuerwehr LF 25 "FF Burgstädt"
In Vorbereitung
d 7100 IFA H 6 Pritschenlastwagen

DKW F7
BREKINA

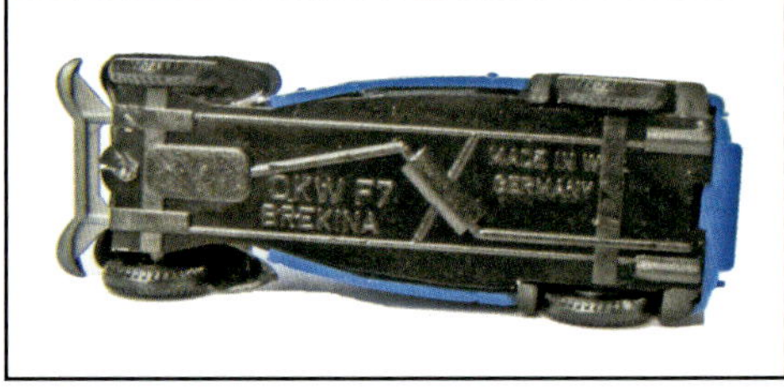

Der F 7 von unten. Die Bodenplatte ist bei allen Modellen gleich. Auch wenn keine Stoßstangen vorhanden sind, so ist doch die Halterung dafür vorgesehen.

KUNDENDIENST

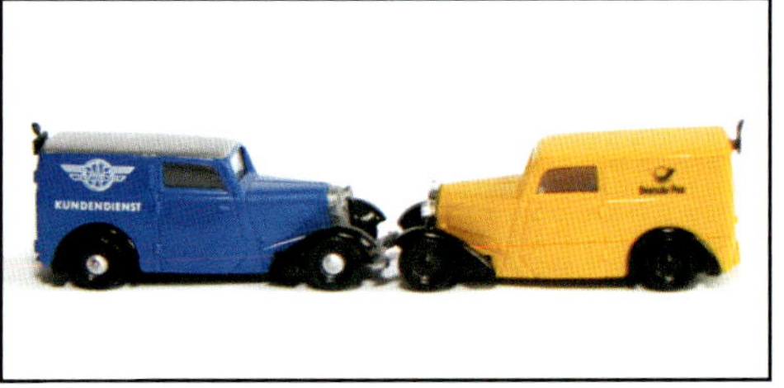

Der direkte Vergleich F 7 normaler Kastenwagen und der IFA Kastenwagen.

Dieses Prospekt kündigt die Herbst-Neuheiten von DDR-Fahrzeugen an. Es zeigt unter der Artikel-Nummer 1323 und 1322 einen „IFA-Kastenwagen“. Diese Abbildungen haben nicht das geringste mit einem IFA-Fahrzeug zu tun. Es handelt sich um ganz normale F 7-Modelle. Vielleicht ist es der Wissenslücke um DDR-Fahrzeuge in der Wendezeit zu schulden.

© modell-mobil Dresden

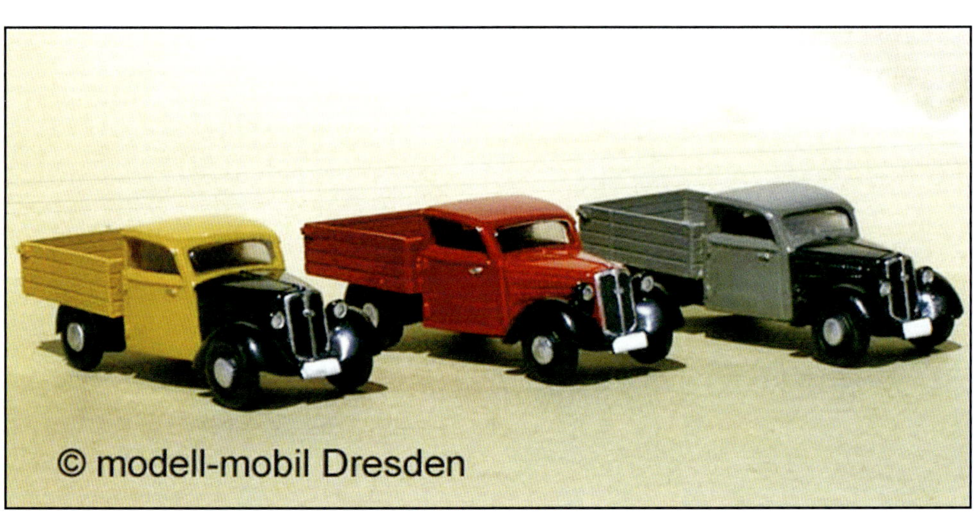

DKW Lieferwagen, Modell vom Versandhändler modell-mobil Dresden.

8.3.2 Das Vorbild – der DKW F 7

DKW – Jørgen Skafte Rasmussen – Zschopau sind im Fahrzeugbau ein Begriff. 1916/17 begann Rasmussen mit der Entwicklung eines Dampfkraftwagens, welche aber bereits 1921 wieder eingestellt wurde. Von **D**ampf**k**raft**w**agen leitete sich der Name DKW ab, welchen Rasmussen sich als Markenzeichen schützen ließ. Ungefähr ab 1917 erwarb die Firma Rasmussen die Rechte an einem Zweitakt-Kleinmotor von Hugo Ruppe aus Apolda, der als Spielzeugmotor, sozusagen als Ersatz zur Spielzeugdampfmaschine, vermarktet wurde. Es entstand der Name „**D**es **K**naben **W**unsch“ also auch hier war das Kürzel DKW enthalten. Dieser Motor erfuhr eine Weiterentwicklung und kam als Fahrradhilfsmotor zum Einsatz. Jetzt tauchte der Name „**D**as **k**leine **W**under“ auf, also wieder DKW. Ab 1922 wurden in Zschopau DKW-Motorräder hergestellt. Im Jahr 1928 war DKW bzw. die Zschopauer Motorwerke Jørgen Skafte Rasmussen bereits mit 65.000 Motorrädern Jahresproduktion der größte Motorradhersteller der Welt. 1924 erwarb Rasmussen die Berliner Slaby-Fabrik. Hier begann ab 1927 die Entwicklung von DKW-Automobilen. Auf der Leipziger Frühjahrsmesse wurde der DKW P 15 erstmals ausgestellt. Das Fahrzeug hatte einen längs eingebauten Zweitakt-Motor mit 584 ccm und einer Leistung von 15 PS. Bereits ab 1928 gehörten die Audi-Werke in Zwickau zum Rasmussen Konzern. In den Audi-Konstruktionsbüros begannen zu der Zeit die Entwicklungen für einen kleinen leichten Pkw mit Frontantrieb und einem DKW Zweitakt-Motor. Es sollte das Gegenstück zu den großen schweren Horch-Pkw mit seinen Achtzylinder-Motoren sein. 1931 begann die Produktion des DKW F 1 (F = frontgetrieben). Diese Fahrzeuge wurden mit einem quer eingebauten Zweizylinder-Zweitakt-Motor mit 494 ccm Hubraum und 15 PS Leistung angetrieben. Der Motor wurde im Laufe der Jahre weiterentwickelt. Der F 2 hatte schon einen 584 ccm Motor mit 20 PS. Der DKW F 2 erschien als zwei- und viersitzige Cabrio-Limousine, als Limousine und als zweisitziger Roadster. Ein Markenzeichen war auch der Krückstockschalthebel. Die kunstlederbespannten Sperrholzkarosserien waren auf einem Stahl-Zentralkastenrahmen aufgesetzt. Diese Fahrzeuge unterschied man in zwei Klassen. Das einfacher ausgestattete und leistungsschwächere Modell „Reichsklasse“ hatte den 584 ccm Motor mit 18 PS und die „Meisterklasse“ den 692 ccm Motor mit 20 PS und Freilauf. Die Reichs- und Meisterklasse wurden als zweitürige Limousine, Cabrio-Limousine oder Vollcabriolet gebaut. Ab 1932 gehörten die Audi-Werke wie auch DKW zur Auto Union. Die Produktion der Fahrzeuge wurde bei Audi fortgesetzt und es entstanden weitere „F“-Fahrzeuge. 1935 kam der F 5 auf den Markt. Im Frühjahr 1938 kam das elegante DKW F 7 Front-Luxus-Cabriolet auf den Markt. Zusätzlich gab es jetzt auch den F 7 als zweisitzigen geschlossenen Lieferwagen. Die letzte Weiterentwicklung war 1939 der F 8, der einen ovalen Kastenrahmen und eine Vorderachse mit Querlenkern hatte. Auch den F 8 gab es als Cabrio Limousine, als Front Luxus viersitziges Cabriolet und auch als zweisitziges Cabriolet sowie als Lieferwagen und Pritschenfahrzeug. 1938 begannen die Entwicklungsarbeiten an einem völlig neuen Fahrzeug. Das Fahrzeug hatte eine stromlinienförmigen

Der DKW F 7 Gerätewagen (700 ccm) mit Notsitzen. (Audi MediaService)

Der DKW P 15 Roadster (Baujahr 1928, 600 ccm, 15 PS) war das erste DKW-Auto. (Audi MediaService)

Ganzstahlkarosserie mit einem 900 ccm Dreizylinder-Zweitakt- Reihenmotor mit 28 PS. Die Bezeichnung des Fahrzeuges lautete F 9. Bis 1941 konnten noch einige Prototypen gebaut und getestet werden. 1942 musste die Produktion der DKW F-Fahrzeuge aufgrund der Produktion von militärischen Fahrzeugen bei Audi eingestellt werden. Die F 8- und F 9-Fahrzeuge zählten nach dem Krieg zu den ersten Fahrzeugen die wieder produziert werden konnten und sie gehörten noch lange zum Straßenbild der DDR. Niemand konnte wohl 1931 ahnen, dass das Prinzip des quer eingebauten Zweizylinder-Zweitakt-Motors an gleicher Stelle noch weitere 59 Jahre mit dem Trabant fortgesetzt werden würde.

Ein DKW F 5. Dieses Fahrzeug könnte die Vorlage für den F 7 Kastenwagen von BREKINA gewesen sein. Die Merkmale: das Kennzeichen und die Rückleuchte hinten oberhalb der Dachkante, die Abrundung an den Türen unten, die Lüftungsschlitze an den Motorhauben-Seitenwänden und die quer, leicht schräg angeordneten Lüftungsschlitze am Kühler. (Bilder mit freundlicher Genehmigung Museum für sächsische Fahrzeuge Chemnitz e. V.)

Ein F 8 Cabrio von 1939 mit dem Notsitz, auch „Schwiegermuttersitz" genannt (Bild rechts). Aufgenommen zur August Horch Klassik 2013.

Der typische Innenraum der IFA F 8-Fahrzeuge mit der Krückstockschaltung. Aufgenommen zur August Horch Klassik 2013.

Ein DKW F 2 von 1934 Reichsklasse mit 18 PS, ohne Stoßstange.

Ein DKW F 7 des Baujahres 1937.

An diesem DKW der F Baureihe ohne Stoßstange kann man gut den Vorderradantrieb erkennen.
Aufgenommen in der DKW-Dauerausstellung im Industriemuseum Chemnitz.

Ein DKW F 5 Kastenwagen aus dem Jahre 1935.

Ein DKW F 1 zur Sachsenerlebnistour 2010 des Chemnitzer Oldtimerclubs e. V. am Schloss Wildeck in Zschopau. (Foto: BB)

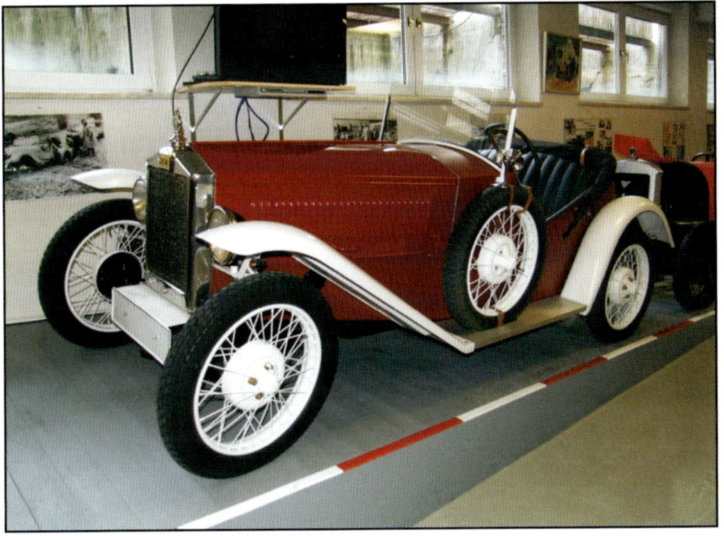

Dieser DKW PS 600 Sport Roadster (600 ccm/15 PS) steht im Fahrzeugmuseum Chemnitz. (Foto: BB)

8.4 Der Pkw F 8

8.4.1 Das Modell des Pkw F 8

Vom IFA DKW F 8 sind keine Modelle der Großserienhersteller bekannt. Wenn man vom BREKINA F 7 mit IFA-Raute absieht. Dieses Modell hat kein Vorbild.

Eine Reihe von IFA F 8-Modellen gibt es aber bei den Kleinserienherstellern. So zum Beispiel bei dem Versandhandel modell-mobil Dresden:

IFA F 8 Cabriolet offen, DDR, 1949, rot-elfenbein
IFA F 8 Kombi, DDR, 1949, zweifarbig braun-gelb
IFA F 8 Cabriolet geschlossen, DDR, 1949, hellblau-beige
IFA F 8 Cabriolet offen, DDR, 1949, hellblau-beige
IFA F 8 Cabriolet offen, DDR, 1949, schwarz-rot
IFA F 8 Kombi „Deutsche Post“, DDR, 1951
IFA F 8 Lieferwagen „Deutsche Post“, DDR, 1950
IFA F 8 Lieferwagen, DDR, 1949, braun-beige
IFA F 8 Limousine, DDR, 1948, schwarz
IFA F 8 Limousine, DDR, 1949, Farbe: schwarz-rot
IFA F 8 Limousine, DDR, 1949, grün-schwarz, HB-Modell
IFA F 8 Cabriolet geschlossen, DDR, 1949, nur in rot-beige lieferbar

Diese Modelle sind aus Resin, hier gibt es keine Bausätze.

Ein IFA F 8 Cabrio, Foto und Modell Kai Rücker. Ein gut überarbeitetes Resin-Fertigmodell von HB Modell.

8.4.2 Das Vorbild – der F 8

Die Produktion des F 8 wurde 1949 im IFA Automobilwerk Audi Zwickau fast unverändert wieder aufgenommen. Das Fahrzeug hatte die Bezeichnung IFA DKW F 8. Die Limousine besaß eine Holzkarosserie mit Kunstlederbezug, der Holzaufbau des Kombi kam vom Karosseriewerk Meerane. Der IFA F 8 hatte noch eine Besonderheit: Die Motorhauben wurden teilweise aus Kunststoff gefertigt. Selbige hatten eine Reihe Lüftungsschlitzen aus Blech. Es gab den F 8 als Limousine, Cabrio-Limousine, Cabriolet, Luxus-Cabriolet, Export-Cabriolet, Kombi-, Pritschen- und Lieferwagen. Im Gegensatz zum Vorkriegs-F 8 hatte der Kombi- bzw. Lieferwagen einen Stabholzaufbau. Das lederbezogene Dach wurde beibehalten. Aufgrund mangelnder Neuwagenproduktion waren sie, wie viele andere Fahrzeuge auch, noch jahrelang im Einsatz und wurden so lange repariert wie irgendwie möglich. Das Fahrzeug hatte einen Zweizylinder-Zweitakt-Motor mit 684 ccm Hubraum und 20 PS Leistung. Es wurden bis 1955 rund 25.028 Stück F 8 in Zwickau gebaut.

Ein IFA F 8, Baujahr 1953, August Horch Klassik 2013.

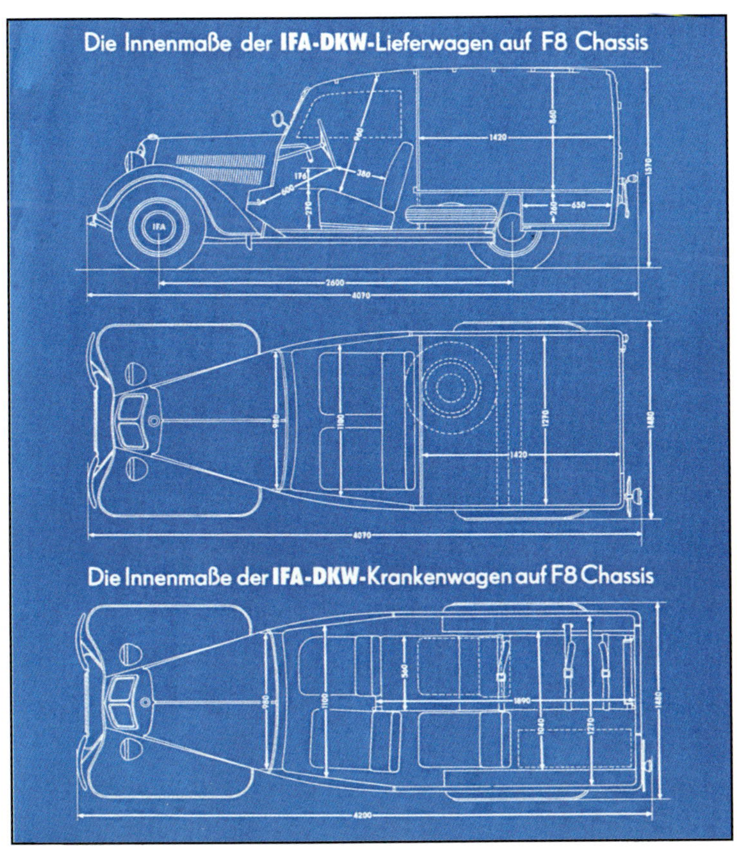

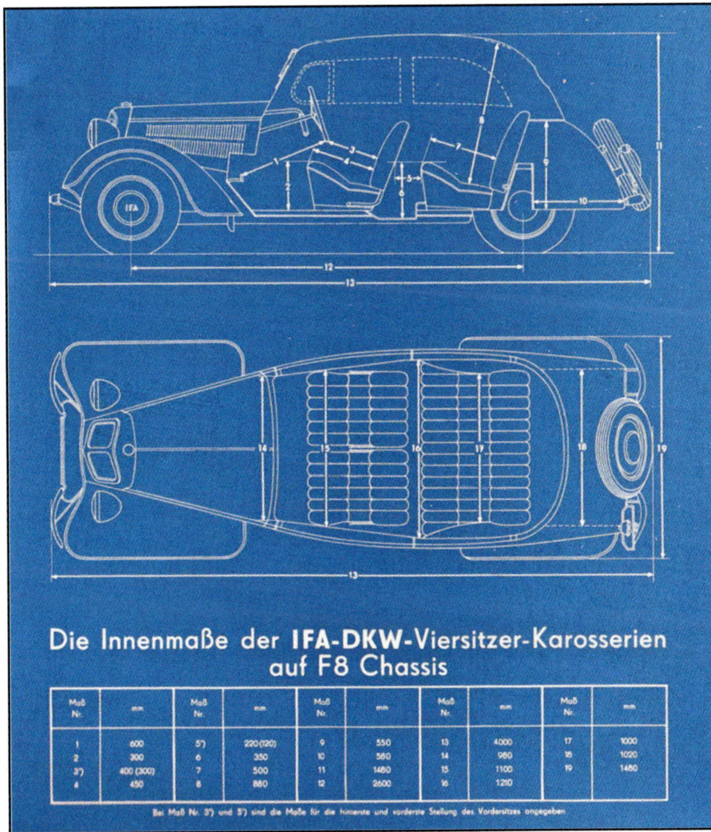

Maß Nr.	mm	Maß Nr.	mm	Maß Nr.	mm	Maß Nr.	mm	Maß Nr.	mm
1	600	5')	220 (120)	9	550	13	4000	17	1000
2	300	6	350	10	560	14	960	18	1020
3')	400 (300)	7	500	11	1480	15	1100	19	1480
4	450	8	880	12	2600	16	1210		

Bei Maß Nr. 3') und 5') sind die Maße für die hinterste und vorderste Stellung des Vordersitzes angegeben

Technische Zeichnung des IFA F 8 von 1951.

Bilder aus einer Mappe zu IFA-Fahrzeugen aus dem Jahr 1951, Werk Audi Zwickau. Auszug aus der Beschreibung: „Seit Jahrzehnten spricht man in der Welt von einem Fahrzeug, das sich heute unter der Bezeichnung IFA-DKW Typ F 8 nach wie vor überall, wo es in Erscheinung tritt, beliebt macht…" Weiter heißt es: „Dieses Fahrzeug… wird serienmäßig als Limousine, Cabrio und Luxus Cabriolet gefertigt und soll ein Beitrag zu Fertigung der Friedenswirtschaft sein."

Ein IFA F 8 Kombi.

Ein IFA F 8 Lieferwagen in Stabholzausführung.

Die spartanische Inneneinrichtung des F 8 mit der Krückstock-Schaltung, die in ähnlicher Form auch beim Nachfolger Trabant vorhanden war.

8.5 Der Pkw F 9

8.5.1 Das Modell des Pkw F 9
8.5.2 Das Vorbild – der Pkw F 9

8.5.1 Das Modell des Pkw F 9

Auch bei dem F 9 gibt es keine Nachbildungen von Großserienherstellern. Das Modell der grünen Limousine vom Kleinserienhersteller adp stellt wahrscheinlich den IFA F 9 des Herstellungszeitraumes 1950 bis 1953 dar. Das Vorbild desselben wurde vorerst in Zwickau gebaut und hatte noch die geteilte Windschutz- und Heckscheibe. 1953 verlegte man die Produktion des vorerst unveränderten IFA F 9 nach Eisenach. Hier erfuhr das Fahrzeug 1954 einige Änderungen. Durchgehende Front- und Heckscheiben kamen zum Einbau. Das Modell ist recht einfach, aber gut in den Proportionen gestaltet. Die Stoßstangen, Scheinwerfer und Rücklichter sind silber lackiert, die Türgriffe unbehandelt. Die Räder entsprechen nicht ganz dem Original.

Der IFA F 9 Kombi und der IFA F 9 Luxus Cabriolet stammen vom Modellhersteller Z&Z und sind aus Resin. Beide Modelle sind sauber gearbeitet. Sie haben als Vorbild einen IFA F 9 aus der Eisenacher Produktion. Die Modelle besitzen die durchgehende Frontscheibe. Der Kombi hat ein mattes Dach, Stoßstangen, Lampen und Radkappen sind silber bedruckt. Die Rücklichter hat man rot bedruckt. Die Türen, Fenster und weitere Einzelheiten wurden ebenfalls korrekt dargestellt. Die Bodengruppe der Z&Z-Modelle weicht etwas von der Bodengruppe des adp-Modells ab.

Das F 9 Cabrio und der Kombi von Z&Z Modell und die Limousine von adp – Modelle der Vorbilder F 9 Cabriolet 1954 - 1956 , F 9 Limousine 1949 - 1954, F 9 Stahlblechkombi 1954 - 1956.

Bei dem grünen Modell sind die Scheinwerfer nach Innen gewölbt, bei den anderen nach Außen, wie beim Vorbild

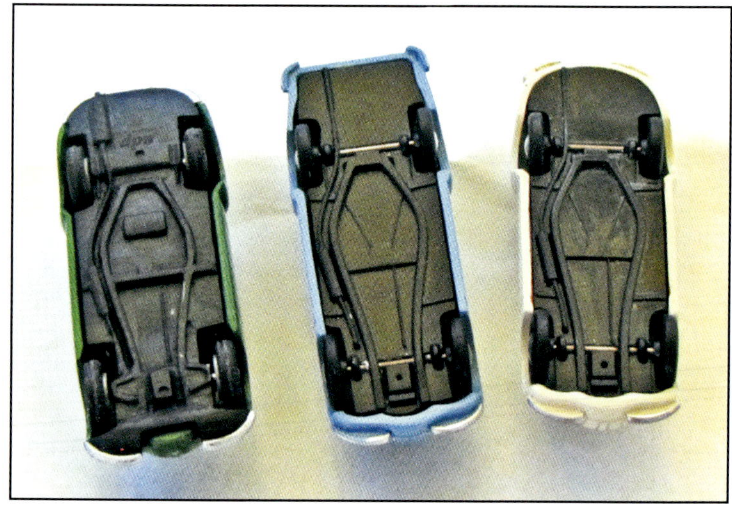

Die F 9-Modelle von unten und der Unterschied der adp und Z&Z-Modelle.

F 9 Limousine Fertigmodell von adp, überarbeitetes Modell von Kai Rücker.

F 9 Schnelllieferwagen von Z&Z Modell, überarbeitetes Modell von Kai Rücker.

F 9 309/4 Kübelwagen der Kasernierten Volkspolizei, Resin Bausatz von Arsenal-M, überarbeitet von Kai Rücker.

Im Versandhandel modell-mobil Dresden sind noch folgende Modelle gelistet:
IFA F 9 Cabrio-Limousine offen
IFA F 9 Cabriolet geschlossen, div. Farben
IFA F 9 Cabriolet offen, DDR, 1952
IFA F 9 Kombi, DDR, 1955
IFA F 9 Kübelwagen Feuerwehr geschlossen
IFA F 9 Kübelwagen Feuerwehr offen
IFA F 9 Kübelwagen Militär geschlossen, DDR, 1952
IFA F 9 Kübelwagen Militär offen
IFA F 9 Limousine, DDR, Baujahr 1955, mit ungeteilter Front-und Heckscheibe, Farbe: grau
IFA F 9 Limousine, DDR, 1952, mit geteilter Front- und Heckscheibe, Farbe: türkis
IFA F 9 Schnell-Lieferwagen, div. Farben
Weitere Infos unter www.modellmobildresden.de

IFA F 9 Pickup.

IFA F 9 Kübelwagen Feuerwehr geschlossen.

IFA F 9 Kübelwagen Feuerwehr offen.

IFA F 9 Kübelwagen militär offen.

IFA F 9 Cabriolet offen, DDR, Farbe: beige-rot.

IFA F 9 Cabrio-Limousine offen.

IFA F 9 Kombi, DDR, Farbe: grün.

8.5.2 Das Vorbild – der Pkw F 9

Auf der Leipziger Frühjahrsmesse 1948 wurde der bei der Auto Union für 1940 geplante Pkw DKW F 9 vorgestellt. Die Produktionsaufnahme in Zwickau begann mit Schwierigkeiten, denn der Original-Zeichnungssatz war nicht mehr vorhanden. Man vermutete, dass die ehemaligen Vorstandsmitglieder der Auto Union diesen bei ihrer Flucht mit in den Westen Deutschlands genommen hatten. Denn hier wurde das Fahrzeug unter der Bezeichnung F 89 von 1950 bis 1954 gebaut. Der Wagen lief in dem von Rheinmetall-Borsig übernommenen ehemaligen Rüstungswerk II in Düsseldorf-Derendorf vom Band. Im Oktober 1951 folgte ein als F 89 U „Universal" bezeichneter Kombi mit einem Aufbau in Holz-Stahl-Gemischtbauweise, der im März 1953 durch eine Ganzstahlkarosserie ersetzt wurde. Bis zum Produktionsende im April 1954 wurden 59.475 Limousinen und 6.415 Kombis gebaut. Brekina hat das Modell des Auto Union 1000 S Coupé seit 2001 als Neuheit unter Artikelnummer 28000 in verschiedenen Farben im Programm. Der IFA F 9 und der F 89 sehen sich schon sehr ähnlich.

Ein weiterer Zeichnungssatz soll als Reparationsleistung in Richtung Russland verschwunden sein. Die bereits 1938 begonnene Entwicklung wurde 1942 gestoppt. Das Fahrzeug erhielt außer einer neuen stromlinienförmigen Ganzstahlkarosserie auch einige technische Veränderungen. Angetrieben wurde es von einen Dreizylinder-Reihen-Zweitakt-Motor mit 900 ccm Hubraum. Die Bezeichnung lautete IFA DKW F 9 und ab 1950 nur noch IFA F 9. Die Karosserien kamen aus dem Horch Werk, die Montage erfolgte im Audi-Werk. Die Produktion wurde im Sommer 1953 in den VEB IFA Automobilwerk EMW, ab 1955 dann VEB IFA Automobilwerk AWE Eisenach, verlegt. In der Produktionsphase bis 1956 nahm man noch einige technische und optische Veränderungen in Eisenach vor. In Zwickau und anfangs auch in Eisenach baute man den F 9 mit einer geteilten Front- und Heckscheibe. In Eisenach kam ab 1954 eine durchgehende Front- und Heckscheibe und eine Warmwasserheizung zum Einbau. Es gab nur zweitürige Ausführungen.

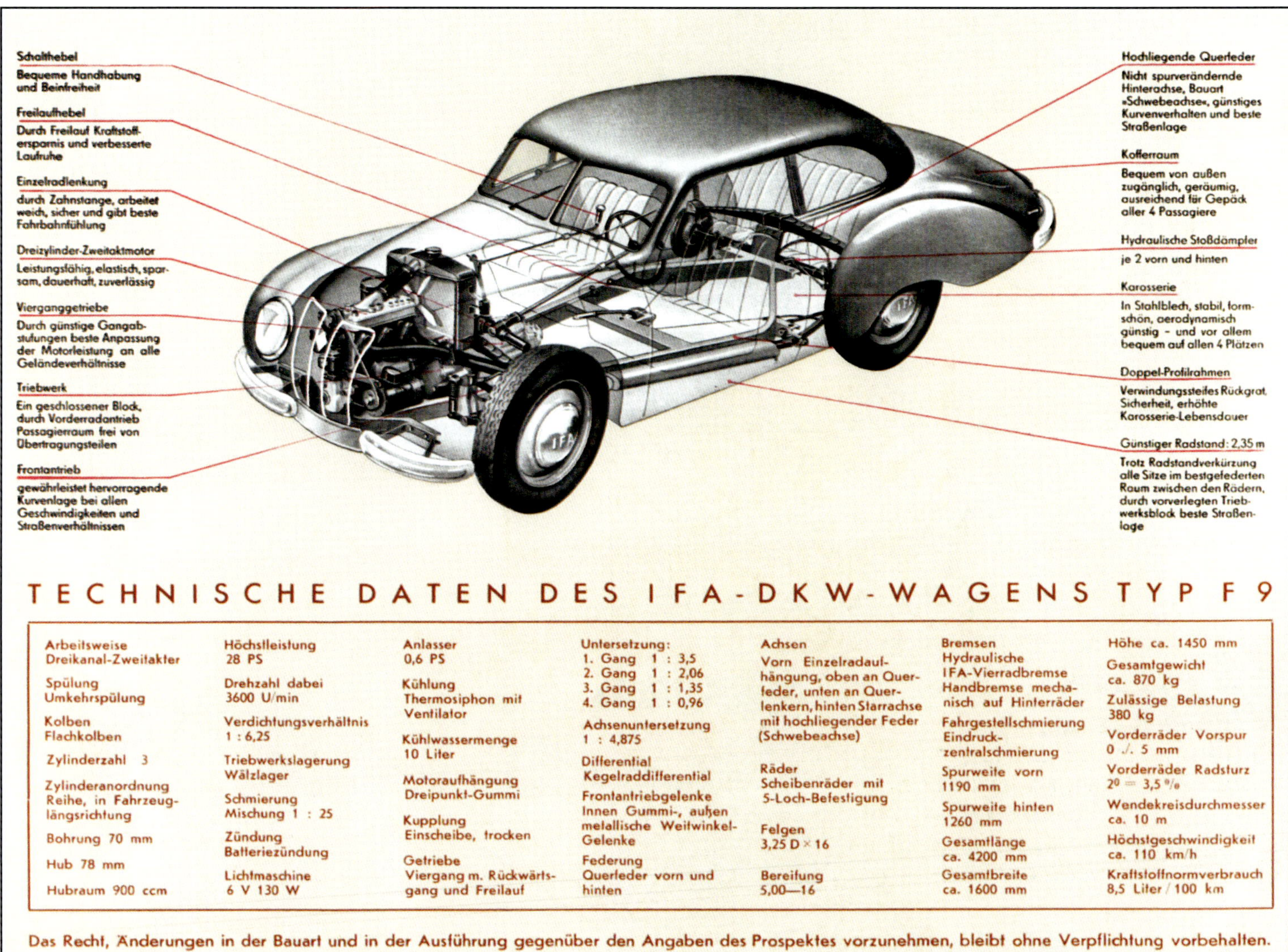

TECHNISCHE DATEN DES IFA-DKW-WAGENS TYP F 9

Arbeitsweise Dreikanal-Zweitakter
Spülung Umkehrspülung
Kolben Flachkolben
Zylinderzahl 3
Zylinderanordnung Reihe, in Fahrzeuglängsrichtung
Bohrung 70 mm
Hub 78 mm
Hubraum 900 ccm

Höchstleistung 28 PS
Drehzahl dabei 3600 U/min
Verdichtungsverhältnis 1 : 6,25
Triebwerkslagerung Wälzlager
Schmierung Mischung 1 : 25
Zündung Batteriezündung
Lichtmaschine 6 V 130 W

Anlasser 0,6 PS
Kühlung Thermosiphon mit Ventilator
Kühlwassermenge 10 Liter
Motoraufhängung Dreipunkt-Gummi
Kupplung Einscheibe, trocken
Getriebe Viergang m. Rückwärtsgang und Freilauf

Untersetzung:
1. Gang 1 : 3,5
2. Gang 1 : 2,06
3. Gang 1 : 1,35
4. Gang 1 : 0,96
Achsenuntersetzung 1 : 4,875
Differential Kegelraddifferential
Frontantriebgelenke Innen Gummi-, außen metallische Weitwinkel-Gelenke
Federung Querfeder vorn und hinten

Achsen Vorn Einzelradaufhängung, oben an Querfeder, unten an Querlenkern, hinten Starrachse mit hochliegender Feder (Schwebeachse)
Räder Scheibenräder mit 5-Loch-Befestigung
Felgen 3,25 D × 16
Bereifung 5,00—16

Bremsen Hydraulische IFA-Vierradbremse Handbremse mechanisch auf Hinterräder
Fahrgestellschmierung Eindruck-zentralschmierung
Spurweite vorn 1190 mm
Spurweite hinten 1260 mm
Gesamtlänge ca. 4200 mm
Gesamtbreite ca. 1600 mm

Höhe ca. 1450 mm
Gesamtgewicht ca. 870 kg
Zulässige Belastung 380 kg
Vorderräder Vorspur 0 ./. 5 mm
Vorderräder Radsturz 2⁰ = 3,5 ‰
Wendekreisdurchmesser ca. 10 m
Höchstgeschwindigkeit ca. 110 km/h
Kraftstoffnormverbrauch 8,5 Liter / 100 km

Das Recht, Änderungen in der Bauart und in der Ausführung gegenüber den Angaben des Prospektes vorzunehmen, bleibt ohne Verpflichtung vorbehalten.

Die technischen Daten des IFA-DKW-Wagens Typ F 9.

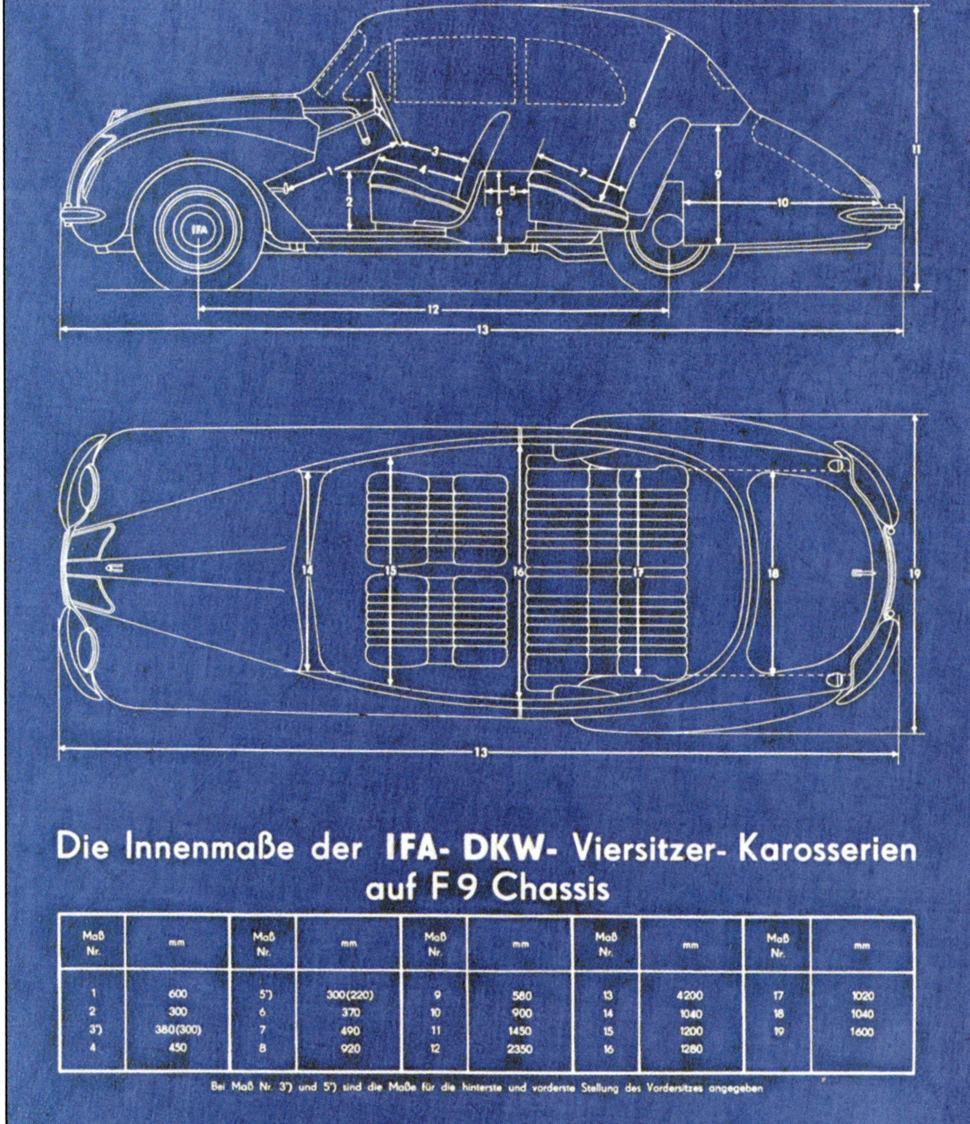

Die Innenmaße der **IFA- DKW-** Viersitzer- Karosserien auf F 9 Chassis

Maß Nr.	mm	Maß Nr.	mm	Maß Nr.	mm	Maß Nr.	mm	Maß Nr.	mm
1	600	5*)	300(220)	9	580	13	4200	17	1020
2	300	6	370	10	900	14	1040	18	1040
3*)	380(300)	7	490	11	1450	15	1200	19	1600
4	450	8	920	12	2350	16	1280		

Bei Maß Nr. 3*) und 5*) sind die Maße für die hinterste und vorderste Stellung des Vordersitzes angegeben

IFA F 9 Limousine, Baujahr 1951.
Wistü-Sammelbild Nr. 84 – Das Kraftfahrzeug (Deutsche Personenkraftwagen nach 1945 – Deutsche Ostzone) (Sammlung: BB)

IFA F 9 Cabriolet, Baujahr 1951.
Wistü-Sammelbild Nr. 85 – Das Kraftfahrzeug (Deutsche Personenkraftwagen nach 1945 – Deutsche Ostzone) (Sammlung: BB)

Die Maße des F 9, wichtig für den Umbau eines Modells.

Ein F 9 aus Zwickauer Produktion bis 1954.

Ein Exportfahrzeug: Cabriolet mit geteilter Frontscheibe, hier mit Blinker als Fahrtrichtungsanzeiger.

8.6 Der Pkw Horch Sachsenring P 240

8.6.1 Das Modell – der Horch Sachsenring P 240

Vom Horch Sachsenring P 240 ist kein Modell der Großserienhersteller bekannt. Auch hier sind es die Kleinserienhersteller wie adp und V&V die das Modell anbieten bzw. herstellen.

Die Firma adp bietet das Modell mit unterschiedlichen Artikel-Nummern:
16137 - P 240 2. Ausführung mit großen Blinklichtern vorn,
16 623 oder 1623 - P 240 mit kleinen Blinklichtern,
11 624 oder 1624 - P 240 Polizei mit kleinen Blinklichtern.

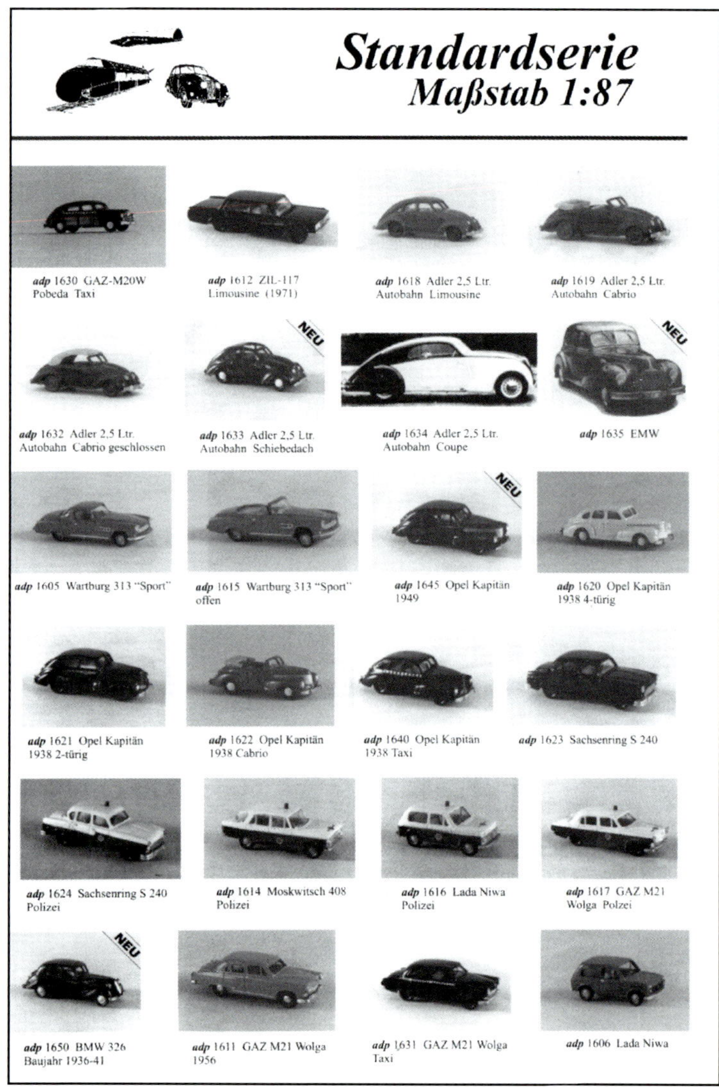

Zwei Prospektseiten von adp mit Sachsenring-Modellen.

Der Sachsenring P 240 von V&V. Das Modell ist aus Resin.

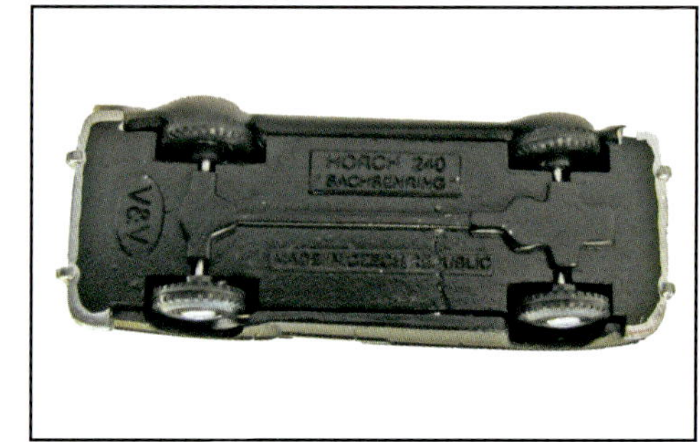

Der Sachsenring P 240 von unten.

V&V-Nr. 1531 Horch P 240 Sachsenring Cabrio offen.

V&V-Nr. 1561 Horch P 240 Sachsenring „Volkspolizei".

V&V-Nr. 1551 Horch P 240 Sachsenring Kombi, „Deutsche Post Studiotechnik Fernsehen", DDR.

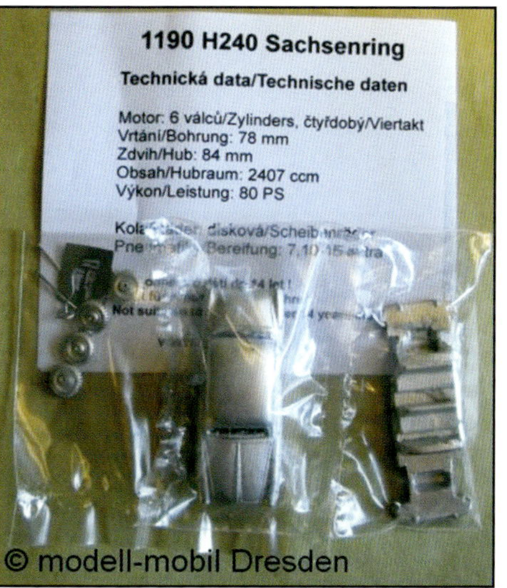

V&V-Nr. 1190 Horch P 240 Sachsenring, DDR, 1955, Weißmetallbausatz.

V&V-Nr. 1552 Horch P 240 Sachsenring Kombi, zweifarbig.

Weitere P 240 Modelle von V&V:
Horch P 240 Sachsenring „Volkspolizei", 1955
Horch P 240 Sachsenring Cabrio offen
Horch P 240 Sachsenring Cabrio geschlossen
Horch P 240 Sachsenring „Volkspolizei"
Horch P 240 Sachsenring Kombi „Deutsche Post Studiotechnik Fernsehen", DDR
Horch P 240 Sachsenring Kombi, zweifarbig
Diese Modelle gibt es auch als Bausatz aus Weißmetall.

Folgende Modelle wurden von Kai Rücker überarbeitet und fotografiert:

KR

Die 1. Ausführung 1955, der P 240 mit kleinen Blinkern unter den Scheinwerfern, Weißmetallbausatz von V&V.

Ein P 240 Cabriolet, 1956, Weißmetallbausatz von V&V.

P 240 Cabrio, 1955/56, ebenfalls mit großen Blinkleuchten, Weißmetallbausatz von V&V.

Letzte Variante, ab 1958, P 240 Kombi, Weißmetallbausatz von V&V.

8.6.2 Das Vorbild – der Pkw Horch P 240 und Sachsenring P 240

Die Typenbezeichnung P 240 leitet sich aus „Personenkraftwagen 2.400 ccm" her. Angetrieben wird er mit dem Sechszylinder-Ottomotor aus dem geländegängigen Personenwagen P 2. Für den P 2 entwickelten die Konstrukteure des ehemaligen Wanderer-Werkes in Chemnitz diese Motoren mit der Bezeichnung OM 6. Vorgesehen war in Zwickau die Produktion eines sechssitzigen Pkw bei den Horch Werken in exportfähiger Qualität, welcher den Pkw EMW 340-2 aus Eisenach ablösen sollte. Die Grundlage bildete der Motor des P 2, dieser wurde überarbeitet und hatte 2.407 ccm Hubraum mit 80 PS Leistung und war wassergekühlt. Es gab große Probleme beim Bau des Fahrzeuges, die geplant Stückzahl wurde nie erreicht. Es entstand eine große repräsentative viertürige Limousine mit viel Chrom. Die ersten P 240 hatten noch auf den Radkappen sowie auf den Motor- und Kofferraum-Hauben das Horchzeichen. Ab Mitte 1956 bekam das Fahrzeug Blinkleuchten. Mit Umbenennung des Werkes ab 1958 gab es weitere Veränderungen am Wagen, aus den Horch-Zeichen werden „S"-Zeichen, und der Schriftzug Sachsenring wird angebracht. Ab 1958 gab es noch einige Sonderausführungen: mit Schieberolldach, Cabriolet, Kombiwagen unter anderem für den Rundfunk der DDR. 1959 kam dann das Aus für den P 240, bis dahin wurden rund 1.382 Fahrzeug gebaut.

Ein seltener Sachsenring-Kombi mit großen Blinkleuchten auf einem Oldtimertreffen.

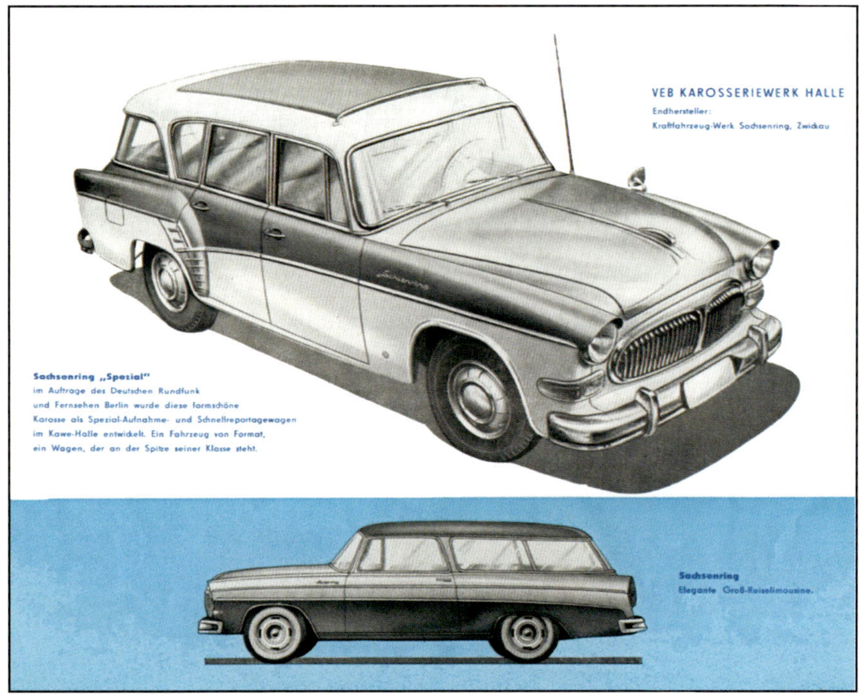

Aus einem Katalog der Werkgruppe Karosseriebau DDR, 1958.

Der P 240 mit Quer-Grill und kleinen Blinkleuchten am Eingang des August-Horch-Museums, August Horch Klassik 2012.

Dieser schön restaurierte Sachsenring P 240, noch mit den Horch-Logos auf den Radkappen, aber schon mit großen Blinkleuchten, (Baujahr 1957, 2.407 ccm, 80 PS) war bei der 4. August Horch Klassik 2014 in Schmalzgrube zu sehen. (Fotos: BB)

8.7 Der Pkw P 70

8.7.1 Das Modell – der Pkw P 70

Vom P 70 sind keine Modelle der Großserienhersteller bekannt. Das hier gezeigte Modell des P 70 RK (Russische Kleinserie) Limousine und Kombi Kleinserienmodell ist im Vertrieb von Günsel Leipzig. An dem Modell der P 70 Limousine ist keine Kofferraumklappe dargestellt, das entspricht dem Original. Am Modell sind die Aluminiumleisten gut dargestellt. Die Scheinwerfer sind nur bemalt.

P 70 Limousine.

Die Bodenplatte des P 70 ist recht einfach gehalten.

P 70 Kombi.

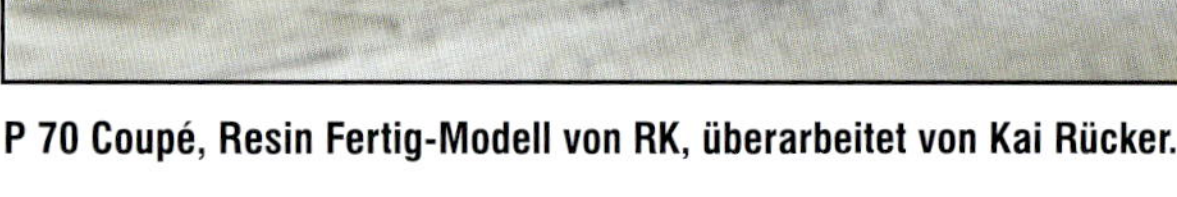

P 70 Coupé, Resin Fertig-Modell von RK, überarbeitet von Kai Rücker.

Der Versandhandel modell-mobil Dresden hat außerdem noch folgende Modelle gelistet:
IFA P 70 Coupé, DDR, beige-rot
IFA P 70 Coupé, DDR, 1956, Farbe: gelb-rot
IFA P 70 Kombi „DVB", DDR, 1956
IFA P 70 Kombi, DDR, 1956, Farbe: blau mit braunem Dach
IFA P 70 Limousine, DDR, 1956, Farbe: grün

IFA P 70 Limousine, DDR, 1956.

IFA P 70 Kombi „DVB", DDR, 1956.

IFA P 70 Coupé, DDR, 1956.

8.7.2 Das Vorbild – der Pkw AWZ P 70

Nach einem Ministerratsbeschluss von 1954 sollte als Nachfolger des IFA F 8 in Zwickau ein Kleinwagen mit der Bezeichnung P 50 mit 4 Sitzen, maximal 600 kg Gewicht und Kunststoffkarosserie gebaut werden. Der Grund, sich mit Kunststoffteilen zu befassen, hing mit dem Mangel an Blechteilen für diese Fahrzeuge zusammen. Um diesen Engpass irgendwie zu bewältigen, wurde bereits im März 1951 das Kollektiv Pressstoffkarosserie gegründet. Fast aus dem Nichts und mit nur wenigen Erfahrungen mit diesem Werkstoff begannen die Entwicklungen. Das bereits noch 1954 entwickelte Fahrzeug P 50 war erst einmal eine Fehlentwicklung. Es gab aus den verschiedensten Gründen Schwierigkeiten, das Projekt P 50 umzusetzen, also beschäftigte man sich weiter mit dem IFA F 8. Es entstand ein Projektvorschlag mit der Bezeichnung F 8 K. Im August 1954 wurde das erste Fahrzeug mit kompletten Pressstoffteilen fertig gestellt und als AWZ P 70 bezeichnet. Das Fahrzeug ging ab 1955 bei Audi Zwickau in Serie. Der AWZ P 70 hatte gegenüber dem IFA F 8 einen kürzeren Radstand (2.380 mm, F 8 2.600 mm) und einen um 180 Grad gedrehten und auf 22 PS Leistung gesteigerten Motor. Das Fahrzeug war auch mit 790 kg wesentlich leichter als der F 8 mit 890 kg. Das Besondere, es war der erste Pkw überhaupt, welcher serienmäßig eine Beplankung aus Duroplast-Kunststoff besaß. Die Karosserie bestand aus einem Holzgerippe, das (bei Limousine und Kombi) mit speziell entwickelten Duroplast-Schalen beplankt war. Die Karosserieteile wurden im Wesentlichen vom P 50-Prototypen übernommen, bis zu dessen Serienreife aber noch einmal überarbeitet. Der Mangel an Feinblechen war auch einer der Gründe, warum die IFA F 9-Produktion nach Eisenach verlegt worden war. Auf der Leipziger Frühjahrsmesse 1955 wurde der AWZ P 70 erstmals gezeigt. Das Logo des VEB Automobilwerk Zwickau prangte auf der Motorhaube. Das für

P 70 Coupé ca. 1958 mit Maßen für den Modellbauer, Prospekt von der Werkgruppe Karosseriebau.

Der P 70 als Kombi.

diese Zeit recht moderne Fahrzeug hatte zwei Türen und vier Sitze. Die Türen hatten anfänglich nur Schiebefenster und mit Beginn der Serienproduktion kleine dreieckige Ausstellscheiben. Der Kofferraum war nur durch den Innenraum zu erreichen. Es hat nie eine P 70 Limousine das Werk mit einer seriemäßigen Kofferraumklappe verlassen. Selbige konnten aber bei der Firma Hottek Karl-Marx-Stadt nachgerüstet werden. Die Karosserien der Limousinen und Coupé lieferte das VEB Karosseriewerk Dresden, während die Kombikarossen aus Meerane kamen. In Frühjahr 1956 wurden der P 70 Kombi „Tourist" mit links angeschlagener, seitlich öffnender Tür und das P 70 Coupé auf der Leipziger Messe vorgestellt. Im gleichen Jahr erfuhr das Fahrzeug eine Überarbeitung. Zahlreiche Fahrgestellteile übernahm man vom IFA F 9 bzw. vom Wartburg 311. Das Armaturenbrett wurde neu gestaltet, neue versenkte Türgriffe kamen zum Einbau, die vorderen Dreieckseitenfenster ließen sich drehen und es gab neue ovale Blink-Schlussleuchten für die Limousine und das Coupé. Im Sommer 1956 begann die Serienproduktion der Varianten Kombi und Coupé. 1957 erhielt das Fahrzeug parallel angeordnete Scheibenwischer. Es gab den AWZ P 70 auch mit Faltdach und zweifarbiger Lackierung. 1958 wird das offizielle Ende der AWZ P 70-Produktion angekündigt, aber erst im Juni 1959 endete mit der Stückzahl 36.151 die Produktion des AWZ P 70, aus welcher man Erfahrungen für die weitere Duroplast-Fertigung des Trabant schöpfen konnte.

Einige technische Daten:

Motor Zweizylinder-Zweitakt mit 690 ccm Hubraum und 22 PS, wassergekühlt, Dreigang-Getriebe, Verbrauch ca. 9 Liter/100 km, Leergewicht 790 kg, Nutzlast 350 kg, Höchstgeschwindigkeit 90 km/h, Länge 3.740 mm.

Ein gut erhaltener P 70 auf der OMMMA in Magdeburg. Wenn der Kofferraum beim P 70 original nicht von außen zugänglich ist, muss man sich selbst etwas bauen.

Zur DKW-Rundfahrt 2010 war diese P 70 Limousine in Wolkenstein mit dabei. (Foto: BB)

Hier kann man gut erkennen, dass sich der Kofferraum nicht von außen öffnen lässt.

P 70 Kombiwagen zum Fahrzeugkorso beim 17. Oldtimertreffen in Werdau 2014. (Foto: BB)

Dieser P 70 Kombi steht im Museum für sächsische Fahrzeuge Chemnitz e. V. an der Zwickauer Straße 77 in Chemnitz.

8.8 Der Trabant von P 50 über 601 bis 1.1

Vom Trabant gab es schon zur DDR-Zeit ein Fahrzeugmodell. Nach der Wende begannen die Großserienhersteller aus dem westlichen Teil Deutschlands Trabant-Modelle herzustellen. So gibt es bei den Firmen Wiking, BREKINA und Herpa fast die gesamte Trabant-Typen-Palette, welche auch als Vorbild produziert wurde. Also vom P 50 über den Trabant 601 zum 1.1. Kleinserienhersteller mit Trabant Modellen finden sich hingegen nur wenige.

8.8.1 Verschiedene Trabant-Modelle aus der DDR-Zeit

Der AWZ P 50 (Trabant 500) kam als unverglastes Modell erstmals 1963 von der Firma Glittenberg in den Handel. Das Modell ähnelt fast der Form des Gogo Mobiles. Die Scheinwerfer sind abweichend vom Vorbild nicht gerade nach vorn dargestellt, sondern abgeschrägt. Bei den Nachbildungen gab es im Laufe der Jahre Unterschiede in der Herstellung. Die Modelle hatten Räder mit sehr schwachem oder keinem Profil. Vorn und hinten fehlte die Andeutung der Kennzeichentafeln. Der Kofferraum und die Motorhaube sowie die Scharniere dazu waren durch Gravuren leicht angedeutet. Scheinwerfer und Blinker erhielten eine Lackierung. Die geschwungene Gravierung, welche an den Seiten bei allen P 50-Modellen vorhanden ist, könnte eine zwei- oder dreifarbige Lackierung bis 1961 darstellen. Eine weitere Generation an Trabant-Modellen gab es bei der Firma Haufe ab 1965 mit dem Modell Trabant 601. Die Bodenblatte ist detailreich graviert. Kennzeichen sind vorn und hinten sowie Türgriffe angedeutet. Anfänglich hatten die Modelle nur ein Sachsenringzeichen ohne „S". Ab 1968 wurde die Karosserie nochmals überarbeitet und es gelangten dann die Modelle mit einem „S" im Sachsenring-Zeichen in den Handel. Anfänglich war das Scheinwerferglas ohne Gravuren. Ab 1973 lief die Produktion bei der Firma Max Krätzer Leipzig unverändert. Ab 1978 musste die Form wegen starken Verschleißes neu gebaut werden. Das Modell aus der neuen Gussform kam wieder ohne „S" im Sachsenring-Zeichen vorn daher und es waren am Fahrzeug keine Türgriffe mehr angedeutet. Auf der Bodenplatte fehlte jetzt auch das „wm" Zeichen. Man sieht auch die nicht so gute Verarbeitung der Form, vor allem an den Fenstern. Ab 1982 erschien das Modell mit Rädern und Achsen als ein Kunststoffteil. Hier sind Radmuttern angedeutet, aber keine Türgriffe mehr. Die Scheinwerfer haben senkrechte Gravuren. Die Trabant-Modelle erschienen auch als Ladegut auf Güterwagen. Dabei waren jeweils vier Trabanten mit einem Metallbügel in der Bodengruppe auf dem Güterwagen befestigt. Bei keinem der Trabant-Modelle sind Scheibenwischer angedeutet. Bei all diesen Modellen sind die Stoßstangen Bestandteil der Bodenplatte. In den letzten Jahren produzierte man das Modell wieder mit Stahlachsen und aufgesteckten Rädern. Diese Variante ist seltener. Die P 50- und 601-Trabant-Modelle erschienen in verschiedenen Farben und sind heute begehrte Sammlermodelle.
(Quelle: Buch „Modellautos der DDR" Seite 283, Seite 307, Seite 338)

Der P 50 Glittenberg 2. Variante von 1964. Stoßstangen sind Bestandteil der Bodengruppe, Räder ohne Profil mit angedeuteten Radkappen. Geschwungene Seitenlinie könnte eine mehrfarbige Lackierung darstellen.

Ebenfalls ein Glittenberg Trabant, leider etwas ramponiert. Hier sind gut die Scharniere der Motorhaube zu erkennen, die Mittellinie auf der Motorhaube ist etwas zu stark dargestellt. Auch hier gut zu erkennen – die schrägen Scheinwerfer. (Sammlung: J. Lisse)

Trabant P 50 und Trabant 601, unterschiedliche Bodengruppen und Räder. Gut zu erkennen – das „wm" Zeichen rotiert in der Bodenplatte. Die Räder mit und ohne Gravur. Das Modell mit der schwarzen Bodenplatte hat Plast-Achsen mit angegossenen Rädern. Schmutzfänger an den Radkästen sind nicht angedeutet. Ein Erkennungsmerkmal ist die graue Bodenplatte M. Krätzer. Haufe-Modelle haben nur silberne.

Drei unterschiedliche Modelle: Der P 50 und 601. Einmal Scheinwerfer ohne und mit Riffelung. Stoßstange mit und ohne vorderer Kennzeichentafel und der wesentliche Unterschied, das „S" am Grill des rechten Fahrzeuges fehlt. Das ist die 2. Version des ab 1968 gebauten Modells.

Hier nochmal der Unterschied zwischen den Modell-Versionen 1 und 2: Das Trabant-Zeichen ohne und mit „S" sowie die glatten und geriffelten Scheinwerfer. Das Warenzeichen auf dem Frontgrill stellt das Baujahr vor 1969 dar, danach wurde es nicht mehr angebaut.

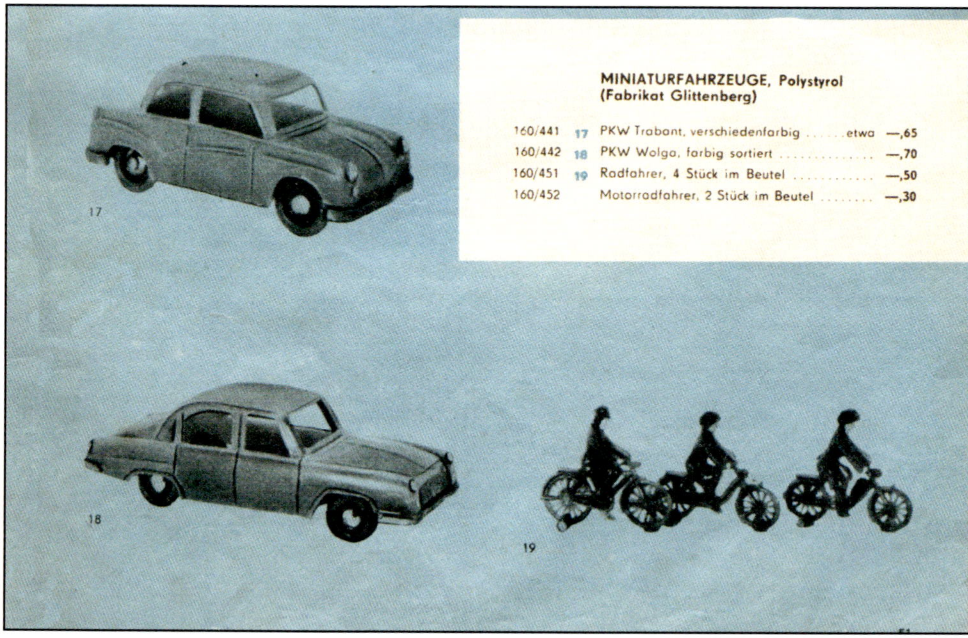

MINIATURFAHRZEUGE, Polystyrol
(Fabrikat Glittenberg)

160/441	17	PKW Trabant, verschiedenfarbig ...... etwa	—,65
160/442	18	PKW Wolga, farbig sortiert	—,70
160/451	19	Radfahrer, 4 Stück im Beutel	—,50
160/452		Motorradfahrer, 2 Stück im Beutel	—,30

17

18

19

Abbildung einer Seite aus einem Spielwarenkatalog aus den 1960er Jahren. Der Preis für das Trabant Modell: 65 Pfennige!

Einige verschiedene Trabant-Modelle aus der DDR-Zeit.

Die Modelle mit unterschiedlichen Gravuren: links ohne Türgriffe, rechts mit. Räder ohne große Radkappen, rechts mit.

8.8.2 Trabant-Modelle von Wiking

Verschiedene Varianten des Wiking Trabant:

Vorserie nur 1991: - rotelfenbein
- ein Außenspiegel links kleiner als Serie
- Grill rotelfenbein
- Chassis rotelfenbein

1991-1992: - hellblau
- Dach gelbelfenbein
- Dachflächenrahmen silber
- Chassis silber

1992-1994: - Hellgelbgrün + hellgrün

1994-1997: - hellelfenbein
- Inneneinrichtung basaltgrau

nur 1994: - azurblau
- Inneneinrichtung schwarzgrau
- Auftragsmodell in Vitrinenbox

nur 1994: - lichtblau
- Inneneinrichtung schwarzgrau
- Auftragsmodell in Vitrinenbox

1997-2000: - azurblau
- Dach perlweiß
- Dachflächenrahmen silber
- Inneneinrichtung schwarzgrau

2000-2002: - zitronengelb
- Dach altweiß

0861 24 Feuerwehr-Trabant 601 S August 2013:
- Karosserie rot
- Fahrgestell weiß
- Lenkrad beige
- Blaulicht blautransparent eingesetzt
- Dachfläche weiß bedruckt
- Dachflächenrahmen silber
- seitlich weiße Bauchbinde mit schwarzem Schriftzug „Feuerwehr 112"
- Felgennabe silber bedruckt

Das Wiking-Modell in seinen Einzelteilen, es lässt sich leicht demontieren.

8.8.3 Trabant-Modelle von BREKINA

Das BREKINA-Modell des P 50 / P 60 hat die erste Trabant-Version zum Vorbild. Das Original-Fahrzeug gab es in der Standardausführung und in Sonderausführung. Dieses haben die Modellauto-Konstrukteure aus dem Hause BREKINA durch verschiedene Farbgebungen und Bedruckungen am Modell gut umgesetzt. Bei allen Modellen sind Scheibenwischer dargestellt. Fenstergummis sind bei keinem der Modelle farbig abgesetzt. Hier sollen nur einige Varianten vorgestellt werden.

Die ersten Modelle erschienen im März und Juni 2001 unter der Nr. 27500 auf dem Markt. Es folgten weitere Farbvarianten und Sondermodelle. BREKINA fertigt, wie viele andere Hersteller auch, für verschiedene Firmen, beispielsweise Deutsche Post, Conrad Elektronic, Modell Car Zenker Zwickau, Firma Reinhardt Saarbrücken, Modellbahntreff Göppingen und andere. Diese Modelle erhalten dann Sonderbedruckungen oder Farben für bestimmte Anlässe oder für Firmen, beispielsweise Trabanttreffen 2001, Deutsche Reichsbahn, Deutsche Post. Meist werden diese Nachbildungen dann in limitierten Stückzahlen aufgelegt.

Erschienen sind noch weitere Varianten des Modells.

Auf Anfrage zum Thema Trabant antwortete BREKINA folgendes:

„Das Modell des Trabant P 50 erschien 2001 und entsprach der damals üblichen Bautechnik für Pkw-Modelle unseres Hauses – d. h. wie beim Wartburg ist die Karosserie in so genannter 2-Komponenten-Technik ausgeführt. Dabei sind Glas und Karosserie ein fest miteinander verbundenes Teil, das so aus der Spritzgussform fällt. Die Verbindung unterschiedlicher Materialien zu einem Formteil ist an sich nichts Ungewöhnliches. Wir haben es viele Jahre für unsere Modell-Linie eingesetzt, weil man sich damit einen Arbeitsgang der Montage spart und weil zwischen Verglasung und Karosserie immer eine absolute Formschlüssigkeit besteht. Analog dazu sind auch viele Räder im 2-K-Verfahren gefertigt worden – also Reifen und Felge sind ein fest miteinander verbundenes Teil. Natürlich hat das Verfahren auch Nachteile, weshalb wir es wieder aufgeben mussten. Da gibt es ganz praktische Argumente: Wenn nämlich der Reifen doch von der Felge geht, ist er abgebrochen – irreparabel! Das zweite Problem haben Sie schon entdeckt: Nachträgliche großflächige Lackierungen sind nicht möglich, weil die Farbe ja die Glasteile zudecken würde. In solchen Fällen hat man die Scheinwerfer einfach wieder silber bedruckt. Eingesetzte Teile gab es sowieso nie; das wäre ein viel zu großer Aufwand gewesen und entspricht auch nicht der Denklogik des 2-K-Prinzips. Unproblematisch dagegen ist der Aufdruck einfacher Farb- oder Deko-Linien, was auch die überwiegende Ausführungsart darstellen dürfte. Schabloniert wurden nur kleine Serien, die aufgrund der vorgenannten Probleme – eine matt wirkende Farbe kam noch hinzu – einfach wieder vergessen wurde. Insgesamt dürften wir gut 40 verschiedene Varianten des Trabant gefertigt haben – auch hier wieder größere Lose als Ladegut o. ä.“

(Zitat: BREKINA Modellspielwaren GmbH, E-Mail BREKINA vom 11. Juni 2013)

Das Modell besteht im Wesentlichen aus vier Teilen, die mit etwas Gefühl voneinander getrennt werden können: Die Karosserie mit fest eingegossenem Glas, die Platte mit Inneneinrichtungen, die Grundplatte und die Räder mit Stahlachsen.

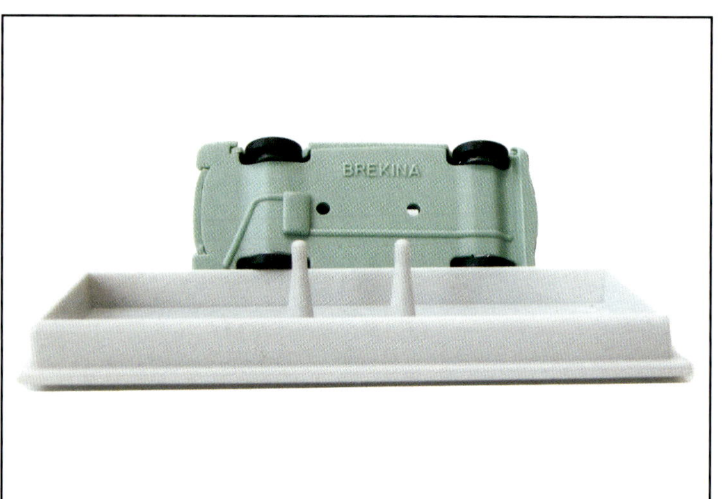

Das BREKINA-Modell wird in einer kleinen Plastik-Vitrine geliefert. Dabei ist das Unterteil mit zwei konischen Plast-Zapfen versehen, darauf ist das Modell aufgesteckt.

Angeboten wird auch die etwas preiswertere Variante Trabant P 50 „Economy Serie“. Hier ist nur das Trabant Zeichen vorn silbern bedruckt, die Radkappen und Felgen sind matt. Die Bodengruppe in der Farbe des Modells, Scheinwerfer glasklar.

Die etwas teurere Variante ist der zweifarbige und somit aufwendiger bedruckte Trabant. Hier ist die Fläche entweder oberhalb oder unterhalb der Seitenlinie farbig. Hier sind auch die Stoßstangen schwarz abgesetzt. Der Schriftzug „Trabant“ am Kofferraum, die Blende über der Kennzeichentafel hinten, das „Trabi“-Zeichen vorn und die Lufteinlassschlitze vorn sind silbern bedruckt, das trifft auch für die Seitenlinie und die Türgriffe zu. Die Blinker vorn und die Rücklichter sind rot bedruckt. Die Radkappen sind verchromt. An der nächsten Modellvariante des einfarbigen Modells sind auch die Türgriffe, das „Trabant“-Zeichen vorn und hinten, die Lufteinlässe vorn und die Kennzeichenblende silbern, Blinker und Rücklichter orangefarben bedruckt. Räder sind matt grau, Radkappen Chrom oder matt grau, Scheinwerfer glasklar.

Unterschiedliche Modelle: links – gerade Linie der Baujahre 1961 bis 1963, matte Farben, elfenbein-farbige Felgen.
Rechts – gezackte Seitenlinie der Baujahre bis 1961, glänzende Farben, matte Felgen

Eine weitere Variante: Modell zweifarbig, gerade Seitenlinie, Motorhaube und Kofferraum farbig matt. Untere Fahrzeughälfte und Dach elfenbein. Die Felgen ebenfalls elfenbein mit Chrom-Radkappen. Dabei scheinen die Radkappen etwas kleiner als die der anderen Modellvarianten. Die Felgen sind insoweit dem Original nachempfunden, da es auch hier matt grau und weiß lackierte Felgen gab. Die Bodengruppe und die Stoßstangen haben jeweils die Farbe der Motorhaube bzw. des Kofferraums. Diese Modelle haben auch Scheinwerfer aus dem durchsichtigen Material der Fenster, sind aber hier silbern bedruckt.

Modell des Trabant 600 von 1963-1964. Merkmale: schmaler Seitenstreifen, bei der Aufschrift am Kofferraum unter „Trabant" lässt sich mit viel Mühe die Zahl 600 erkennen. Das war mit dem normalen Vergrößerungsglas nicht zu lesen, hier musste ein Uhrmachervergrößerungsglas her.

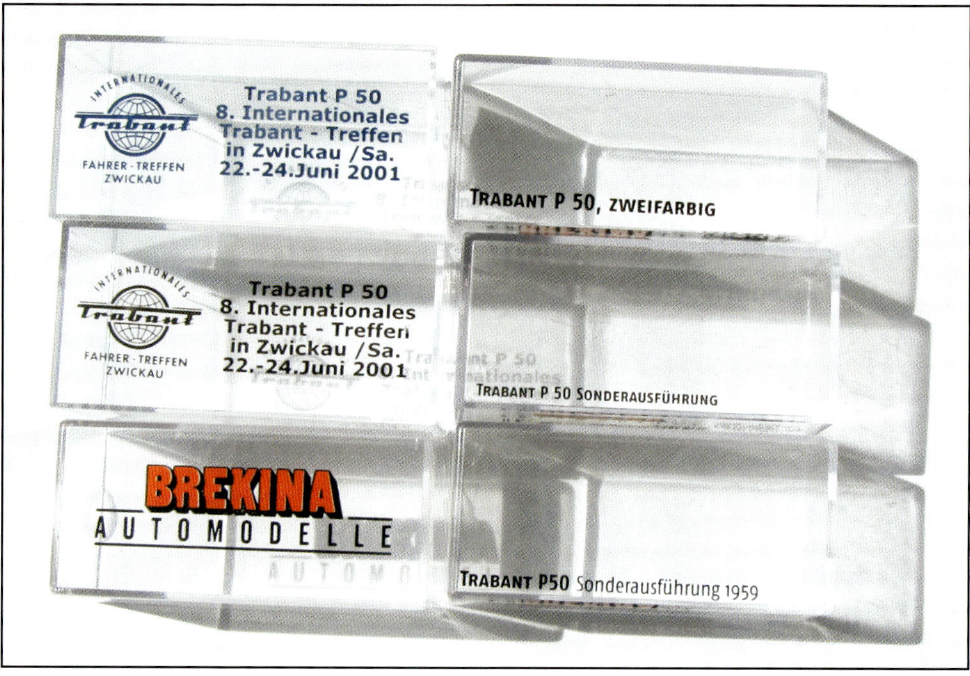

Verschiedene Beschriftungen der Plastikhauben.

Zur Zeit befinden sich folgende Modelle im Handel:
- BREKINA Trabant P 50 indigoblau
- BREKINA 92757 Trabant P 50 braungelb
- BREKINA 92711 Trabant P 50 Limousine Deutsche Post
- BREKINA 27520 Trabant P 50 hellelfenbein/moosgrün
- BREKINA 27519 Trabant P 50 hellelfenbein/rubinrot
- BREKINA 27517 Trabant P 50 Feuerwehr
- BREKINA 27516 Trabant P 50 grau
- BREKINA 27516 Trabant P 50 blaßgelb
- BREKINA 27501 P 50 Trabant 500 Limousine Deutsche Reichsbahn

Im Deutsche Post Shop ist unter Artikel-Nummer 31 / 138 Set „Deutsche Post" (DDR) mit Trabant P 50 und der Wartburg 311 Camping gelistet. Die BREKINA-Modelle sind zum Einen im typischen Blau der „Studiotechnik" und zum Anderen im klassischen Grau des „Fernmeldedienstes" lackiert.

8.8.4 Trabant-Modelle von s.e.s Modelltec

Hergestellt wird das Modell von der Firma s.e.s Berlin. Mit dem Trabant begann Modelltec-Gründer Rainer Schmidt nach der Wende die Modellautoproduktion; er wurde seit dem 100.000-fach verkauft, trotz der Trabant-Alternativen von Herpa und Wiking. Eine erste Vorstellung erfolgte 1990 zur Spielwarenmesse. Erst ohne Kühlergrill, dann mit. Die Modelle sind recht einfach gehalten. Stoßstange und Karosserie bestehen aus einem Teil. Die Fahrzeuge waren unbemalt. Mit der Zuordnung der Modelle zu bestimmten Bereichen, beispielsweise Feuerwehr, Polizei, THW, NVA oder Deutsche Reichsbahn, erhielten diese Nachbildungen dann Bedruckungen. Auch gab es Beschriftungen sowie Räder mit angedeuteten Felgen. Insgesamt wurde das Modell dadurch detailierter gestaltet. Das Fahrzeug wird auch als Bausatz angeboten. Es gibt Modell-Varianten ohne Lenkrad und mit angegossenem Lenkrad. Für den offenen Trabant (Ostermann-Cabrio), nicht zu verwechseln mit dem Tramp, wurde in das Armaturenbrett ein Loch gebohrt und ein Lenkrad eingesteckt. Der Trabant und die Lada Nova-Ausführung haben die gleichen Räder. Es gibt auch s.e.s-Trabant mit Anhängekupplung aus Draht.

An dieser Stelle muss noch auf ein besonderes s.e.s-Trabant-Modell eingegangen werden. Der Trabant der Firma IMU Berlin. Jörg Stettnisch von Euro Modell (korrekte Bezeichnung: euro model) sendete dem Autor am 6. Juni 2014 folgende Mail. Aus der ich gern zitieren möchte: „*... das alles aufschreiben für die Nachwelt wäre schlau. Als Beispiel wurden von dem damaligen Gründer der Fa. I.M.U. (Interspeed Modellauto Ülsmann) Herrn Andre Ülsmann (eigentlich nur Vertrieb) in ungenehmigter Weise die Formen des Herrn Schmidt (s.e.s) genutzt. (Es gab ein Gerichtsverfahren, welches sogar auf der Titelseite der Berliner Morgenpost Beachtung fand). Deshalb steht auf den Modellen s.e.s. Die Modelle haben aber ein graviertes Grill, womit er hoffte, dass Herr s.e.s Schmidt es nicht bemerkte bzw. an eine andere Form glauben sollte.*

Verschiedene unbedruckte Modelle. Besonders im Frontbereich sind die Karosserien mit Grad versehen. Auf der Motorhaube ist das Sachsenring-Zeichen sowie an den Türen Griffe angedeutet. Von diesen einfachen Modellen werden immer mehrere Stück im Plaste-Beutel angeboten.

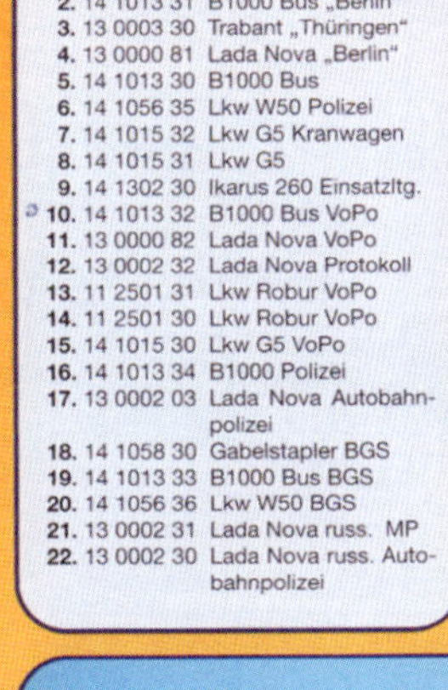

1. 14 1058 31 Gabelstapler Polizei
2. 14 1013 31 B1000 Bus „Berlin"
3. 13 0003 30 Trabant „Thüringen"
4. 13 0000 81 Lada Nova „Berlin"
5. 14 1013 30 B1000 Bus
6. 14 1056 35 Lkw W50 Polizei
7. 14 1015 32 Lkw G5 Kranwagen
8. 14 1015 31 Lkw G5
9. 14 1302 30 Ikarus 260 Einsatzltg.
10. 14 1013 32 B1000 Bus VoPo
11. 13 0000 82 Lada Nova VoPo
12. 13 0002 32 Lada Nova Protokoll
13. 11 2501 31 Lkw Robur VoPo
14. 11 2501 30 Lkw Robur VoPo
15. 14 1015 30 Lkw G5 VoPo
16. 14 1013 34 B1000 Polizei
17. 13 0002 03 Lada Nova Autobahnpolizei
18. 14 1058 30 Gabelstapler BGS
19. 14 1013 33 B1000 Bus BGS
20. 14 1056 36 Lkw W50 BGS
21. 13 0002 31 Lada Nova russ. MP
22. 13 0002 30 Lada Nova russ. Autobahnpolizei

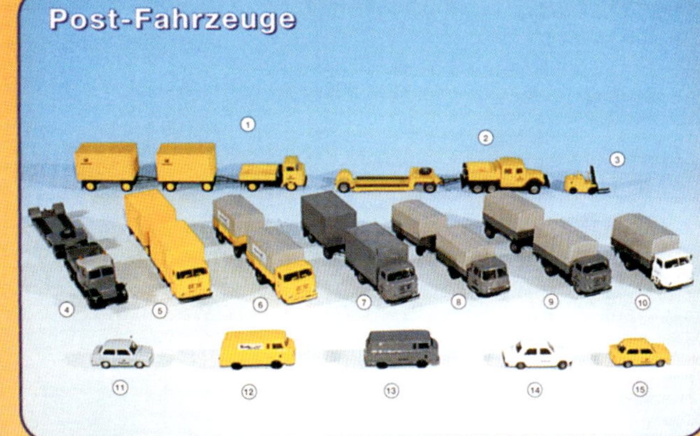

1. 14 1055 30 Lkw W50 2 Kofferhänger
2. 14 1807 49 Lkw Tatra m. Tieflader
3. 14 1058 02 Gabelstapler
4. 14 1807 50 Lkw Tatra m. Tieflader
5. 14 1056 33 Lkw W50 Kofferzug Deutsche Bundespost
6. 14 1056 31 Lkw W50 Hängerzug Deutsche Bundespost
7. 14 1056 32 Lkw W50 Kofferzug Deutsche Post
8. 11 2501 35 Lkw Robur Hängerzug Deutsche Post
9. 14 1056 30 Lkw W50 Hängerzug Deutsche Post
10. 14 1056 34 Lkw W50 Telekom
11. 13 0000 11 Trabant Deutsche Post
12. 14 1013 13 B1000 Postreklame
13. 14 1013 12 B1000 Telekom
14. 13 0000 86 Lada Nova Telekom
15. 13 0000 12 Trabant Deutsche Post

1. 14 1807 60 Lkw Tatra m. Tieflader
2. 14 1054 60 Lkw W50 Tieflader DR
3. 14 1056 77 Lkw W50 Tankaufbau BVB
4. 14 1056 72 Lkw W50 Montagemast
5. 14 1056 76 Lkw W50 Koffer Arbeitsbühne BVB
6. 14 1807 61 Lkw Tatra m. Culemeyer-Schwerlasthänger
7. 14 1056 70 Lkw W50 Pr./Sand BVB
8. 14 1055 70 Lkw W50 Lastpr. BVB
9. 13 0000 89 Lada Nova DR
10. 14 1058 60 Gabelstapler DR
11. 14 1056 60 Lkw W50 DR
12. 14 9000 60 Lkw W50 2-Wege-Fz Deutsche Reichsbahn
13. 14 9000 70 Lkw W50 2-Wege-Fz BVB
14. 13 0000 87 Lada Nova BVB
15. 13 0000 18 Trabant BVB
16. 14 1013 04 B1000 BVB
17. 14 1042 70 Multicar Pritsche BVB
18. 14 1056 71 Lkw W50 Werkstattkoffer BVB

3

Ein Auszug aus dem s.e.s-Faltblatt aus den 1990er Jahren mit Trabant-Modellen. Dazu muss man sagen, dass es den Trabant als Einsatzfahrzeug bei Feuerwehr, Polizei, DHW usw. so nicht als Vorbild gab. Einige Trabant wurden erst nach der Wende als Einsatzfahrzeuge umgebaut und nur zu Show-Zwecken genutzt. Das heißt aber nicht, dass es zur DDR-Zeit den Trabant nicht bei Polizei, Feuerwehr und Armee gegeben hat, nur eben nicht wie manche Modelle es zeigen.

Meine Wenigkeit war dann Kronzeuge, weil wir die Modelle gutgläubigerweise weiter verarbeitet hatten, z. B. wurden von uns Dächer farbig gedruckt und somit waren wir die Einzigen, die über die wirklich produzierten Stückzahlen Bescheid wussten. Der Kunststoffspritzer, welcher die Formen nicht hätte nutzen dürfen, hüllte sich in Schweigen, wurde aber trotzdem zugunsten s.e.s Schmidt verurteilt. Daher also die Dublizität des H0 Trabis bei s.e.s und I.M.U." An dieser Stelle herzlichen Dank Herrn Stettnisch für diese Information! Natürlich verkaufte bzw. vertrieb I.M.U. noch andere Modellfahrzeuge. Deswegen sind noch zahlreiche I.M.U-Trabant-Modelle auf dem Markt. Angeboten werden die Modelle in einer Blister-Klarsicht-Faltschachtel mit Pappeinlage. Außer Nachbildungen mit zum Teil unstimmigen Proportionen wurden bei I.M.U. auch Wiking Replika Modelle gefertigt und vertrieben. Das ließ sich Wiking natürlich nicht gefallen. Die Firma I.M.U. ist seit den 1990er Jahren insolvent und die I.M.U.-Replica-Modell-Wortmarke bzw. I.M.U.-Modellauto Wortmarke hat man am 14.08.1991 gelöscht. Am 25.10.1993, nach der Insolvenz der Firma I.M.U. übernahm die Firma s.e.s Berlin einen Großteil der Formen und produzierte einige WIKING Replika. Genau kann man das auf dem s.e.s-Prospekt „Neuheiten 1997 unter Low-Price-Edition für den preisbewussten Modellbahner" sehen. Dazu kommen die noch erhältlichen Fahrzeuge der Magirus-Reihe und das Goggomobil.

Das Fahrzeugmodell stellt als Vorbild den Trabant 601 S, Ausführung Sonderwunsch dar. Man könnte die Nachbildung vor Mitte 1969 einordnen, da das Lüftungsgitter der Zwangsentlüftung an der C-Säule fehlt und die alten V-Profil-Stoßstangen vorhanden sind. Auch das große „Sachsenring"-Logo auf dem Motorgrill fehlt. Dieses Zeichen wurde ab 1969 nicht mehr am Original angebracht. (siehe auch Seite 84)

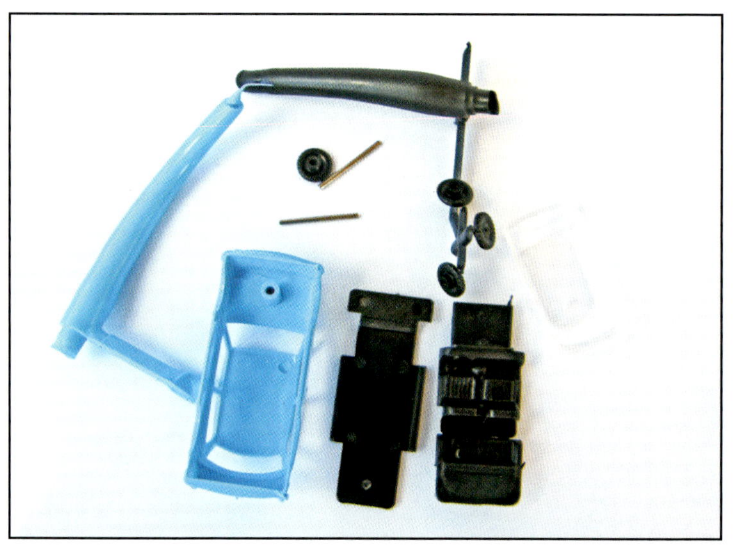

Trabant 601 S gibt es von s.e.s auch als Bausatz im Beutel. Hier werden die schmalen Räder und eine Inneneinrichtung ohne Lenkrad verwendet. Das Modell ist nicht bedruckt. Gut ist hier in der Karosserie das Loch für den Zapfen der Grundplatte zu sehen, das beim Serienmodell miteinander verklebt ist. Das Modell wird in verschiedenen Farben angeboten.

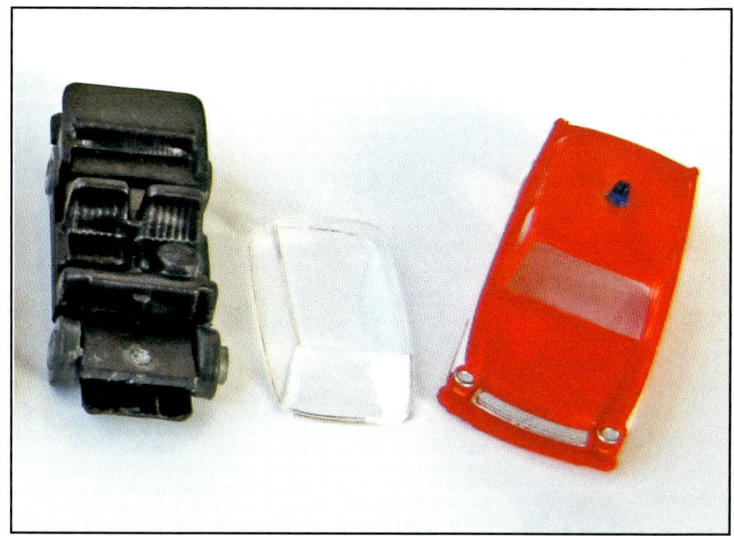

Breitere Reifen, andere Felgen und es ist angegossen ein Lenkrad dargestellt. Auch ist das Plast-Glas Material stärker.

Vorn sind die Details recht gut dargestellt, auch die Schürze unter der Stoßstange. Spiegel und Scheibenwischer sind am Modell nicht vorhanden.

Bei allen Modellen ist das Kennzeichen mit der Nr. OF 81-12 aufgeprägt.

Seitlich sind die Türgriffe und das Profil der schmalen Räder gut zu erkennen.

Dieses Modell hat auch die breiten Reifen, aber hier ist das Lenkrad größer, filigraner und eingesteckt. Vorsicht bei der Demontage des Modells. Die Karosserie ist mit einem Zapfen am Unterteil eingeklebt, der bei der Demontage abgerissen wird.

Die Grundplatte ist recht einfach gehalten, nur der Auspuff ist gut dargestellt. Eingraviert ist „s.e.s“ und hinten „P-601 S“.

Diese Modelle unterscheiden sich zu den einfachen, preiswerten Modellen durch andere Felgen, breitere Reifen, gute Bedruckung und verbesserte Inneneinrichtung, z. B. relativ großes Lenkrad, aber ohne Fahrerfigur. Der Schließknopf des Kofferraumes ist relativ stark dargestellt. Auch hier ist ein Kennzeichen aufgeprägt.

Ein Sondermodell zum Film „Go Trabi go“, Millennium 2000. Für den Verlag Weltbild Augsburg als Werbegeschenk in einer Dose.

Weitere s.e.s-Modelle Trabant.

Auch dieses Trabant-Modell gibt es unter der s.e.s-Nr. 13000027 und 13000035. Das Ostermann Cabrio, ein Umbau aus der Limousine.

Folgende weitere Modelle sind im Handel gelistet (Auswahl):

- Trabant 601 S beige
- Trabant 601 S blassorange
- Trabant 601 S dunkelweinrot
- Trabant 601 S blau
- Trabant 601 S grellorange
- Trabant 601 S hellgrau
- Trabant 601 S „Auto des Jahres 1989“ schwarz/rot/gold
- Trabant 601 S „Berlin 2000 – Ich bin dafür!“
- Trabant 601 S blau „40 Jahre Trabi“
- Trabant 601 S Feuerwehr
- Trabant 601 S Feuerwehr „Interschutz 1994“
- Trabant grau „20 Jahre Fall der Mauer“ mit orig. Mauerstück (20 g), Artikelnummer 13 9999 seit Oktober 2009 im Sortiment
- Trabant gelb, mit Bärchen und Berlin 2000 – Ich bin dafür – Olympia Bewerbung von 1992
- unter der Artikel Nummer 14 8888 09 gibt es das 10er Set verschiedenfarbige Trabant

Der I.M.U.-Trabant – es gibt keinen Unterschied zum „Original“-s.e.s-Trabant. Die Modelle sind vom gleichen Formenbauer.

8.8.5 Trabant-Modelle von Herpa

Der Trabant 601 von Herpa als Limousine ist 1990 erstmals erschienen, hellblau mit weißem Dach. Im November 1990 folgte der 601 S Universal in sandbraun und hellbeige. 1990 bis 1991 ohne und ab 1991 dann mit Lüfter. Im Februar 1991 folgte dann der Trabi „Schorsch“ aus dem Film „Go Trabi go“ in blau und mit Vitrine. Der Universal wurde ebenfalls ab 1991 angeboten. Der Trabant von Herpa ist dem Trabant 601 Baujahr 1980 bis 1990 nachempfunden. Das Fahrzeug ist gut umgesetzt. Kleinigkeiten, wie Luftschlitze, Trabant-Zeichen, Blinker, Türscharniere und Türgriffe sind am Modell gut ausgebildet aber nicht bedruckt. Da das Dach ein Einzelteil ist, macht es keine Probleme, verschiedenfarbige Dächer zu verwenden. Alle Herpa-Trabant haben zwei Spiegel, ausgeliefert wurde das Original mit nur einem Spiegel links. Die kantige Stoßstange ist mit schwarzen Ecken versehen. Die Räder sind ohne Radkappen dargestellt. Die Reifen wurden aus Gummi gefertigt. Die Bodengruppe ist recht einfach nachgebildet. Alle Herpa-Trabant-Modelle haben die großen Rückleuchten, die aber erst bei dem Trabant 1.1 ab 1990 zum Einsatz kamen. Das Modell besitzt an den Hinterrädern Schmutzfänger, welche es bei keinem anderen Trabant-Modell-Hersteller gibt. Der Herpa Tramp bzw. Armeekübel hat bis zum Ende der vorderen Kotflügel die Formen von der Limousine übernommen. Die Gestaltung der Frontscheibe ist gut gelungen; Sonnenblenden und Scheibenwischer sind Bestandteil der Frontscheibe. Ein geschlossenes Verdeck liegt im Verpackungssockel bei. Die Vorbildfahrzeuge hatten noch ein Allwetter-Seitenverdeck. Die silber lackierten Scheinwerfer, die Rücklichter und die Spiegel hat man in die Karosserie eingesteckt. Die Nebelscheinwerfer sind Bestandteil der gut dargestellten Stoßstange. Die Blinkergravuren vorn wurden scheinbar vergessen. Der Handbremshebel und das „PUR-Schaumlenkrad“ sind ebenfalls gut dargestellt. Insgesamt bietet das Modell noch Möglichkeiten für Bastler, um es zu verbessern, also zu „supern“.

Auf Anfrage bei Herpa nach einer Beschreibung mit drei bis vier Bilder und etwas Text, wie eigentlich ein Modellauto entsteht, erhielt der Autor am 18.12.13 folgende Antwort:
„Hallo Herr Wappler,
gerne unterstützen wir Sie dabei mit einer entsprechenden CD. Eine Darstellung von Prospekt oder Magazin „DER MASS:STAB“ ist überhaupt kein Problem. Nennen Sie mir einfach kurz die Prospekte, die Sie dafür verwenden können und ich schicke Ihnen die entsprechenden PDF's. Gerne kann ich Ihnen auch einige Bilder aus der Produktion unseres Trabbi schicken. Anbieten kann ich: Konstruktion, Montage, die einzelnen Teile als Explosionsfoto und eventuell Spritzerei.
Mit freundlichen Grüßen“

Am 14. Januar 2014 kam dazu folgende Antwort von Herpa:
„Guten Tag Herr Wappler,
im Anhang finden Sie Produktionsbilder des Trabants. Konnten wir Ihnen hiermit weiterhelfen?
Vielen Dank und Grüße“

In einer weiteren Mail heißt es dann:
„...Auch wenn der Aufwand vielleicht nicht ersichtlich ist, haben wir die Bilder extra für Sie produziert...“
Nun hier die Bilder zum Trabant-Modell. Einen Kommentar dazu gab es von Herpa leider nicht. Danke Trotzdem!...

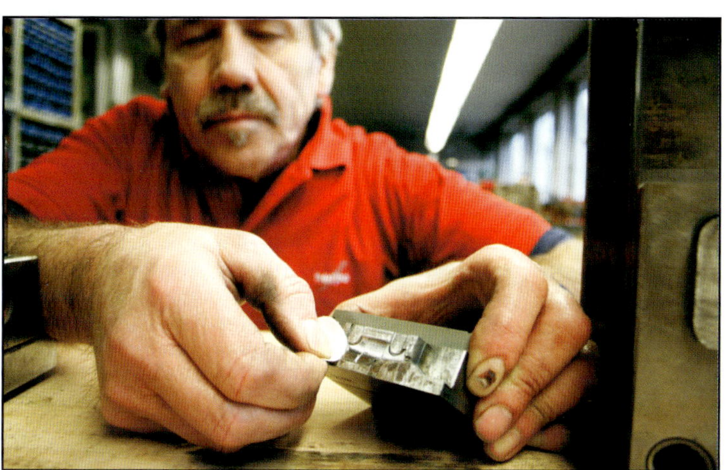

Hat Herpa bei der Produktion des Trabant im Juli 1990 an das in der DDR bekannte Lied von 1971 gedacht? „Ein himmelblauer Trabant rollte durch's Land mitten im Regen. Der große Himmel war grau, trübe und grau ich aber fuhr im himmelblauen Trabant, quer über's Land mitten im Regen…“
Der himmelblaue Trabant ganz unten hat eine angeklebte Anhängekupplung sowie silbern bedruckte Felgen, Türklinken und Scheibenwischer. Das Modell stammt aus dem Set Nr. 027502 Trabant mit Anhänger und zwei Simson KR 51/1 Schwalbe von 2012.

NEUHEITEN JULI

herpa-Modelle zeichnen sich durch besondere Präzision und ständige Aktualität aus. Das zeigt auch unser Neuheiten-Programm Juli '90. Vom 2farbigen Trabant über den Audi 90 Quattro Coupé High Tech mit originalgetreuer Motornachbildung bis zum BMW 850i Coupé reicht die Palette der Personenwagen-Neuheiten. Unser Lkw-Programm wurde durch einen aufwendig bedruckten Bus, zwei US-Trucks und zwei Speditions-Lkw's ergänzt.
Aufgrund der vielen Anfragen gibt es wieder zwei unbedruckte Lkw's für eigene Gestaltungsmöglichkeiten.
Keine echte Neuheit, aber eine echte Bereicherung, ist die 2. Auflage des Ferrari F40 im Maßstab 1:43.
Über dessen Detailfülle können Sie sich auf Seite 4 überzeugen.

3086 Trabant 601s 6,50
Karosserie 2farbig,
eingesetzte Rückleuchten,
geprägte Scheinwerfer und Kühlergrill

2079 BMW 850i Coupé 7,00
Türgriffe und Seitenstreifen schwarz gedruckt, verchromte Scheinwerfer, eingesetzte Blinker und Rückleuchten, original Felgennachbildung, Inneneinrichtung anthrazit-grau, Karosseriefarben: grauweiß, schwarz

3079 BMW 850i Coupé metallic 7,50
wie 2079, jedoch zusätzlich mit Metallic-Lackierung, Farben: royalblau, delphin

Exakte Motornachbildung aus Metall- und Kunststoffteilen.

2520 Audi 90 Quattro Coupé metallic High Tech 13,00
24teiliges Modell, perlmuttweiße Metallic-Lackierung, Motorhaube zum öffnen, genaue Motornachbildung, eingesetzte Scheinwerfer, Blinker und Rückleuchten, Nebelscheinwerfer und Audi-Zeichen verchromt, Fenster mit graviertem „Quattro“-Schriftzug, original Felgen-Nachbildung mit Breitreifen

5500*	6,00
5501*	7,00
5502*	8,00

Unsere Sammel-Vitrinen schützen Ihre Modelle ideal gegen Staub und Berührung. Deckel aus hochtransparentem Kunststoff, Sockel schwarz matt.

Unverbindliche Preisempfehlung

Die Neuvorstellung des Trabant-Modells im Juli 1990.

16 COLLECTION **2012**

024556 Opel Kapitän	3,95 €	
024723 / 034722 Opel Kadett B Coupé Rallye / metallic	9,00 € / 10,00 €	
024389 / 034388 Opel Manta B GT/E / metallic	9,00 € / 10,00 €	
023030 Porsche 911 Targa (996)	10,00 €	
023153 Porsche Cayenne Turbo	10,00 €	
022286 Porsche 356B Cabrio	9,00 €	
023733 / 033732 Porsche 911 Targa / metallic	9,00 € / 10,00 €	
024709 Porsche 356C Coupé	3,95 €	
020190 Renault R4	9,00 €	
024457 / 034456 Renault R5 / metallic	9,00 € / 10,00 €	
021517 Renault Twingo	9,00 €	
024525 Renault R16	3,95 €	
024358 / 034357 Simca Rallye II / metallic	9,00 € / 10,00 €	
024716 Skoda 1000 MB	9,00 €	
020763 Trabant 601 S	9,00 €	
020770 Trabant 601 S Universal	9,00 €	
024808 Trabant Tramp	11,00 €	
023450 Trabant 601 „On Tour"	10,00 €	
024181 Trabant 601 S Universal mit Dachzelt (Fahrzustand) / Trabant 601 S Universal with roof-tent (driving position)	10,00 €	
024167 Trabant 601 S Universal mit Dachzelt / Trabant 601 S Universal with roof-tent	10,00 €	
024280 Trabant 601 S Universal mit Dachzelt und PKW-Anhänger mit Plane / Trabant 601 S Universal with roof-tent and trailer with canvas cover	13,50 €	
024440 Trabant 601 Kübel	13,00 €	
022316 Triumph TR 3	9,00 €	
024969 / 034968 VW UP! / metallic	10,00 € / 11,00 €*	N 03-04
034234 VW Polo, 2-türig, metallic	11,00 €	
024211 VW Polo, 4-türig	10,00 €	
030519 VW Golf II GTI, metallic	10,00 €	
024860 / 034869 VW Golf VII, Cabrio / metallic	10,00 € / 11,00 €	
024464 / 034463 VW Sharan / metallic	10,00 € / 11,00 €	

* Preis gültig ab 01.05.2012 / Price valid from may 1st, 2012

18 COLLECTION **2013 1/87**

024358-002 / 034357 Simca Rallye II / metallic	10,50 € / 10,50 €
024716-002 Skoda 1000 MB®	9,50 €
024808 Trabant Tramp	11,50 €
027342 Trabant 1.1 Limousine	9,50 €
027359 Trabant 1.1 Universal	9,50 €
020763-003 Trabant 601 Limousine	9,50 €
020770-002 Trabant 601 Universal	9,50 €
023450 Trabant 601 „On Tour"	10,50 €
024167 Trabant 601 S Universal mit Dachzelt	10,50 €
024181 Trabant 601 S Universal mit Dachzelt (Fahrzustand)	10,50 €
022361-003 VW Käfer	9,50 €
024969-003 / **034968-002** VW UP! 3-türig / metallic	11,50 € / 12,50 €
028233 / 038232 VW UP! 5-türig / metallic	10,50 € / 11,50
024235-002 VW Polo, 2-türig	10,50 €
034210-002 VW Polo, 4-türig metallic	11,50 €
024860-002 / 034869 VW Golf VI Cabrio / metallic	10,50 € / 11,50 €
024464 / 034463 VW Sharan / metallic	10,50 € / 11,50 €
023443 VW Scirocco	10,50 €
030519 VW Golf II GTI, metallic	10,50 €
023382 VW Karman Ghia II	9,50 €
024693-002 VW Porsche 914	4,95 €
024518 VW 411 Variant	4,95 €
024907 / 034906 Volvo P 1800 / metallic	9,50 € / 10,50 €
033503 Volvo P 1800 ES, metallic	10,50 €
022903 Wartburg 353 '66	9,50 €
022705 Wartburg 353 '85	9,50 €
024150 Wartburg 353 '66 Tourist	9,50 €

Katalogseiten von 2012 und 2013, interessant ist der Preisvergleich der Modelle von herpa Collection.

Der Trabant 601 Kombi von unten. Man kann hier gut erkennen, dass die Stoßstangen Teil der Karosserie sind.

Das Modell lässt sich relativ leicht in seine Einzelteile zerlegen. Wenn man weiß, dass zuerst das Frontgitter vorsichtig heraus gezogen werden muss und dann das Nummernschild hinten. Dann kann man das Modell auseinander nehmen. In der Karosserie sind die Scheinwerfer als Stifte und die Rücklichter als separates Teil eingesteckt. Das Glas-Teil ist hier nicht Teil der Karosserie, sondern einzeln. Die schwarzen Ecken der Stoßstange sind Ecken der Bodenplatte. Die Reifen könnten auch von den Felgen genommen werden.

Modell des Trabant Universal mit farbigem Dach und Lüftungsschlitzen an der C-Säule. Die Felgen sind matt grau.

Trabant on Tour: 601 Limousine mit „Dachgarten“, zwei Koffer und Reserverad. Das Reserverad wurde hier aus dem Kofferraum auf das Dach verbannt, da hier wahrscheinlich weiteres Gepäck oder auch Ersatzteile, wie Lichtmaschine und Benzinkanister eingelagert wurden. Die Felgen sind hier silbern bedruckt.

Der Unterschied an diesen Modellen sind die Scheibenwischer. Die Scheibenwischer an der Karosserie der Limousine stehen etwas höher und sind besser herausgearbeitet gegenüber denen des Universal (mitte).

An diesen Modellen fehlen die Lüftungsschlitze an der C-Säule. Vor Mitte 1969 waren am Original diese Lüftungsblenden noch nicht vorhanden, allerdings hatte da das Fahrzeug andere Stoßstangen.

Hier der Vergleich C-Säule mit und ohne Lüftungsschlitzen, welche beim Universal im Juli und bei der Limousine im September 1969 eingeführt wurden.

Der Trabant 601 Universal mit Dachzelt. Für diese Modell-Variante wurde die Grundplatte des Dachzeltes auf das Dach aufgeklebt. Es stellt die Variante des aufgestellten Dachzeltes dar.

Das Dachzelt als Transportvariante verpackt.

Bei allen Herpa-Trabant, auch Sondermodellen und beim 1.1 ist das Dach extra aufgesteckt. Das große Loch im Modell ist dabei für den Innenspiegel gedacht, der an das Dach angegossen ist.

Ein weiteres Sondermodell des 601er in Rot mit Herpa-eigener Werbung.

Sondermodell 20 Jahre Mauerfall.

Die Modelle des Trabant 1.1 von vorn, der Seite und hinten. Der im Original recht große Tankdeckel ist am Modell als schwarzer Punkt aufgedruckt. Ebenso sind der Schriftzug „Trabant" vorn und hinten (bei der Limousine leider falsch angebracht), das Lüftungsgitter an der C-Säule und die Türgriffe schwarz bedruckt.

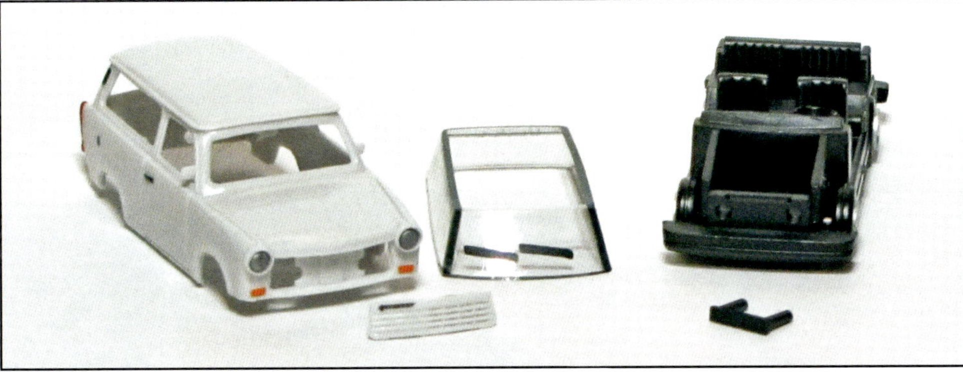

Der Trabant 1.1 von unten und in seinen Einzelteilen. Demontieren lässt sich der 1.1 in dem man das große Frontgrill und das Kennzeichen hinten herauszieht. Die Scheibenwischer sind auf das Glasteil aufgedruckt. Scheinwerfer und Rücklichter sind in die Karosserie eingesteckt. Die Grundplatte ist bis auf die geänderte Stoßstange gleich dem Modell 601. Hier ist die komplette Stoßstange Teil der Karosserie. Auf der Grundplatte des Modells 1.1 steht die falsche Bezeichnung „Trabant 601".

Der Trabant 1.1 und der Trabant 601 im Vergleich.

Das Original des Trabant Kübel wurde 1966 und das des Tramp wurde 1978 vorgestellt. Bei den Herpa-Modellen werden die Fahrzeuge mit zusammen gefaltetem Verdeck dargestellt. Beim NVA-Kübel sind die Felgen vorbildgerecht dunkel gehalten. Gut gelungen sind auch bei beiden Varianten das Pur-Lenkrad, welches beim Kübel nicht original ist, und die Handbremse zwischen den Sitzen. Vorbildgerecht sind auch die beiden Rückspiegel auf den vorderen Kotflügeln. Ganz großzügig hat man am Modell unter den Scheinwerfern die vorderen Blinkleuchten gleich mal weggelassen. Bei dem Armee-Kübel müsste der Rahmen nicht wie beim Modell in schwarz, sondern in der Wagenfarbe grün sein. Es gibt Modelle wo das so ist.

Der Trabant Kübel bzw. Tramp.

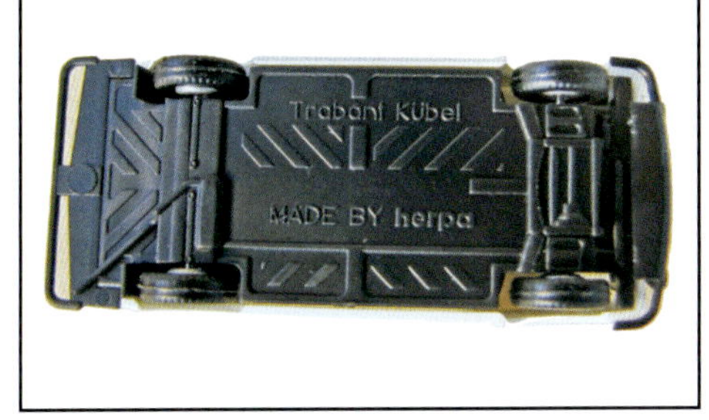

Die Unterseite des Trabant Kübel bzw. Tramp, hier stimmt die Beschriftung.

Man sollte sich die Verpackungsschachtel genau ansehen, denn innendrin befindet sich das geschlossene Verdeck. Um es aufzustecken, muss das gefaltete Verdeck heraus gezogen werden.

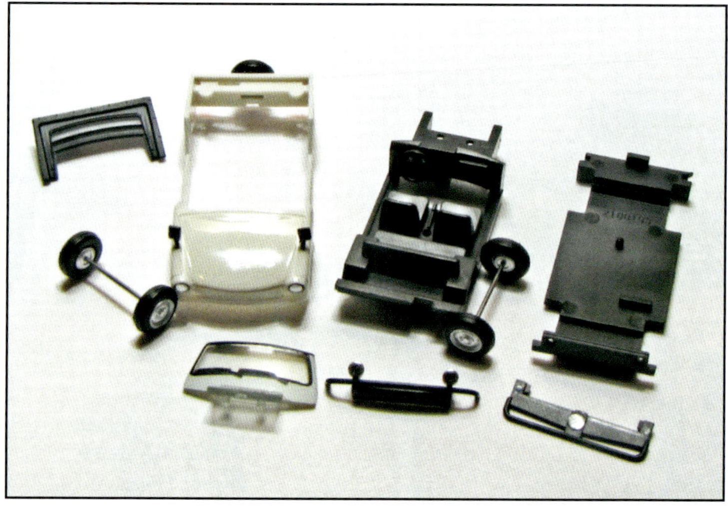

Der „Tramp“ in seinen Einzelteilen. Alle Teile sind auch hier gesteckt. Die Scheiben-wischer und der schwarze Fenstergummi sind auf das Frontglasteil aufgedruckt. Gut ist auch das Pur-Lenkrad zu sehen. Also Produktion nach 1982.

Die Herpa 601 Trabant-Modelle zeigen die großen Rücklichter des 1.1 Modells, die es aber erst ab 1990 gab.

Sondermodell 100 Jahre Karosseriebau in Meerane. Initiator Modellbahn Findeisen und die Stadtverwaltung Meerane. Der VEB Karosseriewerk Meerane vormals Hornig, ist eine alteingesessene Firma in der Stadt. Die Firma hat schon vor dem Krieg Karosserien für alle bekannten Automobilfirmen gebaut. Die Produktion beginnt 1957 für den Trabant. Das Karosseriewerk Meerane lieferte die Karosserien für die Kombivarianten der Trabant 500, 600, 601 und 1.1. Außerdem die Lieferwagenkarosserien der Trabant 500, 600 und 601 sowie die Karosserien der Varianten Kübel und Tramp des Trabant 601 und die Tramp-Karosserien des Trabant 1.1. 1991 verlässt die allerletzte Karosserie die Produktion. In Meerane wurden aber auch die Kombikarosserien für den F 8 und P 70, sowie für die F 9 Cabrio-Limousine und das Wartburg 311 Coupé hergestellt. Außerdem fertigte man Aufbauten für den Framo / Barkas V 901/2.

Eine Übersicht der Trabant-Modelle bei Herpa, Auswahl:

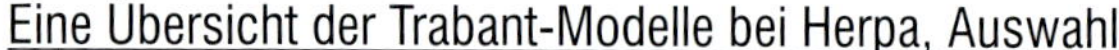

- Trabant 601 S, beige
- Trabant 601 S, perlweiß
- Trabant 601 S Universal
- Trabant 601 S Universal, honiggelb
- Trabant 601 S „on Tour"
- Trabant 601 S Universal mit Dachzelt
- Trabant 601 S Universal mit Dachzelt (Fahrzustand)
- Trabant 601 S Universal mit Dachzelt und Pkw-Anhänger mit Plane
- Trabant 601 Kübel
- Trabant Kübel „NVA Grenztruppen“
- Trabant Tramp
- Trabant Kübel, himmelblau
- Trabant 1.1 Limousine
- Trabant 1.1 Universal
- Trabant 1.1 Universal „Der letzte Trabant“
- Trabant 601 Limousine mit Anhänger und 2 x Simson KR 51/1
- Trabant 601 „Volkspolizei"
- Trabant 601 S Universal „Spedition Wormser"
- Trabant 601 Universal Post „DDR"
- Trabant 601 S Universal „Vita Cola"
- Trabant 601 S „Museumsedition", verchromt
- Trabi-Diorama „50 Jahre Trabant" Scenix-Diorama
- Trabant 601 S hellblau, „Go Trabi Go"
- Trabant 601 S braun, „2. Advent“ mit Kerzenmotiv auf der Haube
- Trabant 601 S gold-met., Felgen gold
- Trabant 601 „Volkspolizei“ | Erscheinungsdatum: 2007-09-01, kein Vorbildfahrzeug
- Trabant 601 S „Frühling in Leipzig, Auto Mobil International 1997“

Aufgestellt zum Teil nach der Herpa Produktdatenbank.

8.8.6 Trabant-Modelle des Kleinserienherstellers Hädl
Hädl Manufaktur Ralf Hadler, Hauptstraße 47, 18299 Laage
Telefon: +49 38459 31620, E-Mail Kontakt: info@haedl.de
Die Firma stellt vorwiegend Modellfahrzeuge und Zubehör für die Modelleisenbahn im Maßstab 1:120, also TT her.
Im Maßstab 1:87 werden folgende Modelle angeboten:

- Trabant P 601 Kübel offen, NVA
  Artikel-Nr.: 224001
- Trabant P 601 Kübel geschlossen, NVA
  Artikel-Nr.: 224002
- Trabant P 601 Kübel offen, Feuerwehr
  Artikel-Nr.: 227001
- Trabant P 601 Kübel geschlossen, Feuerwehr
  Artikel-Nr.: 227002
- Trabant P 601 Kübel offen, Forst
  Artikel-Nr.: 222001
- Trabant P 601 Kübel geschlossen, Forst
  Artikel-Nr.: 222002
- Trabant P 601 Kübel offen, zivil
  Artikel-Nr.: 222003
- Trabant P 601 Kübel geschlossen, zivil
  Artikel-Nr.: 222004
- Trabant P 50 Kombi weiß
  Artikel-Nr.: 222005-01
- Trabant P 50 Kombi hellgrau
  Artikel-Nr.: 222005-02
- Trabant P 50 Kombi hellblau
  Artikel-Nr.: 222005-03
- Trabant P 50 Kombi hellgrün
  Artikel-Nr.: 222005
- Trabant P 50 Kombi elfenbein
  Artikel-Nr.: 222005-05
- Trabant P 50 Kombi mit Schiebedach, offen, weiß
  Artikel-Nr.: 222006-01
- Trabant P 50 Kombi mit Schiebedach, offen, hellblau
  Artikel-Nr.: 222006-03
- Trabant P 50 Kombi mit Schiebedach, offen, hellgrün
  Artikel-Nr.: 222006-04
- Trabant P 50 Kombi mit Schiebedach, offen, elfenbein
  Artikel-Nr.: 222006-05
- Trabant P 50 Kombi mit Schiebedach, offen, dunkelblau
  Artikel-Nr.: 222006-07
- Trabant P 50 Kombi mit Schiebedach, geschlossen, weiß
  Artikel-Nr.: 222007-01
- Trabant P 50 Kombi mit Schiebedach, geschlossen, hellblau
  Artikel-Nr.: 222007-03
- Trabant P 50 Kombi mit Schiebedach, geschlossen, hellgrün
  Artikel-Nr.: 222007-04
- Trabant P 50 Kombi mit Schiebedach, geschlossen, elfenbein
  Artikel-Nr.: 222007-05
- Trabant P 50 Kombi mit Schiebedach, geschlossen, dunkelblau
  Artikel-Nr.: 222007-07
- Trabant P 50 Kombi mit Zierstreifen
  Artikel-Nr.: 222008
- Trabant P 50 Kombi, Deutsche Post, gelb
  Artikel-Nr.: 222027

Bei diesen Hädl Trabant Kübel stimmt die Farbe des Rahmens an der Frontscheibe mit dem Vorbild überein.

8.8.7 Trabant-Modelle von Kai Rücker und Andreas Thiele

Die hier gezeigten Modelle wurden teils aufwendig in mühevoller Kleinarbeit überarbeitet, auch wenn es auf dem ersten Blick nicht so aussieht. Wie viele Arbeitsstunden mögen da drin stecken? Wenn man das Original-Modell mit dem Umgebauten vergleicht, sieht man den Unterschied!

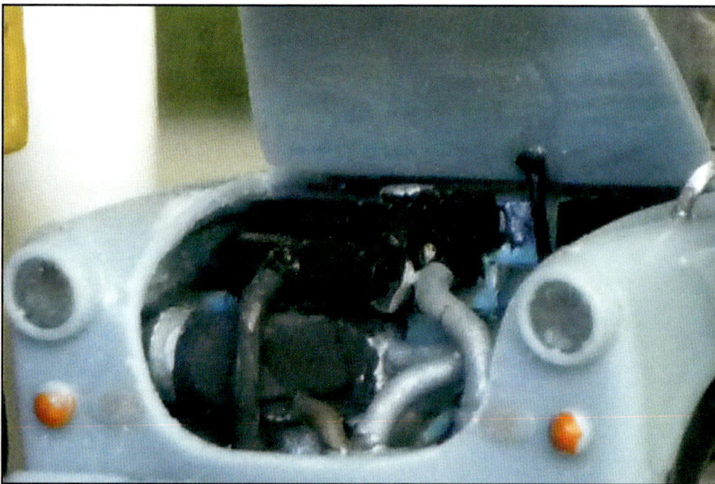

Der geöffnete Motorraum mit Innenleben. Man bedenke, der Motorraum hat ungefähr die Maße 8 x 9 mm!

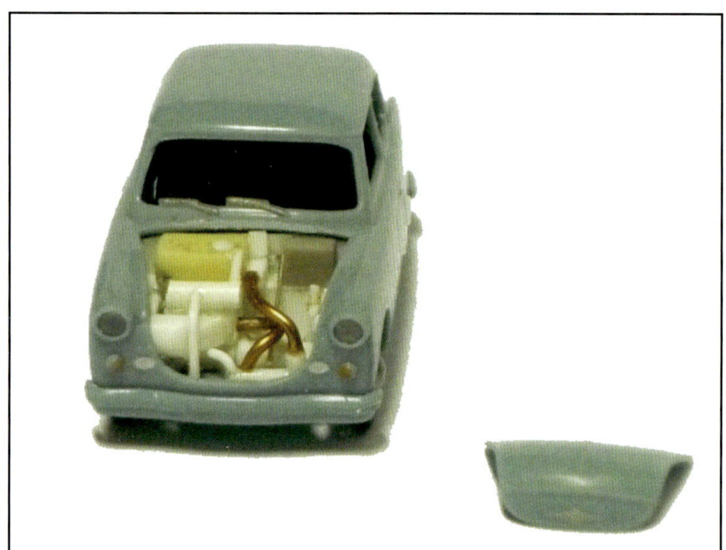

Die Bauphasen zum Trabant-Modell mit geöffneter Motorhaube. Da sind gute Ideen gefragt!

Trabant 500/600 Umbau-Modell von Hädl. Dieser Trabant steht neben dem Abschleppdienst, hoffentlich hat er nichts Ernstes.

Der Trabant als Rallye-Fahrzeug. Diese Fahrzeuge waren für die Motorsportabteilung des VEB Sachsenring unterwegs. Überarbeitetes Modell von BREKINA.

Trabant Umbau-Modell von Herpa. Dieser Trabant hatte wahrscheinlich nach einem Unfall die Seitenteile und die Motorhaube noch nicht lackiert, sie sind noch im Urzustand mit dieser braunen Farbe. Vielleicht gab es wiedermal keine Farbe.

Trabant Kombi ohne hintere Seitenscheibe, dieses Fahrzeug war zum Beispiel bei Handwerkern und der Volkspolizei (Diensthundetransporter) sehr beliebt.

Der Trabant 1.1 Limousine. Umbau Herpa-Modell.

Der Trabant 1.1 Kombi. Umbau Herpa-Modell.

Trabant Tramp Exportvariante. Umbaumodell von Herpa.

Dieses schöne Gespann baute Andreas Thiele. Er schrieb dazu: „Der QEK (VEB Qualitäts- und Edelstahlkombinat) ist ein Resinmodell. Der Wohnwagen hat die üblichen Gardinen erhalten und an der Deichsel und am Fahrwerk sind ein paar Verfeinerungen vorgenommen worden. Der Trabi hat wegen dem Ehepaar Schneider eine dezente Tieferlegung erfahren, schließlich kommt man vollbepackt aus dem Urlaub. Der Dachgepäckträger ist ein Ätzteil, er wurde entsprechend beladen. Ein paar Nebelscheinwerfer und eine Antenne gab es auch noch. Die speziellen Rückspiegel für den Caravanbetrieb bekam das Gespann natürlich auch. Hier eine Variante, bei der die Spiegel als eine Art Verlängerung der normalen Rückspiegel angebracht wurden."

8.8.8 Vorbild Trabant

Der Trabant – von 1957 bis 1991 gebaut und dabei bis 1990 technisch nicht wesentlich geändert. Das Fahrzeug hat jetzt aufgrund seiner Einfachheit und Robustheit viele Sammlerfreunde gefunden und Kultstatus erreicht. Und so fing es an:

Im Fahrzeugentwicklungswerk Chemnitz begannen 1953 die Entwicklungsarbeiten für einen neuen Kleinwagen mit folgenden Parametern: Zweizylinder-Zweitakt-Ottomotor, nicht schwerer als 600 kg, Kunststoffkarosserie, 2 Sitze und 2 Nebensitze. 1954 erhielt das Automobilwerk Horch den Auftrag, die Nullserie zu bauen. Die Parameter jetzt: Gewicht nicht mehr als 620 kg, Motor mit 18 PS Leistung und Geschwindigkeit von 85 km/h, hydraulische Bremsanlage und vollwertiger Vier-Sitzer sowie hochwertige Innenausstattung. An 7. November 1957 begann die Fertigung von 150 Nullserienfahrzeugen. Nachdem bekannt wurde, dass in Zwickau die Kleinwagenfertigung anläuft, wurde die Lkw- und Motorenproduktion ausgelagert. Am 1. Juli 1958 begann dann in Zwickau die Serienproduktion des Kleinwagens Trabant P 50. Nach einem Aufruf zur Namensfindung in der Betriebszeitung des Werkes von 1956 wurde dann ab 1957 aus dem P 50 der Trabant. Das Automobilwerk Zwickau, ehemals Audi und das Kraftfahrzeug- und Motorenwerk, ehemals Horch vereinigte man am 1. Mai 1958 zum VEB Sachsenring Automobilwerke Zwickau. Am 10. Juli 1958 konnte so die Serienproduktion beginnen. Noch im selben Jahr wurden auch drei weitere Prototypen vorgestellt: Ein Kombinationskraftwagen, ein Coupé und eine Vollsicht-Limousine. Von diesen Bauformen wurde jedoch nur der Kombi verwirklicht. Im Modelljahr 1959 erfuhr der Trabant einige Änderungen: Der Typ P 50/1 hatte nun den Motor mit 15 kW (20 PS) und Alfer-Zylindern sowie den neuen Vergaser 28 HB 1-1. Die Übersetzung wurde auf 4,33 geändert. Ebenfalls 1959 wurde eine Nullserie des Trabant Kombi gefertigt, dessen Serienproduktion im Januar des folgenden Jahres begann. Im Mai 1962 konnte erneut ein neuer Motor vorgestellt werden: Der Typ P 50/2 mit geänderter Schwungscheibe und neuer Kurbelwelle. Dieser Motor kam jedoch nur bis Oktober 1962 zur Fertigung. Außerdem wurde das Synchrongetriebe, welches im Prinzip bis 1990 verwendet wurde, eingeführt. Die Fahrzeuge mit diesem Motor erhielten die Bezeichnung Trabant 600. Gebaut wurde der Motor beim VEB Barkas-Werke Karl-Marx-Stadt. Die Farbgebung des Kleinwagens war anfangs einfarbig und nur in Pastelltönen gehalten. Anfangs gab es auch noch den Schriftzug Trabant auf der Motorhaube. Von 1958 sind die Farben bananengelb, blaugrau, aeroblau, hellrot bekannt. 1959 kam azurblau, silbergrau, lindgrün, meergrün, creme, venetiarot, lidoblau, dazu. Im Laufe der Jahre erhielt der P 50 verschiedene Farbvarianten, in der Luxusausführung sogar bis zu einer Dreifarb-Lackierung. Ab April 1960 entfällt der Sonderwunsch dreifarbig. Ab da gab es den Trabant Standard, Sonderwunsch einfarbig und Sonderwunsch zweifarbig. Bis 1961 sind die Scheibenwischer in der Endstellung rechts, dann links. Im Oktober 1962 begann der Serienanlauf des Trabant P 60 mit einem 600 ccm Motor und einer Leistung von 23 PS. Ab 1963 gab es den Schriftzug „600“ am Kofferraum. Bei diesen Trabant-Modellen war der Außenspiegel am linken Kotflügel weiter vorn befestigt. Die Stoßstangen waren beim 500 und 600 Trabant vorn durchgängig und hinten nur als Stoßecken ausgeführt. Im Juni 1964 begann dann die Serienfertigung des Trabant 601 mit modernisierter Karosserie, jetzt nicht mehr mit Rundungen sondern kantiger. Der Außenspiegel wurde jetzt am linken Fensterrahmen der Tür angebracht. Die Lüftungsschlitze am Frontgrill sind verdeckt. Der Motor hat ebenfalls 595 ccm Hubraum und eine Leistung von anfänglich 23 PS, die im Laufe der Jahre auf 26 gesteigert wurde. Die Stoßstange vorn und hinten war anfänglich einteilig verchromt oder dreiteilig lackiert. Ab Februar 1966 war das umgekehrt. Zu diesem Zeitpunkt wird auch der erste Trabant Kübel P 601 A für die Armee und Forstwirtschaft vorgestellt. Die Produktion wurde im Dezember 1989 eingestellt. Ab Mai 1969 entfällt auch das Warenzeichen auf dem Grill. Ab 1977 waren die Fenstergummis schwarz. Ab April 1977 fallen die großen Radkappen weg und es gibt dann die kleineren schwarzen Plastkappen. Ab 1979 kommt die profilierte Stoßstange mit Plastecken zum Einsatz. Die Stoßstange gab es je nach Ausführung verchromt, lilbern oder in Wagenfarbe. Wie den Trabant P 50 gab es hier, außer der Limousine, den Universal Kombi, die Luxusausstattung und ab 1982 kam wahlweise statt dem Zweispeichen-Lenkrad das PUR-Lenkrad zum Einsatz. Der Trabant erhielt im Laufe der Jahre weitere Verbesserungen in Technik und Karosserie, blieb aber im Prinzip gleich. Auch beim Trabant gab es Vorstöße, das Fahrzeug weiter zu entwickeln. Es entstand eine Reihe von sogenannten Perspektivfahrzeugen. Auch Versuche mit verschiedenen Motoren, Viertakt und Wankel, blieben erfolglos. Die Partei- und Staatsführung ließ einfach keine Weiterentwicklungen zu. Wer konnte damals ahnen, dass diese Entwicklungen nur für den Papierkorb waren bzw. später nur im Museum landen. Mit der politischen Wende in der DDR kam auch das Aus für den Trabant. Der letzte Trabant mit Zweitakt-Motor verließ das Werk im Juli 1990. Auch der staatlich verordnete VW Lizenz-Motor aus dem Motorenwerk Chemnitz rettete den Trabant nicht mehr.

Trabant 600 Kombi, ab 1962 als Sonderwunsch Seitenstreifen mit zwei Zierleisten eingefasst. (Trabi Treffen Zwickau 2013)

Wenn im Kofferraum wegen der mitgeführten Ersatzteile kein Platz mehr ist, dann muss das Gepäck eben auf den Dachgarten. (Trabi Treffen Zwickau 2013)

Der Trabant 601 wurde ab Mai 1990 vom Trabant 1.1 mit einem Vierzylinder-Viertakt- Reihenmotor mit 1.043 ccm und einer Leistung von 40 PS abgelöst. Das Ende der DDR setzte auch dem Trabi ein Ende: der letzte 1.1 Trabant verließ am 30.04.1991 das Werk Sachsenring. Wenn auch die Trabis auf den Straßen immer weniger werden, als Modell 1:87 wird es sie weiter geben.

Ein Trabant P 50 SW II von 1961. Ab 1961 waren die Scharniere des Kofferraumes verdeckt angebracht. Das Auto gab es auch einfarbig lindgrün. (Trabi Treffen Zwickau 2013)

Trabant 600, ab 1963 war der Schriftzug „600“ serienmäßig am Kofferraum angebracht.

Das Autodachzelt für den Trabant, entwickelt von Gerhard Müller aus Limbach-Oberfrohna. Die Maße der Grundfläche von 1,45 m x 2,00 m bietet Platz für zwei erwachsene Personen. Das Zelt ca. 1,90 m hoch. In der Frontseite des Giebels befinden sich verschließbare Fenster. Im Frühjahr 1979 wurde in Limbach-Oberfrohna offiziell mit der Kleinserienproduktion begonnen. Es sollen bis 1990 knapp 1.800 Dachzelte produziert worden sein. Bei einem Trabant Universal konnte die Leiter nach „oben“ geklappt werden, was das Öffnen der Heckklappe ermöglichte. Der Aufbau des Dachzeltes war nur mit angebauter Anhängekupplung möglich. Die Grundmaße: 204 cm lang, 145 cm breit, 25 cm hoch, 192 cm Höhe aufgestellt. Gewicht: 64 kg (+- 5 kg), mögliche Belastung bis zu 250 kg. Das Dachzelt wird nicht mehr produziert, ist aber immer noch sehr beliebt. (Trabi Treffen Zwickau 2013 / 3. Dachzelttreffen der Neuzeit in Kelbra 2013, oben rechts und unten Foto: BB)

Trabant in Sonderwunsch Zweifarb-Lackierung, Stoßstangen in Wagenfarbe der Baujahre 1961 - 1963. (Fahrzeugtreffen Hartmannsdorf Mai 2013)

Trabant Baujahr 1962/1963 mit zweifarbiger Lackierung, umlaufende Zierleiste am Heckfenster, hellgrau lackierte Felgen.

Trabant 601 vor 1969 mit den alten Türgriffen.

Trabant in Zweifarb-Lackierung mit geschwungener Zierleiste, Baujahr 1959 bis 1961. Eine auch lieferbare dreifarbige Variante hatte zusätzlich ein schwarzes Feld zwischen zwei Zierleisten am Hinterkotflügel.

Trabant 601 Kübel, 1966 wurde das Fahrzeug erstmals offiziell vorgestellt.

Der Trabant 1.1, der in VW Lizenz gefertigte Vierzylinder-Motor mit 1.043 ccm Hubraum und 40 PS wird ab 1990 gebaut. (Fahrzeugtreffen Schmannewitz 2012)

Ein schöner Trabant 601 von 1964, hier mit alter dreigeteilter Stoßstange. (Trabi-Treffen Zwickau 2013)

Trabant 1.1 Kombi der „Edition 444“ (EINER VON 444) mit niederländischem Kennzeichen zum Trabi-Treffen 2013 in Zwickau.

Ein in Belgien zugelassener Trabant 600, Oldtimertreffen Belgien.

Ein in Belgien zugelassener Trabi 601 mit alter Stoßstange, Oldtimertreffen Belgien.

Ein Trabant Rallye von 1962 beim Trabi-Treffen 2013.

Das Ostermann Cabrio. Nach Angaben der Firma aus Osnabrück soll der Umbau aus der Limousine an einem Wochenende erledigt sein.

9. Autos aus Eisenach – Die Modelle, die Vorbilder

Die Stadt Eisenach ist bekannt durch den Pkw Wartburg sowie die gleichnamige Burg. Wie die meisten anderen DDR-Fahrzeugbetriebe hat auch das Werk in Eisenach/Thüringen schon etliche Jahre vor der deutschen Teilung bestanden. Ohne diese Vorkriegsproduktion hätte es wahrscheinlich viele der bekannten Fahrzeuge des DDR-Straßenbildes nicht gegeben.
Der VEB Automobilwerk Eisenach (AWE) hat eine über 100jährige Geschichte aufzuweisen. 1896 wurde am Standort die Fahrzeugfabrik Eisenach AG gegründet. Fahrzeuge der Marken Dixi, BMW, EMW und Wartburg machten das Werk auch im Ausland bekannt. Es gibt einige Modelle nach Eisenacher Vorbildern. Bereits 1954 erschien der EMW 340/2 von der Firma HERR Berlin. Der Wartburg 311 wurde erstmals 1963 als H0-Modell von der Firma Haufe vorgestellt. 1967 kam dann die Nachbildung des Wartburg 353, ebenfalls von Haufe auf den DDR-Markt. Deshalb werden hier auch Modellfahrzeuge vorgestellt, deren Vorbilder vor 1945 gebaut wurden. Einige Großserienhersteller haben diese historischen Fahrzeuge teils schon länger als Modell in ihrem Programm. Als Vorkriegs-Modell aus Eisenacher Produktion erschien im Herbst 1981 bei BREKINA der BMW-Dixi in vier Grundmodellen. Bei Ricko, im Vertrieb Busch, kam ebenfalls ein Dixi-Modell heraus. Auch wenn das Fahrzeug ein BMW ist, gebaut wurde der Dixi stets in Eisenach. Nach der Wende brachte 1998 die Firma BREKINA den Wartburg 311 heraus. Herpa folgte mit dem Wartburg 353 und 1.3 ein Jahr später, auch einige Kleinserienhersteller zogen nach. Bei dieser Gelegenheit sollen auch gesuperte Modelle von Modellautobastlern und -sammlern vorgestellt werden. An dieser Stelle dazu, stellvertretend für viele andere, die Modellfahrzeuge von Kai Rücker aus Jena. Die Modelle kommen dem Original bis auf das kleinste Detail sehr nahe. Viel Sachkenntnis und Fingerfertigkeit sind dafür notwendig.

Folgende Fahrzeuge werden in Bild und Text, sowie Modell und Vorbild beschrieben:

9.1. Der Pkw Dixi
9.2. Der Pkw BMW und EMW
9.3. Der Pkw EMW 340
9.4. Der Pkw F 9
9.5. Der Pkw Wartburg 311/312
9.6. Der Pkw Wartburg 353 und 1.3

9.1 Der Pkw Dixi

9.1.1 Der Dixi von BREKINA
9.1.2 BMW Dixi-Modell von Ricko-Busch
9.1.3 Das Vorbild – der Dixi

9.1.1 Der Dixi von BREKINA

Als 1:87-Nachbildung des BMW-Dixi entstand bei BREKINA die Fertigungsvariante ab 1929. Bei diesem Fahrzeug gab es verschiedene Karosserietypen: zweitürig mit 2, 3 oder 4 Sitzen sowie geschlossene Limousinen. Der Vierzylinder-Motor leistete 15 PS aus 743 cm^3 Hubraum und ermöglichte eine Höchstgeschwindigkeit von 75 km/h (Reisegeschwindigkeit etwa 65 km/h). Die Miniaturausgabe des Dixi erschien ab Herbst 1981 bei BREKINA unter der Artikel-Nr. Reihe 15… Es stellt das Modell BMW 3/15 Typ DA 2 mit ausgestellter Windschutzscheibe dar. Lampen und Kühler werden von einem verchromten Teil gebildet. Die Lüftungsschlitze auf beiden Seiten der Motorhaube hat man realistisch dargestellt. Im Innenraum gibt es das Lenkrad, während die Armaturen nur angedeutet sind. Die schwarzen Räder mit Reifen bestehen aus einem Teil in einfacher Ausführung. Am Fahrzeugheck ist natürlich, wie im Original, das Reserverad angebracht. Das Modell gibt es in den Varianten Zwei- und Viersitzer.
Schon 1985 wurde dieses Auto von BREKINA verändert. Das Fahrzeug erhielt andere Räder, das heißt verchromte Felgen und andere Reifen. Laut BREKINA-Katalog 2008/09 hat man dieses Modellfahrzeug nicht mehr im Programm. Dafür gibt es eine verbesserte Ausführung, die seit 2009 angeboten wird. Der Vergleich von Alt und Neu nach über 20 Jahren Altersunterschied wird deutlich. Seither hat sich doch einiges im Formenbau und beim Bedruckungsniveau getan. Der neue Mini-Dixi hat fein gestaltete Speichenräder. Der Kühler wurde farbig abgesetzt, ebenso sind Fahrtrichtungsanzeiger angebracht. Das Modellfahrzeug entstand in zahlreichen Varianten, beispielsweise als Lieferwagen für die Deutsche Reichspost oder für andere Nutzer.

Folgende Modelle sind z. Z. lieferbar:

15050 BMW/Dixi Lieferwagen „Deutsche Reichspost“
15051 BMW/Dixi Lieferwagen „Deutsche Post“
15052 BMW/Dixi Lieferwagen „AvD“
15054 BMW/Dixi Lieferwagen „Persil“
15055 BMW/Dixi Lieferwagen, elfenbein
BMW/Dixi Lieferwagen „Bing“

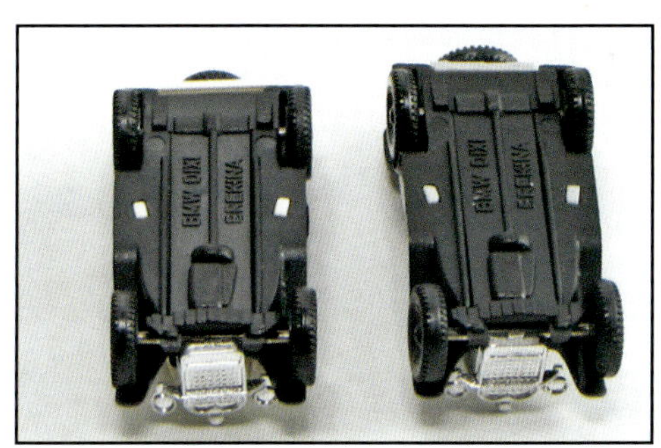

Das BREKINA-Modell des BMW 3/15 Typ DA 2 von 1931. Es war der weiterentwickelte Dixi aus der Fahrzeugfabrik Eisenach.

Das Zerlegen des Modells ist einfach, nur hinten die Karosserie von der Grundplatte aushebeln.

BMW-Dixi

Vorbilddaten:
Der BMW-Dixi, der auf Lizenz der englischen Austin-Werke zurückgeht, wurde von 1929 bis 1931 gebaut. Es gab ihn in verschiedenen Karosserieversionen, 2- und 4sitzig. Der kleine Vierzylindermotor mit 0,75 Liter Hubraum leistete 15 PS, was für eine Höchstgeschwindigkeit von 70 km/h reichte.
Das BMW-Modell ist seit Herbst 1981 im BREKINA-Programm.

1522 BMW-Dixi Kabrio ADAC

1511 BMW-Dixi Roaster, versch. Farben · 1513 BMW-Dixi 4sitzig, versch. Farben

Wanderer W 21 / W 22

Vorbilddaten:
Der Wanderer war ein beliebtes Mittelklasse-Auto der 30er Jahre. Die Vorbilder zu unseren Modellen wurden 1933 vorgestellt und konkurrierten damals vor allem mit den Mercedes-Typen 170 und 200. Der W 21 wurde mit einem 1,7-Liter-Sechszylindermotor, der 35 PS leistete, geliefert. Der W 22 hatte einen 2-Liter-Motor mit 40 PS Leistung. Wie damals üblich, gab es die Modellreihe mit verschiedenen Aufbauten, u. a. das Kabriolett Phaeton.
Der Wanderer ist seit Sommer 1981 im BREKINA-Programm.

1701 Wanderer Limousine, versch. Farben

1702 Wanderer Kabriolett, versch. Farben

1703 Wanderer Lim. m. Gasflaschen (A)
1730 Wanderer Taxi

Mercedes-Benz 190 c
(Heckflossen-Typ)

Vorbilddaten:
Die Typziffer 190 taucht im Mercedes-Programm schon Mitte der 50er Jahre auf. Das Vorbild zu unserem Modell wurde mit neuer modischer Karosserie 1961 vorgestellt. Die angedeuteten Heckflossen und die Panoramascheiben entsprachen dem damaligen Zeitgeschmack. Der Wagen wurde wahlweise mit Vierzylinder-Benzin- oder -Dieselmotor geliefert. Der Hubraum betrug 1,9 bzw. 2 Liter, die Leistung 80 bzw. 55 PS, die Höchstgeschwindigkeit 148 bzw. 125 km/h. Der 190er wurde bei Polizei und Feuerwehr verwendet und war auch als Taxi sehr beliebt. Die Karosseriefirmen Binz und Miesen erstellten Sonderaufbauten für Kranken- und Bestattungswagen.
Die 190er-Modelle gibt es seit Frühjahr/Sommer 1982 im BREKINA-Programm.

1805 MB 190 Luxus, mit Weißwandreifen

5

BREKINA Autoheft Seite 5 von 87/88 zeigt die alte Variante des Dixi.

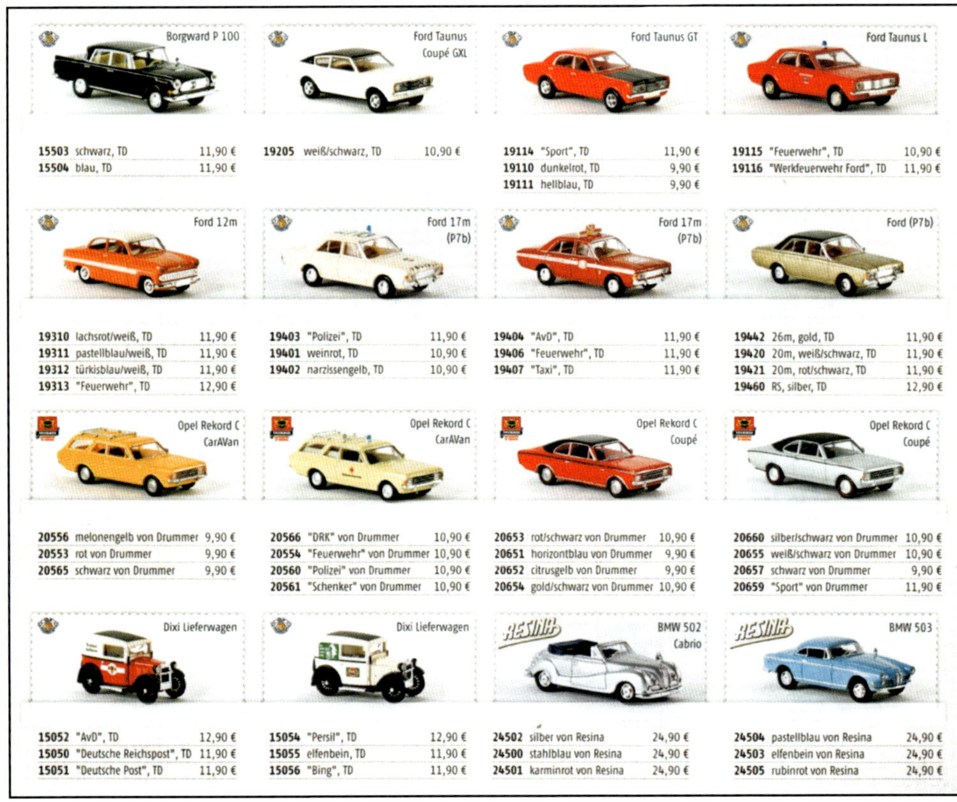

Borgward P 100

15503	schwarz, TD	11,90 €
15504	blau, TD	11,90 €

Ford Taunus Coupé GXL

19205	weiß/schwarz, TD	10,90 €

Ford Taunus GT

19114	"Sport", TD	11,90 €
19110	dunkelrot, TD	9,90 €
19111	hellblau, TD	9,90 €

Ford Taunus L

19115	"Feuerwehr", TD	10,90 €
19116	"Werkfeuerwehr Ford", TD	11,90 €

Ford 12m

19310	lachsrot/weiß, TD	11,90 €
19311	pastellblau/weiß, TD	11,90 €
19312	türkisblau/weiß, TD	11,90 €
19313	"Feuerwehr", TD	12,90 €

Ford 17m (P7b)

19403	"Polizei", TD	11,90 €
19401	weinrot, TD	10,90 €
19402	narzissengelb, TD	10,90 €

Ford 17m (P7b)

19404	"AvD", TD	11,90 €
19406	"Feuerwehr", TD	11,90 €
19407	"Taxi", TD	11,90 €

Ford (P7b)

19442	26m, gold, TD	11,90 €
19420	20m, weiß/schwarz, TD	11,90 €
19421	20m, rot/schwarz, TD	11,90 €
19460	RS, silber, TD	12,90 €

Opel Rekord C CarAVan

20556	melonengelb von Drummer	9,90 €
20553	rot von Drummer	9,90 €
20565	schwarz von Drummer	9,90 €

Opel Rekord C CarAVan

20566	"DRK" von Drummer	10,90 €
20554	"Feuerwehr" von Drummer	10,90 €
20560	"Polizei" von Drummer	10,90 €
20561	"Schenker" von Drummer	10,90 €

Opel Rekord C Coupé

20653	rot/schwarz von Drummer	10,90 €
20651	horizontblau von Drummer	9,90 €
20652	citrusgelb von Drummer	9,90 €
20654	gold/schwarz von Drummer	10,90 €

Opel Rekord C Coupé

20660	silber/schwarz von Drummer	10,90 €
20655	weiß/schwarz von Drummer	10,90 €
20657	schwarz von Drummer	9,90 €
20659	"Sport" von Drummer	11,90 €

Dixi Lieferwagen

15052	"AvD", TD	12,90 €
15050	"Deutsche Reichspost", TD	11,90 €
15051	"Deutsche Post", TD	11,90 €

Dixi Lieferwagen

15054	"Persil", TD	12,90 €
15055	elfenbein, TD	11,90 €
15056	"Bing", TD	11,90 €

BMW 502 Cabrio (Resina)

24502	silber von Resina	24,90 €
24500	stahlblau von Resina	24,90 €
24501	karminrot von Resina	24,90 €

BMW 503 (Resina)

24504	pastellblau von Resina	24,90 €
24503	elfenbein von Resina	24,90 €
24505	rubinrot von Resina	24,90 €

Katalogseite Messe 2013 BREKINA-Gesamtprogramm mit den neuen Dixi-Modellen.

Das BREKINA-Modell ist recht gut gestaltet.
Die Scheinwerfer, sind wie beim Original nicht direkt am Kühler befestigt. Dafür sind aber die Räder recht einfach.

Die Fahrzeuglänge des Dixi betrug 2.840 mm, durch 87 entspricht der Modelllänge von 32,6 mm.

9.2. BMW Dixi-Modell von Ricko-Busch

Der BMW Dixi erscheint unter dem Namen „Ricko Ricko“ Made in China und wird über die Firma Busch vertrieben, die die Oldtimer im Programm hat. Nach Firmenangaben handelt es sich bei Ricko-Modellen um ausgefallene und extravagante Miniaturen in höchster Qualität und Detailtreue. Jedes Modell soll in Handarbeit hergestellt sein und wird in einer Sammelbox geliefert. Befestigt ist das Modellfahrzeug auf dem Sockel mit einer Plast-Spange, die herausnehmbar ist. Dieser Mini-Dixi entspricht detailliert seinem Vorbild. Man hat die Spiegel, den Fahrtrichtungsanzeiger und andere Anbauteile wirklich sehr gut umgesetzt. Die Speichenräder sind durchbrochen. Selbst Rücklichter und Nummernschild sowie ein zweifarbiges Lenkrad sind vorhanden.

Die Busch Artikel-Nr. der Modelle:

9838099
9838199
9838299
in hellgrau, dunkelgrau und gelb.

Der gut detaillierte BMW Dixi 3/15 Typ DA 4.

Das Modell von vorn.

Das Modell von hinten.

Das Modell in der Box...

... und die Befestigung dazu.

Das Modell von unten.

Busch Katalog von 2012 – Hier wird der BMW Dixi von Ricko in verschiedenen Farben unter Artikel-Nr. 98 38299 und 98 38899 angeboten.

9.3. Das Vorbild – der Dixi

Der Dixi aus der Fahrzeugfabrik Eisenach – am 3. Dezember 1896 wurde die Fahrzeugfabrik Eisenach AG gegründet. Im Laufe der folgenden Jahre entstanden dort eine Reihe von Fahrzeugen, von der motorisierten Kutsche bis zum Tanklastwagen. Für uns hier sind nur die Fahrzeuge von größerem Interesse, die es auch als 1:87 Modell gibt. Mit einer Neukonstruktion und einem neuen Markenname sollte um 1904 der Verkauf von Fahrzeugen verbessert werden. Es wurde der Dixi entwickelt und 1904 erstmalig auf der Automobilausstellung in Frankfurt vorgestellt. Von diesem Dixi-Typ fertigte man verschiedene Varianten. Selbst Dixi Zwei-Tonnen-Lastwagen gab es. Um 1927 war man in Eisenach auf der Suche nach einem geeigneten Kleinwagen, den man als Lizenzbau herstellen konnte. Es wurden Verbindungen mit der Firma Austin Seven in Birmingham aufgenommen und im Juni 1927 einhundert original Austin nach Eisenach geholt. Bereits im Dezember 1927 wurden die ersten 42 Dixi DA1 in Lizenz gebaut. Für Dixi DA gibt es zwei Deutungen: 1. DIXI Austin oder 2. Deutsche Ausführung/Auto. Vom Dixi gab es verschiedene Typen Dixi S 15, Dixi R 8, S 15 usw. Die Münchner Firma „Bayrische Motoren-Werke AG" begann 1925 mit dem Bau von Personenkraftwagen und war auf der Suche nach neuen Produktionsstandorten. 1928 kaufte BMW die Gothaer Waggonfabrik, welche zur Fahrzeugfabrik Eisenach gehörte. Am 15. Dezember 1928 wurde die neue Firma „Bayrische Motoren-Werke AG Zweigniederlassung Eisenach" in das Handelsregister eingetragen. Bereits im Januar 1929 erschien dann der erste Dixi, an dem das weiß/blaue Zeichen mit den Buchstaben BMW angebracht war. Es gab weitere Dixi-Typen DA 2, DA 3 usw. Der Dixi wurde bis 1932 gebaut.

Einige technische Daten:

- Vierzylinder-Motor mit 15 PS aus 743 cm³
- Höchstgeschwindigkeit 75 km/h
- Reisegeschwindigkeit etwa 65 km/h

Ein in Nürnberg zugelassener Dixi 3/15 im Großglockner-Gebiet. (Archiv: Superikonoskop, Autor: Christoph Schmidt)

Einmal der Dixi vor 1928 und der BMW Dixi 3/15 DA 2 nach 1928 bei Kirchberg-Classik.

BMW Dixi DA 4 zum Oldtimertreffen in Olbernhau. (Foto: BB)

BMW Dixi DA 1 (Baujahr 1928) zur 4. August Horch Klassik 2014 am Bahnhof Schmalzgrube. (Foto: BB)

BMW Dixi DA 1 mit geöffneter Motorhaube auf dem Gessingplatz in Olbernhau. (Foto: BB)

9.2 Der Pkw BMW und EMW

9.2.1 Das BMW 327-Modell von Busch

Im Februar 1936 begann die Produktion des BMW 326 in Eisenach. Im Laufe der Zeit entstanden weitere Fahrzeuge mit der Typenbezeichnung 321, 326, 327, 335 und 338. Im Jahre 1949 wurden unter sowjetischer Regie noch einmal 14 Stück des BMW 327 gebaut. Ab 1952 wurde das Fahrzeug als EMW 327/2 bzw. EMW 327/3 bis zur Produktionseinstellung im Jahr 1955 in geringer Stückzahl gefertigt.

„Das Modell BMW 327 entstand komplett unter der Leitung von Busch, mit Praliné hat es überhaupt nichts mehr zu tun. Im Übrigen wurden alle Praliné-Modelle überarbeitet und überholt, einige Modelle wurden sogar komplett ausgemustert und existieren nicht mehr."
(Zitat J. Hohenadel, Firma Busch, 19.8.2014)

Das Modell BMW 327 des offenen Cabriolets, CMD Collection von Busch wurde dem BMW/EMW 327 aus Eisenach nachempfunden. CMD Collection bedeutet nach Angaben von Busch folgendes: „C" steht für Chrom. Alle Modelle dieser Serie haben besonders viele hochglänzende, verchromte Einzelteile. Diese Verchromungen machen die Fahrzeuge besonders attraktiv. „M" wie Metallic. Die Fahrzeuge dieser Serie haben entweder eine hochglänzende, polierte Karosserie oder eine aufwendige Metalliclackierung. „D" bedeutet besondere Details. Dieser Punkt ist wohl das wichtigste Kriterium. Hierzu zählen spezielle Sonderdrucke, die für das jeweilige Modell typisch sind, beispielsweise: Zierleisten, Fensterumrandungen, dritte Bremsleuchte, Typenbezeichnung, Nummernschilder usw. Auch von Fahrzeug zu Fahrzeug variierende Extras, wie beispielsweise chromgeprägtes Lenkrad, zusätzlicher Innenspiegel, superfeine Prägung der Felgen, verchromte Radkappen etc. machen die Modelle dieser Serie noch hochwertiger und realistischer. Aufwendige Detaillierungen und feinste Verchromungen spiegeln den Glanz der vergangenen Zeit wieder.

Folgende Modelldetails der CMD-Version sind beachtenswert:
- Superhochglanzpolierte Karosserie mit feinsten Gravurlinien
- Verchromter filigraner Kühler
- Vorbildkonforme Inneneinrichtung mit farblich abgesetztem Armaturenbrett und separat eingesetztem Lenkrad
- Superfeine Bedruckung der Zierleisten, Türgriffe und EMW-Logos
- Typische, zweifarbig abgesetzte Farbgebung
- Aufwendige Bedruckung der Chromzierleiste um die Windschutzscheibe
- Vorbildgetreue, dreifarbige Reserveradabdeckung
- Auf dem Kühler erkennt man das rot/weiße EMW-Zeichen.

Die Formenneuheit von 2002 hat man sehr gut umgesetzt. Wie viele andere Modelle von Busch wird das Modell in einer kleinen Plast-Vitrine geliefert. Das Modell ist dabei auf gefaltetem Karton mit zwei Plast-Stiften und Klemmen befestigt.

»CMD-Collection« :

Farbe 1: Karosserie: Ober- und Unterteil: Hellgrün,
Mittelteil: Dunkelgrün, Sitze: Lindgrün, Felgen: Dunkelgrün

Farbe 2: Karosserie: Ober- und Unterteil: Karamell,
Mittelteil: Cremebeige, Sitze: Rot, Felgen: Karamell

Varianten: Nr. 40200 Limousine Rot/Schwarz als BMW, Fahrertür Hinten angeschlagen, blau/weißes BMW-Logo
Nr. 40201 Limousine Hellgrau als BMW, Fahrertür Hinten angeschlagen, blau/weißes BMW-Logo
Nr. 40275 Cabrio Schwarz, rot/weißes EMW-Logo

Mit diesen Klemmen und zwei Stiften, die am Modell eingehakt werden, ist es befestigt.

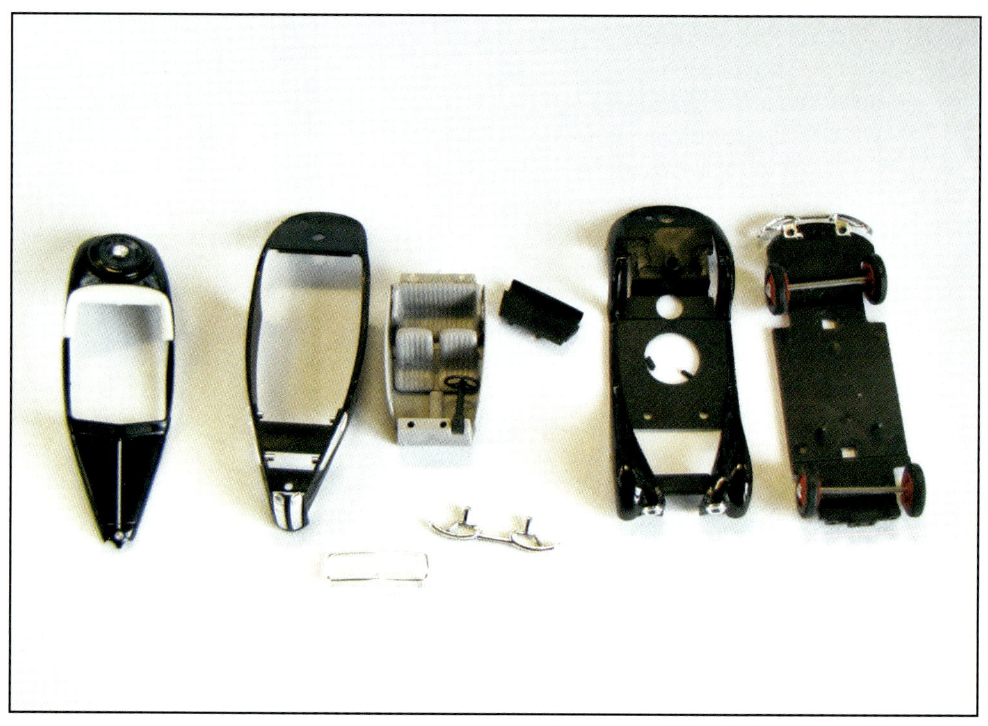

Der EMW 327/2 in seinen Einzelteilen, hier wurde nichts verleimt.

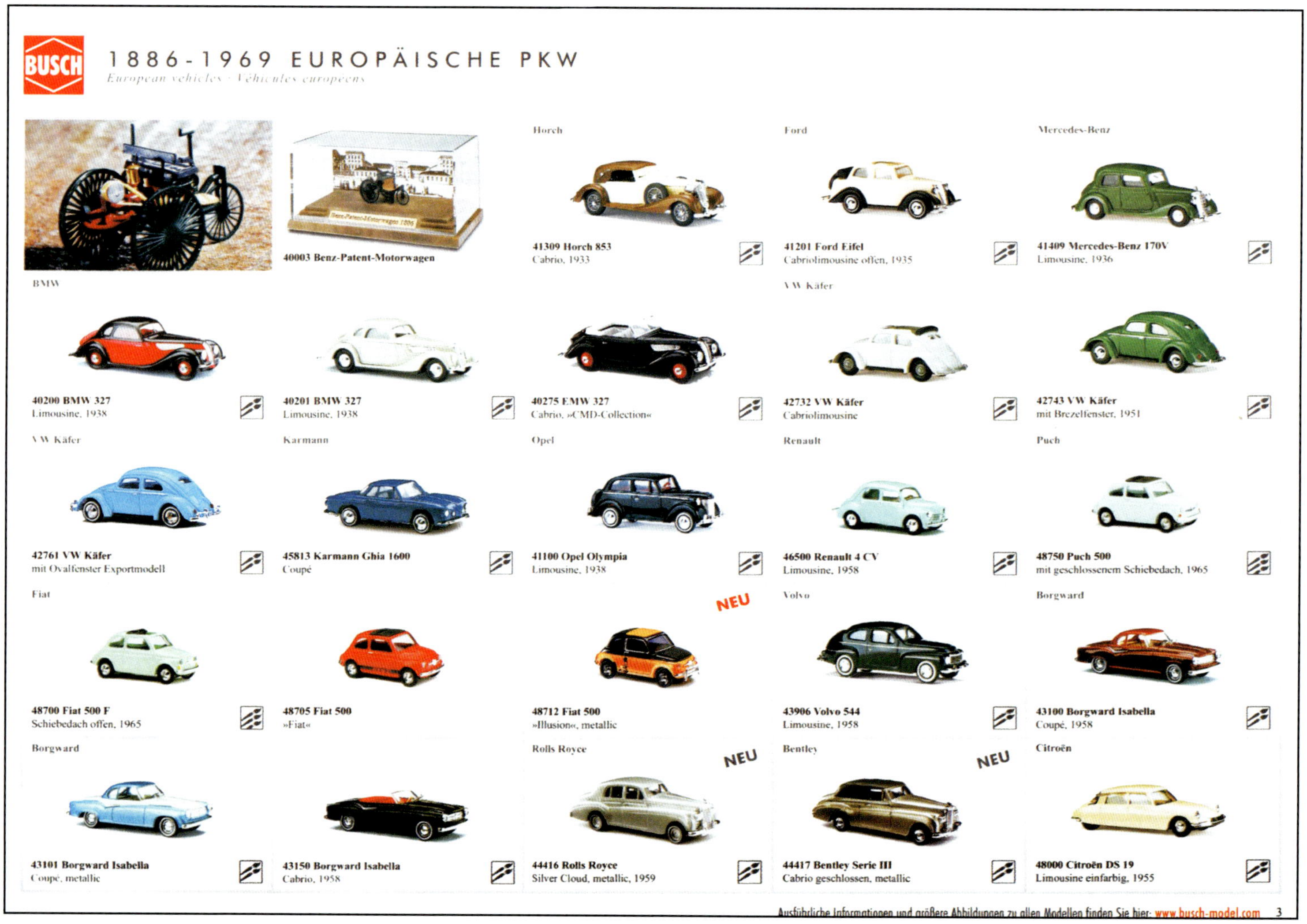

BUSCH

1886-1969 EUROPÄISCHE PKW

European vehicles · Véhicules européens

40003 Benz-Patent-Motorwagen

Horch
41309 Horch 853
Cabrio, 1933

Ford
41201 Ford Eifel
Cabriolimousine offen, 1935

Mercedes-Benz
41409 Mercedes-Benz 170V
Limousine, 1936

BMW
40200 BMW 327
Limousine, 1938

40201 BMW 327
Limousine, 1938

40275 EMW 327
Cabrio, »CMD-Collection«

VW Käfer
42732 VW Käfer
Cabriolimousine

42743 VW Käfer
mit Brezelfenster, 1951

VW Käfer
42761 VW Käfer
mit Ovalfenster Exportmodell

Karmann
45813 Karmann Ghia 1600
Coupé

Opel
41100 Opel Olympia
Limousine, 1938

Renault
46500 Renault 4 CV
Limousine, 1958

Puch
48750 Puch 500
mit geschlossenem Schiebedach, 1965

Fiat
48700 Fiat 500 F
Schiebedach offen, 1965

48705 Fiat 500
»Fiat«

NEU
48712 Fiat 500
»Illusion«, metallic

Volvo
43906 Volvo 544
Limousine, 1958

Borgward
43100 Borgward Isabella
Coupé, 1958

Borgward
43101 Borgward Isabella
Coupé, metallic

43150 Borgward Isabella
Cabrio, 1958

Rolls Royce
NEU
44416 Rolls Royce
Silver Cloud, metallic, 1959

Bentley
NEU
44417 Bentley Serie III
Cabrio geschlossen, metallic

Citroën
48000 Citroën DS 19
Limousine einfarbig, 1955

Ausführliche Informationen und größere Abbildungen zu allen Modellen finden Sie hier: www.busch-model.com 3

In diesem Busch-Prospekt von 2010 wird das Modell unter Art.-Nr. 40275 als EMW 327 vorgestellt.

1602
Porsche 356, offenes Cabrio, Normalfarbe

1603
Porsche 356, offenes Cabrio, Metallicfarbe

1604
Porsche 356, geschlossenes Cabrio, Normalfarbe

1605
Porsche 356, geschlossenes Cabrio, Metallicfarbe

1606
Porsche 356, offenes Cabrio, Autobahnpolizei

1701
Pontiac Transam, Adlerdruck, Normalfarbe

1703
Pontiac Transam, Adlerdruck, Metallicfarbe

1704
Pontiac Transam, Adlerdruck, T-Bar-Roof, Metallicfarbe

1705
Pontiac Transam, Firechief, Balkenleuchte

1708
Pontiac Transam, Military Police, Balkenleuchte

1710
Pontiac Transam, weisses Dach, Balkenleuchte, US-Police

NEU 90
1711
Pontiac Transam, Adlerdruck, T-Bar-Roof, de Luxe

NEU 90
1712
Pontiac Transam, Adlerdruck, Normaldach, de Luxe

NEU 90
1713
Pontiac Transam, Firechief, de Luxe

2001
BMW 327 (1938), geschlossenes Cabrio, zweifarbig

2002
BMW 327 (1938), offenes Cabrio, zweifarbig

2003
BMW 327 (1938), Hardtop Coupé, zweifarbig

(NEU '89)
2004
BMW 327 (1938), offenes Cabrio, zweifarbig, de Luxe

NEU 90
2005
BMW 327 (1938), geschlossenes Cabrio zweifarbig, de Luxe

(NEU '89)
2006
BMW 327 (1938), Hardtop Coupé, zweifarbig, de Luxe

2504
Renault 5 Turbo mit Dekor

2508
Renault 5TS, Medicine/Notarzt, Frankreich

NEU 91
2510
Renault 5 TS, 2 Werbemodelle, „Pattex"

2600
Ferrari GTO, Normalfarbe

2601
Ferrari GTO, Metallicfarbe

2605
Ferrari GTO, dekoriert mit Ferraripferdchen

NEU 90
2606
Ferrari GTO, Sponsorendruck, Racingversion

2701
Volkswagen 1200 (ca. 1950), Limousine, Brezelfenster

2702
Volkswagen 1200, Limousine, Brezelfenster, Polizei

2703
Volkswagen 1200, Limousine, Brezelfenster, Feuerwehr ELW

Praliné-Modelle im Maßstab 1 : 87 für begeisterte Auto-Sammler und für Freunde perfekter H0-Dioramen.

Praliné models in 1 : 87 scale for enthusiastic car collectors and friends of perfect H0 dioramas.

Modèles Praliné, échelle 1 : 87, pour le collectionneur passionné d'automobiles ainsi que pour ceux qui aiment le diorama H0.

Praliné-modellen op schaal 1 : 87 voor enthousiaste en voor de vrienden van perfecte H0-diorama's.

Ein EMW 327 in der Farbe karamell.

Ein BMW 327 mit einer sehr schönen Farbgebung unter der Artikel-Nr. 40261, im Katalog von 2014 vorgestellt.

Im Hauptkatalog von Praliné St. Georgen aus dem Jahr 1992 ist der BMW 327 von 1938 in verschiedenen Varianten angekündigt.
- 2001 braun/schwarz,
- 2002 grün/schwarz,
- 2003 weiß/braun,
- 2004 grün/schwarz mit weißen Reifen,
- 2005 blau mit weißen Reifen,
- 2006 weiß/schwarz mit weißen Reifen

BUSCH 1886-1959 EUROPÄISCHE PKW
European vehicles · Véhicules européens

1886 Karl Benz stellt seinen »Benz Patent-Motorwagen« vor
1938 Die neue Straßenverkehrsordnung tritt in Kraft
1955 Ein VW 1200 kostet 3.950,- DM
1959 Serienmäßige 3-Punkt Sicherheitsgurte bei Volvo

40003 Benz-Patent-Motorwagen 1886

40200 BMW 327 1938
Limousine

46708 VW Hebmüller NEU 1949
Cabrio geschlossen, zweifarbig

45813 Karmann Ghia 1600 1951
Coupé

43103 Borgward Isabella NEU 1958
Coupé, zweifarbig

41309 Horch 853 1933
Cabrio

40201 BMW 327 1938
Limousine

40501 Mercedes-Benz 170S 1949
Cabrio geschlossen

48000 Citroën DS 19 1955
Limousine einfarbig

43150 Borgward Isabella 1958
Cabrio

41314 Horch 853 1933
Cabrio offen, metallic

40275 BMW 327 1938
Cabrio, »CMD-Collection«

42732 VW Käfer 1951
Cabriolimousine

48001 Citroën DS 19 1955
Limousine zweifarbig

43153 Borgward Isabella NEU 1958
Cabrio, metallic

41201 Ford Eifel 1935
Cabriolimousine offen

150 Jahre Opel
41100 Opel Olympia 1938
Limousine

42743 VW Käfer 1951
mit Brezelfenster

48003 Citroën DS 19 1955
Limousine schwarz

46500 Renault 4 CV 1958
Limousine

41409 Mercedes-Benz 170V 1936
Limousine

45908 MG Midget TC NEU 1945
Cabrio, geschlossen

42761 VW Käfer 1951
mit Ovalfenster Exportmodell

43100 Borgward Isabella 1958
Coupé

43906 Volvo 544 1958
Limousine

Ausführliche Informationen und größere Abbildungen zu allen Modellen finden Sie hier: www.busch-model.com 3

In diesem Prospekt von 2012 ist unter der Artikel-Nummer 40275 korrekt das Modell als BMW 327 bezeichnet. Außerdem unter 40200 und 40201 der BMW 327 als Limousine in verschiedenen Farben.

9.2.2 Nach- und Umbaumodelle von Kai Rücker

Diese BMW-Modelle sind aufwendig überarbeitet und mit weiteren Details versehen worden. Werden die Modelle für die Fotos so in Szene gesetzt, erhöht sich der originale Eindruck.

EMW 327/2 Cabriolet von Busch – Details verändert bzw. verbessert.

EMW 327/3 Coupé Fertigmodell von Busch verändert bzw. verbessert.

9.2.3 Das Vorbild – der BMW

Zur Automobilausstellung 1933 wurde von BMW ein neues Fahrzeug mit der Typen Bezeichnung BMW 303 vorgestellt. Diese Typenbezeichnung setzte sich nicht nur bis Kriegsende, sondern auch nach 1945 in den weiteren Fahrzeugbezeichnungen, wie EMW 340, Wartburg 311 bis 353 fort. Der BMW 303 hatte einen Sechszylinder-Motor mit 1.173 ccm Hubraum. Ab 1934 produzierte man den 303 in Serie. Das Fahrzeug erhielt ab 1934 einem Vierzylinder-Motor mit 845 ccm Hubraum unter der Typenbezeichnung BMW 309. Weitere Typen dieser Baureihe wurden in Eisenach, dem Werk 4 von BMW, gebaut, der BMW 315, der BMW 319 (1.911 ccm Hubraum und 45 PS). Diese Fahrzeuge erschienen in verschiedenen Varianten, unter anderem als Limousine, Cabrio und Tourenwagen. Ein weiteres zukunftsweisendes Fahrzeug wurde in Eisenach gebaut: der BMW 326 mit einer neu entwickelten Karosserie. Diese Karosserieform sollte für die nächsten Jahrzehnte das Markenzeichen der BMW- und EMW-Fahrzeuge sein. Das Fahrzeug wurde 1936 vorgestellt, es hatte einen Sechszylinder-Motor mit 2.000 ccm Hubraum und 50 PS Leistung. Seine Besonderheit: Der Wagen hatte eine von Porsche patentierte Drehstabfederung, etwas völlig Neues zur damaligen Zeit. Auch diese Fahrzeuge gab es in zahlreichen Varianten, unter anderem als Viertürer und zweitüriges Cabrio. Das BMW-Werk Eisenach expandierte 1937/38 weiter, zu jener Zeit standen etwa 3.000 Arbeiter in Lohn und Brot. Es folgte die Entwicklung von weiteren BMW-Typen: 321, 326, 327, 335 und 338. Auch der legendäre schneeweiße Sportwagen 328 gehörte dazu. Dann sollte der Ausbruch des 2. Weltkrieges in Eisenach seine Spuren hinterlassen. Ab 1941 kam der Fahrzeugbau im Werk zum Erliegen, nur die Ersatzteilproduktion lief weiter. Im Krieg wurden etwa 60 % der Werksanlagen zerstört und der Betrieb als Rüstungsbetrieb eingestuft.

BMW 327/8 (Baujahr 1938) zur 4. August Horch Klassik 2014 in Schmalzgrube. (Foto: BB)

Die klassische BMW-Form zeigt auch noch der EMW 327/2 Cabrio aus dem Jahre 1952. Hier zur 4. August Horch Klassik 2014 am Bahnhof Schmalzgrube. (Foto: BB)

Auch dieser BMW 326 Cabrio aus dem Jahre 1939 nahm an der 4. August Horch Klassik teil und fährt am Bahnhof Schmalzgrube vorbei. (Foto: BB)

Ein BMW 328 der nach 1937 in Eisenach gebaut wurde. Hier eine Aufnahme von der August Horch Klassik 2012.

9.3 Der EMW 340

9.3.1 Das EMW 340/2-Modell der Firma Herr
9.3.2 Der EMW 340 von adp
9.3.3 Umbaumodelle von Kai Rücker
9.3.4 Das Vorbild – der BMW/EMW 340

9.3.1 Das EMW 340/2-Modell der Firma Herr

Als erstes Polystyrol-Modellauto erschien in der DDR bei der Firma L. Herr Kommanditgesellschaft Technische Lehrmittel-Lehrmodelle Berlin-Treptow 1954 das Modell des EMW 340/2 (bis 1952 noch BMW 340/2). Diese Nachbildung orientiert sich am Vorbild des in Eisenach von 1949 bis 1955 gebauten BMW/EMW 340. Die Proportionen stimmen nicht ganz, auch ist das Modell etwas größer als im Maßstab 1:87. Das Modellfahrzeug wurde nicht verglast und weist eine starke Gradbildung auf. Das Nummernschild ist geprägt mit dem Kennzeichen LH 04.54 und auf der Bodenplatte befindet sich das Herr-Signet. Bis 1964 wurden etwa 40 Farbvarianten produziert. Im Zeitraum 1964 bis 1966 vergrößerte man die Heckfenster etwas, die vordere Achshalterung ist nicht mehr freistehend und die Räder haben ein feines Profil bekommen. Nur 1966 gab es noch die Variante mit geschlossenen hinteren Seitenfenstern, da bei der Produktion am Spritzwerkzeug der Stempel für den Fensterausschnitt brach. Die EMW-Modelle wurden nicht in das ESPEWE-Sortiment übernommen. 1968 ging das Modell aus der Serie, es wurde damals für 0,50 MDN (Mark der Deutschen Notenbank), also 50 Pfennige (!), verkauft. Heute liegen die Sammlerpreise beispielsweise beim Internetauktionshaus ebay ab 20,- Euro je Variante, Tendenz steigend.

Beispiele: Der EMW 340/2 wurde im Produktionszeitraum in verschiedenen Farben hergestellt. Für die damalige Zeit eine recht gute Bedruckung.

Wenn man genau hinschaut: Die Heckfenster sind verschieden groß.

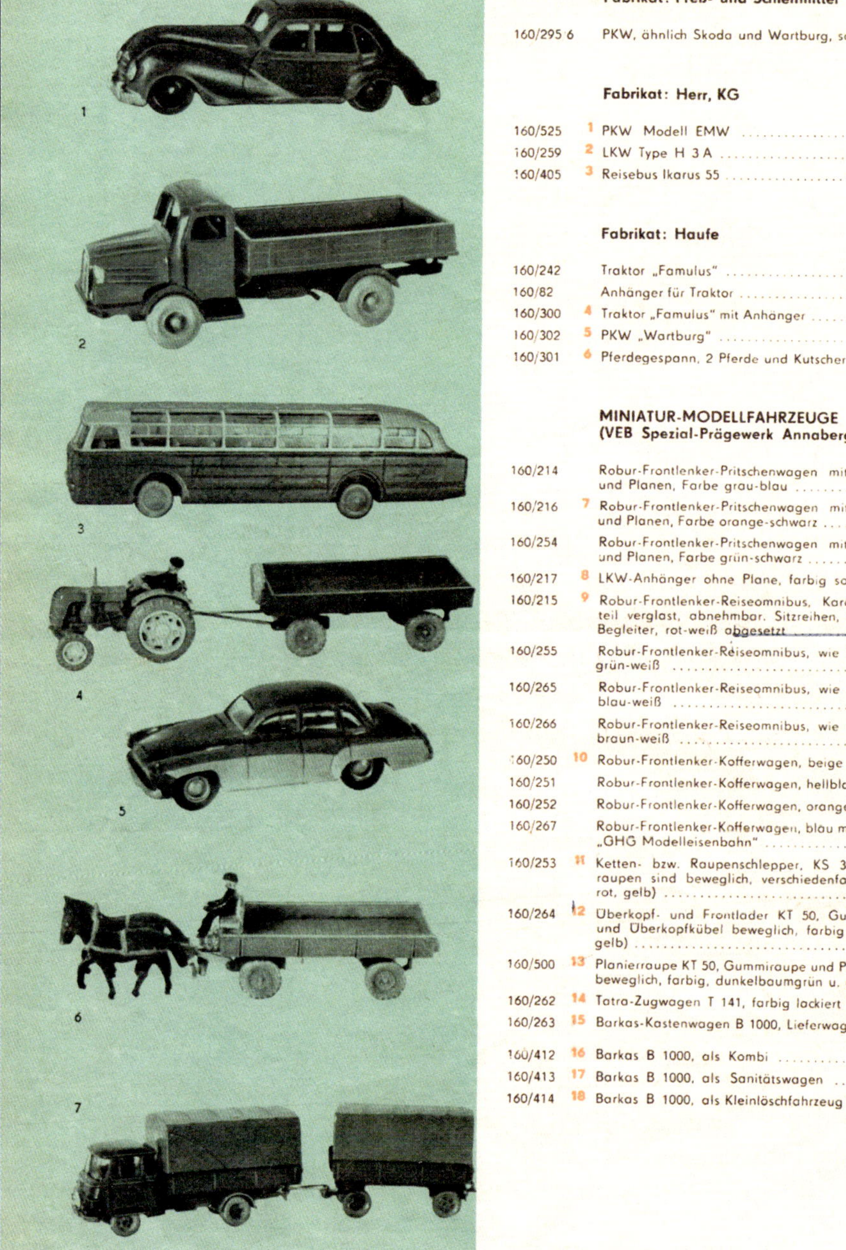

Fabrikat: Preß- und Schleifmittel

160/295 6		PKW, ähnlich Skoda und Wartburg, sortiert	—,33

Fabrikat: Herr, KG

160/525	1	PKW Modell EMW	—,50
160/259	2	LKW Type H 3 A	2,35
160/405	3	Reisebus Ikarus 55 ... etwa	3,—

Fabrikat: Haufe

160/242		Traktor „Famulus"	1,15
160/82		Anhänger für Traktor	—,95
160/300	4	Traktor „Famulus" mit Anhänger	2,10
160/302	5	PKW „Wartburg"	1,—
160/301	6	Pferdegespann, 2 Pferde und Kutscher	1,60

MINIATUR-MODELLFAHRZEUGE (VEB Spezial-Prägewerk Annaberg)

160/214		Robur-Frontlenker-Pritschenwagen mit Anhänger und Planen, Farbe grau-blau	4,10
160/216	7	Robur-Frontlenker-Pritschenwagen mit Anhänger und Planen, Farbe orange-schwarz	4,10
160/254		Robur-Frontlenker-Pritschenwagen mit Anhänger und Planen, Farbe grün-schwarz	4,10
160/217	8	LKW-Anhänger ohne Plane, farbig sortiert	1,25
160/215	9	Robur-Frontlenker-Reiseomnibus, Karosserieoberteil verglast, abnehmbar, Sitzreihen, Fahrer und Begleiter, rot-weiß abgesetzt	2,30
160/255		Robur-Frontlenker-Reiseomnibus, wie vor, jedoch grün-weiß	2,30
160/265		Robur-Frontlenker-Reiseomnibus, wie vor, jedoch blau-weiß	2,30
160/266		Robur-Frontlenker-Reiseomnibus, wie vor, jedoch braun-weiß	2,30
160/250	10	Robur-Frontlenker-Kofferwagen, beige	1,95
160/251		Robur-Frontlenker-Kofferwagen, hellblau	1,95
160/252		Robur-Frontlenker-Kofferwagen, orange	1,95
160/267		Robur-Frontlenker-Kofferwagen, blau mit Aufschrift „GHG Modelleisenbahn"	1,95
160/253	11	Ketten- bzw. Raupenschlepper, KS 30, Gummiraupen sind beweglich, verschiedenfarbig (grün, rot, gelb)	1,75
160/264	12	Überkopf- und Frontlader KT 50, Gummiraupen und Überkopfkübel beweglich, farbig (rot, grün, gelb)	2,—
160/500	13	Planierraupe KT 50, Gummiraupe und Planierschild beweglich, farbig, dunkelbaumgrün u. gelb	2,—
160/262	14	Tatra-Zugwagen T 141, farbig lackiert	2,30
160/263	15	Barkas-Kastenwagen B 1000, Lieferwagentype	1,60
160/412	16	Barkas B 1000, als Kombi	1,75
160/413	17	Barkas B 1000, als Sanitätswagen	1,80
160/414	18	Barkas B 1000, als Kleinlöschfahrzeug	1,80

Ein Bild des BMW/EMW 340 in einem alten Spielwarenkatalog aus der DDR-Zeit, das Modell kostete damals 50 Pfennige.

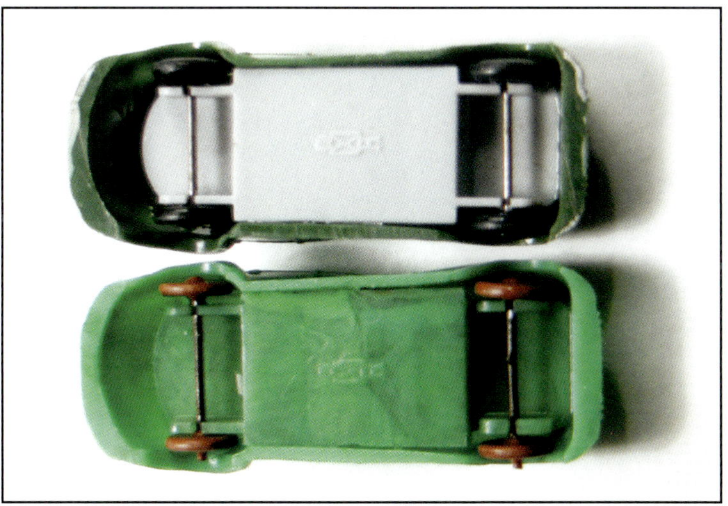

Auf der Bodenplatte ist das Herr-Signet.

Das Modell besteht im Wesentlichen aus zwei Teilen.

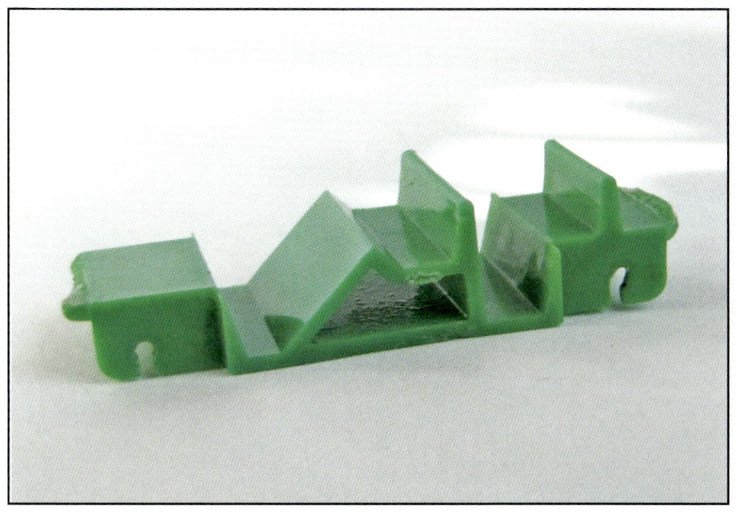

Das Chassis des BMW bzw. EMW 340 von der Firma Herr ist recht einfach gehalten.

Nahaufnahme, hier kann man gut das Kennzeichen lesen.

Weitere verschiedene Farben.

An diesen Modellen ist das hintere Seitenfenster wegen defekter Spritzform geschlossen.

9.3.2 Der EMW 340 von adp

Da von den Modellgroßserienherstellern niemand den EMW 340 aufgegriffen hat, haben sich einige Kleinserienhersteller damit beschäftigt. Bei adp (Schaefer & Co. KG, Glasewitzer Straße 56, 18273 Güstrow) ist der EMW 340 auf der Titelseite des Kataloges von 2003/04 zu sehen. Im Katalog wird unter der Nummer 11635 eine einfarbige Limousine, unter 11636 ein Taxi, unter 11637 ein Polizeiwagen, unter 16121 ein Bestattungswagen, unter 11674 ein Kombi und unter 16120 ein Sanitätskraftwagen offeriert. Auch gibt es hier den EMW 340 als 1:43 Modell.

Adp EMW-Titel ...

... und adp EMW-Prospektseiten.

Ein EMW 340/4 Sanitätskraftwagen von adp.

9.3.3 Umbaumodelle von Kai Rücker

Der EMW 340/2 Polizei, Kraftfahrzeug für den zentral geleiteten Funkstreifendienst, Fertigmodell von RK. Geändert wurden die Scheinwerfer, die Scheibenwischer, neue Schriftzüge und Decals und polizeiliches Kennzeichen.

EMW 340/4 Sanitätskraftwagen, Fertigmodell von RK.

EMW 340/3 Kastenwagen, Fertigmodell von RK.

EMW 340 Limousine, laut Kennzeichen ist der Wagen im Bezirk Magdeburg zugelassen.

9.3.4 Das Vorbild – der BMW/EMW 340

Nach der Zerstörung und der Beschlagnahmung des Eisenacher Werkes war der Wiederaufbau, wie in vielen anderen Betrieben zu jener Zeit, sehr schwierig. Anfänglich wurde aus Restbeständen alles Mögliche und für die Grundversorgung der Bevölkerung wichtige Güter produziert, nur keine Autos. Im Oktober 1945 erließ die Sowjetische Militäradministration in Deutschland (SMAD) den Befehl „Die Inbetriebnahme der Automobil- und Motorradproduktion im ehemaligen BMW-Werk Zweigniederlassung Eisenach wieder aufzunehmen." Mit diesem Befehl war es möglich, wieder Fahrzeuge zu bauen und vor allem Material zu beschaffen. Immerhin galt es, 1945 möglichst 60 Stück BMW 321 und 1946 1.373 Exemplare zu bauen. Im September 1946 wurde das Werk ein Teilbetrieb der staatlichen Sowjetischen Aktiengesellschaft "AWTOWELO". Nach dem man in den Jahren bis 1949 beachtliche Stückzahlen des BMW 321 produzierte und diese auch gut im Export verkaufte, musste ein neues Modell her. 1947 hatte man deshalb die Entwicklungsarbeiten, mit der Überarbeitung des vor dem Krieg gebauten BMW 326, begonnen. Es entstand als Folgemodell der BMW 340. Das neue Automobil wurde erstmals auf der Leipziger Frühjahrsmesse 1949 vorgestellt. Diese Fahrzeuge gab es in verschiedenen Varianten, beispielsweise als Limousine, Lieferwagen, Taxi und Krankenwagen. Auch erfuhr dieser BMW im Laufe der Zeit einige technische Verbesserungen und erhielt dann die Bezeichnung 340/2. Hiervon gibt es einige Nachbildungen im Modellautosektor, nicht nur im Maßstab 1:87. 1951 kam es dazu, dass wegen Materialmangels beim Lieferwagen BMW 340/3 der Laderaum mit Holz und Kunstleder beplankt bzw. bezogen werden musste. Für die Kasernierte Volkspolizei entstanden in Eisenach 160 Stück des allradgetriebenen Geländewagens BMW 325/2 (P1), wovon die letzten Fahrzeuge modifiziert und 1952/1953 als EMW 325/3 ausgeliefert wurden.1952 wurde das Werk durch die sowjetische Regierung wieder in eigene Verwaltung übergeben. Wegen eines Rechtsstreites mit BMW München führte man im September 1952 das neue Markenzeichen EMW (Eisenacher Motorenwerke) ein. Zeitgleich erhielt das Werk nun den Namen VEB IFA-Automobilfabrik EMW Eisenach. Anfänglich war das Logo auf der Motorhaube aus BMW-Zeiten noch weiß/blau. 1952 änderte sich das Logo bekanntermaßen in weiß/rot. Der BMW/EMW 340 hatte einen Reihen-Sechszylinder-Motor mit 1.971 cm³ Hubraum. Bestückt ist dieser mit zwei BVF oder Solex-Vergasern (TYP 32PB I mit Beschleunigungspumpe). Es handelt sich hierbei um Fallstromvergaser. Mit diesem leistet der Motor 55 bzw. später 57 PS. An der viertürigen Limousine waren die Türen an der B-Säule angeschlagen. Bis 1955 rollten über 21.000 Wagen aus den Eisenacher Werkhallen.

Dieser EMW 340/2 des Baujahres 1952 nahm an der 4. August Horch Klassik 2014 teil, hier in Schmalzgrube. (Foto: BB)

Auch bei der Deutschen Volkspolizei war der EMW 340/2 im Einsatz. Hier ein solches Fahrzeug zum Oldtimertreffen in Steinbach. (Foto: BB)

Ein EMW 340/2 aus dem Eisenacher Motorenwerk.

9.4 Der Pkw IFA F 9

9.4.1 Der Pkw IFA F 9 von Kleinserienherstellern

Der Pkw IFA F 9 war eine Nachkriegsproduktion der Audi-Werke in Zwickau. Hier wurde das Fahrzeug bis 1953 gebaut. Die Produktion stockte manchmal wegen der ungenügenden Bereitstellung von Tiefziehkarosserieblechen. Da man in Zwickau Kapazitäten für die Weiterentwicklung von Pressstoffteilen für den AWZ P 70 benötige, kam die Produktion nach Eisenach. Hier wurde das Fahrzeug auch äußerlich technisch verändert. So baute man ab 1954 eine ungeteilte Front- und Heckscheibe ein. Bis 1956 wurde der F 9 in Eisenach gebaut und dann durch den Wartburg 311 abgelöst. Modelle des IFA F 9 von Großserienherstellern sind nicht bekannt. Deshalb haben auch einige Kleinserienhersteller das Modell im Programm. Das grüne IFA F 9-Modell von adp ist recht einfach gestaltet, weist aber gute Proportionen auf. Die Stoßstangen, Scheinwerfer und Rücklichter sind silber lackiert, während die Türgriffe unbehandelt blieben. Nicht ganz dem Originalfahrzeug entsprechen die Räder. Als Vorbild gab es den „Brezel- F 9“ aus Zwickau, also mit geteilter Front- und Heckscheibe. Im adp-Katalog 2007 ist ein F 9 unter Nr. 16144 Limousine mit Faltdach und unter 16160 die Limousine abgebildet. Dieses Modell ist mit der durchgehenden Frontscheibe und anderen Rädern zu sehen. Der blaue IFA F 9 Kombi und das weiße IFA F 9 Luxus Cabriolet sind beim Modellhersteller Z+Z im Programm. Beide Modelle sind sauber gearbeitet. Sie haben als Vorbild den IFA F 9 aus Eisenacher Produktion. Beide Modelle besitzen eine durchgehende Frontscheibe. Der Kombi hat ein mattes Dach, Stoßstangen, Lampen und Radkappen sind silber bedruckt. Die Rücklichter wurden rot lackiert, auch Türen, Fenster und weitere Einzelheiten sind korrekt dargestellt. Die Bodengruppe der Z+Z-Modelle weicht etwas von der Bodengruppe des adp-Modells ab.

Der grüne IFA F 9 von adp und der weiße sowie blaue F 9 von Z+Z.

Die Bodenansicht der drei Modelle.

Das adp und das Z+Z Modell geöffnet. Bei beiden Modellen sind die Fenster mit dünner Folie beklebt. Aber Vorsicht beim Öffnen, die Karosserie und das Unterteil sind zusammengeklebt.

9.4.2 Modell IFA F 9 von Modell Mobil Dresden

Modell-mobil Dresden (modellmobildresden.de) bietet u. a. diese F 9-Modelle in verschiedenen Varianten von Kleinserienherstellern an. Dargestellt ist das Fahrzeug aus Eisenacher Produktion.

9.4.3 Modell IFA F 9 von Kai Rücker

F 9 offene Cabrio Limousine Fertigmodell von ZZ-Modell.

F 9 309/9 Kombiwagen Fertigmodell von ZZ-Modell.

F 9-Karosserieform und -Änderungen – so wie das Fahrzeug ab 1954 in Eisenach gebaut wurde. Fertigmodell von ZZ-Modell.

F 9 Cabrio aus dem Karosseriewerk in Dresden, Fertigmodell von ZZ-Modell.

9.4.4 Das Vorbild – der Pkw IFA F 9

Auf der Leipziger Frühjahrsmesse 1948 wurde der bei der Auto Union AG entwickelte DKW F 9 vorgestellt. Das Fahrzeug erhielt ab 1950 die Bezeichnung IFA F 9, die Produktion erfolgte in den früheren Audi-Werken in Zwickau. Dabei kamen die Karosserien aus dem benachbarten Horch-Werk.1951 wurde erstmals das IFA F 9 Cabriolet vorgestellt. Im Sommer 1953 begann die Produktion des IFA F 9 im VEB IFA Automobilfabrik EMW Eisenach, um in Zwickau Kapazitäten für den neuentwickelten AWZ P 70 zu schaffen. Auch ein Grund war der Mangel an Tiefziehblechen für die Karosserie sowie die Weiterentwicklung von Pressstoffteile für den AWZ P 70. In Eisenach erfuhr das Fahrzeug im Jahre 1954 einige Veränderungen: Außer den technischen Verbesserungen war die Front- und Heckscheibe jetzt größer und durchgehend, das Fahrzeug hatte eine Warmwasserheizung und der Tank wurde wieder in das Heck verlegt. Die verschiedenen Karossen kamen aus den Karosseriewerken Dresden, Meerane und Halle. Der im Fahrzeug eingebaute Fahrtrichtungsanzeiger wurde für den Export teilweise durch eine Blinklichtanlage ersetzt. Insgesamt produzierte man in Eisenach etwa 40.000 IFA F 9 bis 1956. Den IFA F 9 gab es in zahlreichen Varianten wie beispielsweise Limousine, Cabriolet, Cabrio-Limousine, Einsatzwagen für Polizei, Armee und Feuerwehr, Kombi mit Holzheck (Woodie), Ganzstahlkombi und Bausatzfahrzeuge für den Export. Dabei war die interne Bezeichnung 309/1 Limousine bis 309/9 Kombi. Eine viertürige Limousine gab es nicht. Das Fahrzeug wurde in 24 Länder exportiert.

Einige technische Daten:
- Dreizylinder-Ottomotor in Reihe
- 900 ccm Hubraum
- 28 PS, ab 1954 30 PS
- Frontantrieb
- ab 1955 Lenkradschaltung

Eine IFA F 9-Limousine mit ungeteilter Frontscheibe aus Eisenacher Produktion zum Oldtimertreffen auf dem Olbernhauer Gessingplatz. (Foto: BB)

Seltener ist die Kombiausführung des IFA F 9 aus den Eisenacher Werkhallen. Hier zum Oldtimertreffen im Jöhstädter Ortsteil Steinbach. (Foto: BB)

Die ab 1954 verbaute große Heckscheibe des IFA F 9 aus Eisenach.

Ein IFA F 9 aus der Eisenacher Produktion mit großer Frontscheibe und Lenkradschaltung, die ab 1954 eingebaut wurden.

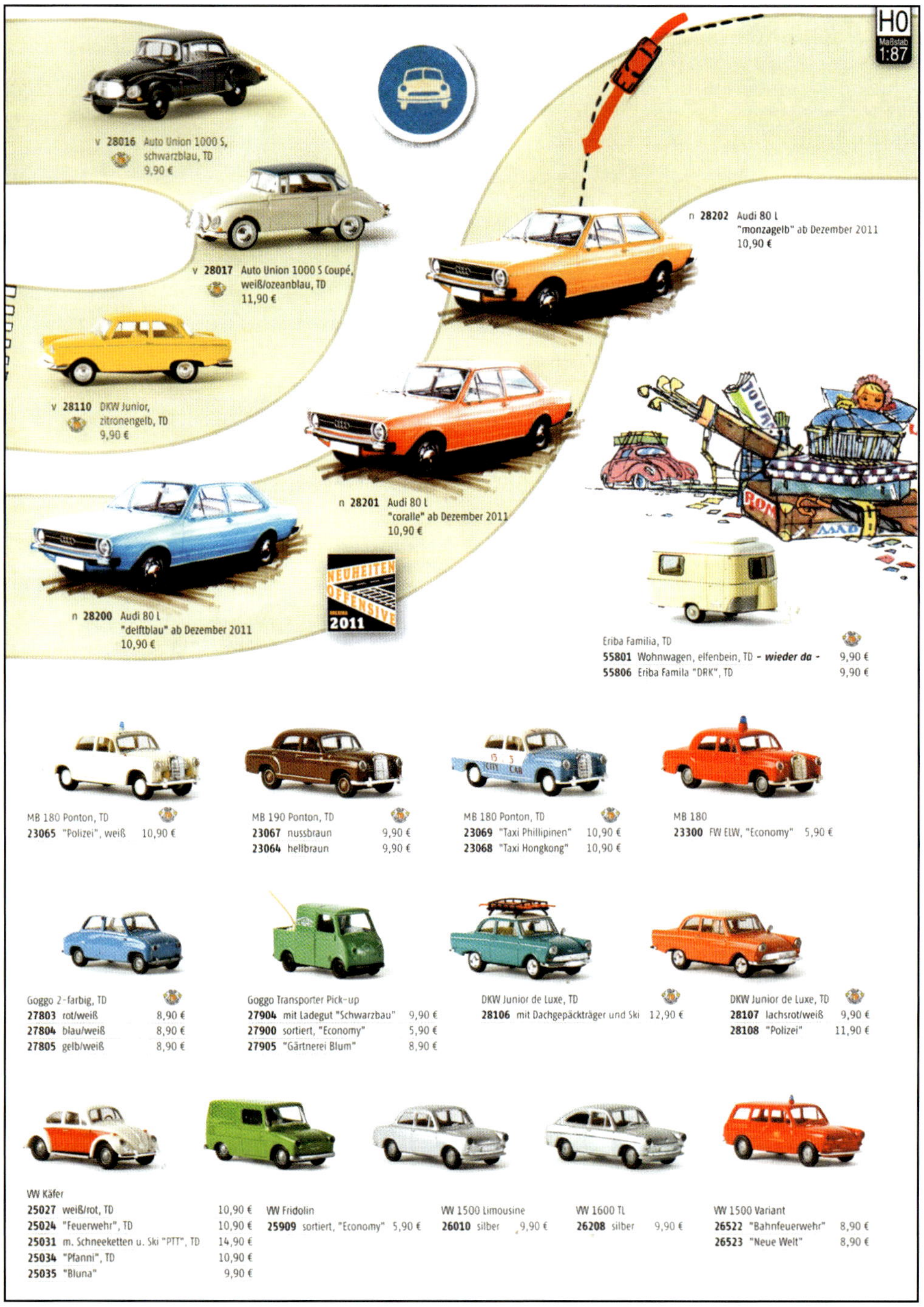

H0
Maßstab 1:87

v 28016 Auto Union 1000 S,
schwarzblau, TD
9,90 €

v 28017 Auto Union 1000 S Coupé,
weiß/ozeanblau, TD
11,90 €

v 28110 DKW Junior,
zitronengelb, TD
9,90 €

n 28202 Audi 80 L
"monzagelb" ab Dezember 2011
10,90 €

n 28201 Audi 80 L
"coralle" ab Dezember 2011
10,90 €

n 28200 Audi 80 L
"delftblau" ab Dezember 2011
10,90 €

NEUHEITEN OFFENSIVE 2011

Eriba Familia, TD
55801 Wohnwagen, elfenbein, TD *- wieder da -* 9,90 €
55806 Eriba Famila "DRK", TD 9,90 €

MB 180 Ponton, TD
23065 "Polizei", weiß 10,90 €

MB 190 Ponton, TD
23067 nussbraun 9,90 €
23064 hellbraun 9,90 €

MB 180 Ponton, TD
23069 "Taxi Phillipinen" 10,90 €
23068 "Taxi Hongkong" 10,90 €

MB 180
23300 FW ELW, "Economy" 5,90 €

Goggo 2-farbig, TD
27803 rot/weiß 8,90 €
27804 blau/weiß 8,90 €
27805 gelb/weiß 8,90 €

Goggo Transporter Pick-up
27904 mit Ladegut "Schwarzbau" 9,90 €
27900 sortiert, "Economy" 5,90 €
27905 "Gärtnerei Blum" 8,90 €

DKW Junior de Luxe, TD
28106 mit Dachgepäckträger und Ski 12,90 €

DKW Junior de Luxe, TD
28107 lachsrot/weiß 9,90 €
28108 "Polizei" 11,90 €

VW Käfer
25027 weiß/rot, TD 10,90 €
25024 "Feuerwehr", TD 10,90 €
25031 m. Schneeketten u. Ski "PTT", TD 14,90 €
25034 "Pfanni", TD 10,90 €
25035 "Bluna" 9,90 €

VW Fridolin
25909 sortiert, "Economy" 5,90 €

VW 1500 Limousine
26010 silber 9,90 €

VW 1600 TL
26208 silber 9,90 €

VW 1500 Variant
26522 "Bahnfeuerwehr" 8,90 €
26523 "Neue Welt" 8,90 €

Das Modell von BREKINA.

Das Modell des Auto Union 1000 S Coupé ist bei BREKINA unter der Artikel Nr. 28... als verspätete Neuheit 2001 in verschiedenen Farben erschienen.

Ein DKW 3=6 von 1954 – das Fahrzeug hat große Ähnlichkeit mit dem IFA F 9. Der Grund: Die Produktion von Kraftfahrzeugen der Marke DKW wurde nach dem Krieg in Ingolstadt wieder aufgenommen. Ab 1951 lief der DKW Meisterklasse (F 89) vom Band. Die Karosserie entsprach dem vor Beginn des 2. Weltkrieges fertig entwickelten F 9. Erst 1953 war im F 91 ein längs eingebauter Dreizylinder-Zweitakt-Motor (34 PS) verfügbar. Der DKW F 93 mit 38-PS-Motor und 10 cm breiterer Karosserie kam 1955 auf den Markt und wurde im Februar 1957 vom F 94 abgelöst.

Der DKW F 89 L von Praliné. Das Modell wird unter verschiedenen Varianten bei Busch zur Zeit unter der Art.-Nr. 40913 - 40917 angeboten.

9.4.5 Das Vorbild – F 89, F 89 L und F 12

Eigentlich gehört der Audi-DKW nicht zu Fahrzeugen aus dem DDR-Straßenbild. Aber die Geschichte von DKW, Auto Union und IFA-Fahrzeugen hat nun mal eine gemeinsame Vergangenheit. Deshalb hier eine kurze Darstellung des Zwillingsbruders des IFA F 9, der DKW F 89. Warum sieht der IFA F 9 dem F 89 aus dem „Westen" so ähnlich? Die Produktion von Kraftfahrzeugen der Marke DKW wurde nach dem Krieg in Ingolstadt wieder aufgenommen. Das erste DKW-Modell war der ab 1950 gebaute DKW F 89. Die Karosserie entsprach dem vor Beginn des 2. Weltkrieges fertig entwickelten F 9. Erst 1953 war im F 91 ein längs eingebauter Dreizylinder-Zweitakt-Motor (34 PS) verfügbar. Der DKW F 93 mit 38-PS-Motor und 10 cm breiterer Karosserie kam 1955 auf den Markt und wurde im Februar 1957 vom F 94 abgelöst.

Außer dem Pkw wurde der DKW-Schnelllaster F 89 L als erstes neues Modell der Auto Union nach dem 2. Weltkrieg in Ingolstadt produziert. Das erste Modell war der F 89 L mit Zweitakt-Zweizylinder-Motor mit 688 cm³ Hubraum, Dreiganggetriebe und 20 PS, ab 1955 mit dem Dreizylinder-Zweitakt-Motor, wie im Pkw F 12. Das Fahrzeug hatte Frontantrieb. Es gab ihn als Kleinbus, Kastenwagen, Kombi. Abgelöst wurden die Kleintransporter durch die Transporter von VW und Mercedes-Benz. Man kann davon ausgehen, dass auch vereinzelte „West"-DKW in der DDR gefahren sind.

Hier das Vorbild des DKW-Schnelllasters F 89 L zum 9. Vogtland IFA Fahrzeugfestival im Mai 2008 an der Sternquell-Brauerei in Plauen. (Foto: BB)

DKW F 12, von 1965. Der vorletzte DKW im „Westen", auch der vorletzte mit Zweitakt-Motor. Das Fahrzeug hatte einen Dreizylinder-Motor in Reihe mit 889 ccm, 45 PS und Viergang-Getriebe mit Freilauf. Nach der Übernahme von DKW durch Daimler-Benz wurde Mitte 1966 die Produktion von Pkw mit Zweitakt-Motoren eingestellt. Der letzte gefertigte DKW war der DKW F 102, welcher 1966 in den Audi 60 mit Viertakt-Motor umkonstruiert wurde. Nur im Osten Deutschlands erlebten die DKW Zweitakt-Motoren ein Comeback.

9.5 Der Pkw Wartburg 311/312

9.5.1 Wartburg 311 von der Firma Haufe
9.5.2 Wartburg 311 von adp
9.5.3 Wartburg 311 von BREKINA
9.5.4 Wartburg 311 von Modell Mobil Dresden
9.5.5 Wartburg 311 von Kai Rücker und Andreas Thiele
9.5.6 Das Vorbild – der Wartburg 311

9.5.1 Wartburg 311 von der Firma Haufe

Das Modell des Wartburg 311 aus Plast wurde in der DDR im Zeitraum von 1963 bis 1968 hergestellt. Die Bodenplatte ist mit dem „wm"-Zeichen für Gerhard Walter versehen. Gerhard Walter führte die Werkzeugkonstruktion, den Werkzeugbau und die Betreuung des Projektes durch. Hergestellt wurden die Modelle bei Haufe in Kamenz. Das Modell bestand aus 17 Teilen und war zu der Zeit ein Spitzenprodukt im Modellautosektor. Die Räder wurden mit Stahlachsen graviert und die Radkappen bemalt sowie Scheinwerfer, Rücklichter und Nummernschilder montiert. Eine Inneneinrichtung ist auch zu erkennen. Das Modell ist verklebt und ein Öffnen könnte es zerstören. Die Plastik ist sehr spröde. Laut dem Buch „Modellautos der DDR" sind 32 Varianten bekannt, welche zu Höchstpreisen gehandelt werden. Bei diesem Modell lassen sich bei zwei Grundfarben vier verschiedene Lackiervarianten ableiten. Auch wurde das Modell in rot in der Feuerwehrgeschenkpackung mit drei anderen Feuerwehrfahrzeugen ab 1966 angeboten.

Der Wartburg 311 von der Firma Haufe.

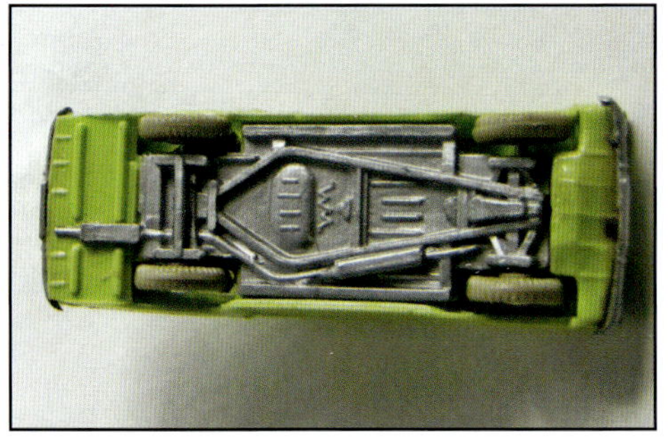

Der Wartburg 311 von unten.

Katalogseite von 1964 (auf der Seite 110 des EMW 340).
Das Modell kostete damals 1,- DM, heute liegt der Preis je nach Ausführung und Variante ab ca. 30,- Euro.
Kurios ist auch der Herausgeber des Modelleisenbahn- und Zubehör-Kataloges.
Diese Namensbildungen waren damals üblich:
GHG Möbel-Kulturwaren-Sportartikel
GHG Möbel und Kulturwaren
Niederlassung Kulturwaren
Branche Modelleisenbahnartikel

Farbvarianten des Wartburg 311.

9.5.2 Wartburg 311 von adp

Obwohl BREKINA 1998 einen Wartburg 311 heraus brachte, erschienen weitere Kleinserienmodelle. Adp hat den Wartburg 313 Sport im Katalog von 2003/04. Mit dem 2007er Katalog kommt dann auch der Wartburg 311 Kombi, Post Kombi und der 312 Camping in den Handel.

Das Modell zeigt das Vorbild des Viertürer-Wartburg 311 Camping, Bauzeitraum von 1958 bis 1965. Das Gleiche trifft auf den Zweitürer-Wartburg Kombi zu. Am Modell sind die Scheinwerfer wie auch das Frontgrill nur mit Silberfarbe bedruckt. Die Blinkleuchten wurden vorn gelb und hinten rot gehalten. Vorn und hinten ist das Wartburglogo silber bedruckt. Die Fensterrahmen sind in Karosseriefarbe lackiert. Die Farbgebung der Stoßstangen erfolgte hinten und vorn mattgrau. Zwischen den gewölbten Scheiben hinten befindet sich mattschwarze Farbe, das könnte eventuell das Faltdach darstellen. Auf den Felgen sitzen echte Gummireifen. Dieses Modell gibt es auch in: mint, hellblau, rot oder schwarz und mehrfarbig. Infos auch bei www.adp-modelle.de

Der 311er Wartburg Camping mit 4 Türen von adp.

Das Modell von vorn,

... von hinten,

... von unten.

PKW M 1:87 DDR

11605 Wartburg 313 "Sport"

11615 Wartburg 313 "Sport" offen

11635 EMW 340 Lim. (1952-55)

11636 EMW 340 Taxi

11637 EMW 340 Polizei

11623 Sachsenring S 240

11624 Sachsenring S 240 Polizei

16127 BMW/EMW 321 "Der Eisenacher" 1945-49

16160 DKW F9 Limousine

16121 EMW 340/3 Bestattungswagen

11674 EMW 340 Kombi

16120 EMW 340-4 Sankra

16163 Wartburg 311 Kombi

Post-Kombi

16164 Wartburg 312 Camping

16144 IFA F9 Faltdach

Geländewagen M 1:87

adp Modelle

11785 P 2 M geschlossen Baujahr 1955-62

11784 P 2 M offen Baujahr 1955-62

11781 Kübelwagen P 3 Baujahr 1962

11786 GAZ 69 A

11782 UAZ 469

11788 UAZ 469 mit Verdeck

11791 P2S Schwimmwagen (1958) Feuerwehr

11789 P2S Schwimmwagen (1958)

6

Seite aus dem adp-Katalog von 2007 mit dem 311er Kombi, Post Kombi und dem 312er Wartburg Camping.

9.5.3 Wartburg 311 von BREKINA

Im Oktober 1998 erschien bei BREKINA das Modell des Wartburg 311 im Programm. Im Laufe der Jahre kamen weitere verschiedene Varianten auf den Markt. Eine Anfrage bei BREKINA beantwortet fast alle Fragen rund um den 311:

„Wir wollen Ihnen gern Auskunft geben, soweit wir dies heute, nach 15 Jahren, noch sicher wissen. Die 311-Limousine debütierte bei BREKINA 1998; sie war das erste Pkw-Modell nach DDR-Vorbild. Im damaligen Autoheft haben wir ausführlich über die Vorbilder berichtet. Das Modell hat sich überraschend gut verkauft, weshalb wir uns entschlossen haben, ein Jahr später die Ursprungsausführung mit horizontaler Frontblende und geänderten Stoßstangen nachzuschieben. Auch darüber haben wir ausführlich berichtet – auch dass dieses Fahrzeug ursprünglich als EMW vorgestellt worden ist. Was Sie auf den Modellen schwer erkennen konnten, soll ganz klar das EMW-Logo sein – schließlich haben wir dies so auch publizistisch dargestellt. Von der 311-Limousine sind bis heute etwa 50 Modell-Varianten erschienen. Dabei hat man unterschiedlichste Gesichtspunkte im Auge gehabt, sehr einfach gehaltene Standardmodelle, aufwendig bedruckte usw. U.a. dürften auch Modelle mit dem Aufdruck „Wartburg 1000" dabei gewesen sein. Im Einzelnen lassen sich die Druckumfänge der jeweiligen Modell-Editionen heute nicht mehr aus der Erinnerung abrufen. Auch der Ausstattungsumfang der Modelle – also verchromte Radkappen, Frontblenden usw. – dürfte höchst unterschiedlich gewesen sein, wobei es mit Sicherheit wechselnde Ausführungen gegeben hat. Der Grund ist ganz einfach: Man hat verarbeitet, was verfügbar war, oder musste sich an Zielpreisen orientieren, die nicht immer die höchste Ausstattungsvariante erlaubt haben – so wie bei den realen Autos auch. Anmerkung: Man muss hier sehen, dass wir nicht für jede Neufertigung alle benötigten Teile komplett beschaffen können. Da muss natürlich auch improvisiert werden, und gerade beim Wartburg war mit Blick auf die hohe Preissensibilität der Käufer ein solcher Kompromiss immer vertretbar. Vorsorglich möchten wir aber darauf hinweisen, dass der Camping seit 2008 im Angebot ist. Er ist eine komplette Neuentwicklung und stammt aus chinesischer Fertigung. Vergleicht man beide Modelle, erkennt man die unterschiedliche „Handschrift" deutlich. Vom Camping sind inzwischen 18 Druck- und Farbvarianten erschienen. Insgesamt dürfte es mehr als 100.000 Wartburg 311-Modelle von BREKINA geben. Genauere Zahlen liegen uns zur Zeit leider nicht vor. Die mit Abstand erfolgreichste Dekor-Variante war übrigens die Ausführung Volkspolizei auf Basis der Limousine. Besonders exotisch dürfte die belgische Version „Peirreux" gewesen sein."

(E-Mail BREKINA Modellspielwaren GmbH i. A. Christoph Schöllig vom 21. Mai 2013)

Der 311 mit altem Frontgrill, einmal mit verchromten Radkappen einmal ohne.

Kaum zu erkennen: Das alte EMW Logo, das nur kurzzeitig verwendet wurde und auf dem Modell schwer zu erkennen ist. Bei den übrigen Modellen ist das Logo nur silbern bedruckt.

Mit diesem Prospekt Messeneuheiten 1998 wird der Wartburg bei BREKINA angekündigt.

Das rechte Modell hat, wie das Original, jetzt das neue Frontgitter und eine schmalere Stoßstange sowie eine Sonnenblende, die zusätzlich angebracht werden konnte.

Modelle mit verchromten Radkappen.

Das Modell mit dem Schriftzug Wartburg 1000 und ohne 1000.

27035 Wartburg Seefahrtsamt. Dieses Modell hat einige Besonderheiten: Motorhaube und Kofferraum unbedruckt. Stoßstange vorn und hinten und Kühlergrill aus grauer Plast, matte Radkappen.

Wartburg Exportmodell für Belgien für die Firma Pierreux. Schriftzug am vorderen Kotflügel „Präsident".

Schwarz/weiße de Luxe Variante des 311er Wartburgs, als Exportvariante mit Weißwand-Reifen.

Der Wartburg 311 Pneumant Rallye 82, natürlich wie beim Vorbild andere Felgen.

Einsatzfahrzeuge Feuerwehr und Deutsche Volkspolizei.

BREKINA-Sondermodell 50 Jahre AWE Wartburg 2007
Artikel-Nr. 27024 311 Limousine weiß/blau, Vorbild von 1957.
Artikel-Nr. 27025 311 Limousine weiß/rot, Vorbild von 1957.
Diese Modelle sind aufwendiger bedruckt, z. B. Silber umrandete Rücklichter und Scheibenwischer sowie silberner Rand um den vorderen Radkasten.

[illegible] BMW 1500 Limousine

22300 BMW 1500 Feuerwehr- ELW

[illegible] BMW 1602 Limousine, neue Ausstattung

BMW 1500–2000
BMW 1600-2

Auf der IAA 1961 stellte BMW den neuen Typ 1500 vor. Die Werbeabteilung schuf den Begriff „Die neue Klasse", und tatsächlich war der BMW 1500 ein bautechnisch aufwendiges, modernes Fahrzeug, das nach 10 Jahren glückloser Modellpolitik den so langersehnten Erfolg brachte. 1962 begann die Serienfertigung des BMW 1500, ausgerüstet mit einem 1,5-Liter-4-Zylinder-Motor, der 80 PS leistete. 1963 folgte der Typ BMW 1800 und 1800 ti, 1966 dann der leicht modifizierte BMW 2000. Die neue Klasse wurde 1972 von der 5er Reihe abgelöst. Ausführlich haben wir über die BMW-Personenwagen-Geschichte im Autoheft 1991/92 berichtet.
In den 60er Jahren war die neue BMW-Klasse ein beliebtes Basisfahrzeug für den Motorsport. 1966 erschien als zweites Modell der neuen Klasse die zweitürige Kompakt-Limousine BMW 1600-2, der bald noch deutlich stärker motorisierte Versionen folgten. Diese 02-Reihe lief bis 1975 und wurde zum großen Erfolg für den Hersteller.

[illegible] Wartburg 311 „De Luxe"

AWE
Wartburg 311

Der bekannteste Klassiker Ostdeutschlands aus den 50er Jahren ist der Wartburg 311, der 1956 erschien. Er basierte auf dem Vorkriegs-DKW, erhielt aber von den ostdeutschen Ingenieuren des Automobilwerks Eisenach (AWE) eine moderne, ansprechende Karosserie. Der technisch verwandte DKW 3 = 6 des Westens dagegen lief weiter im alten Stromliniendesign, das von der Grundlinie her aus der Vorkriegszeit stammte. Der Wartburg war bei seinem Erscheinen ein durchaus zeitgemäßes Auto, das es in zahlreichen Karosserie-Varianten gab. Vorerst beschränken wir uns auf die Limousine, die in verschiedenen Dekoren als Taxi, NVA-Fahrzeug, Feuerwehr und Polizei lieferbar ist. Ausführlich haben wir im Autoheft 98/99 über die Vorbilder berichtet.

[illegible] Wartburg Taxi

27008 Wartburg NVA

[illegible] Wartburg 311 "Circus Busch"

27009 Wartburg "Rallye Pneumant"

[illegible] Wartburg "Service"

v 27011 EMW 311 (Wartburg Vorläufer), sortiert

v 27012 Wartburg 311 Modell 1956

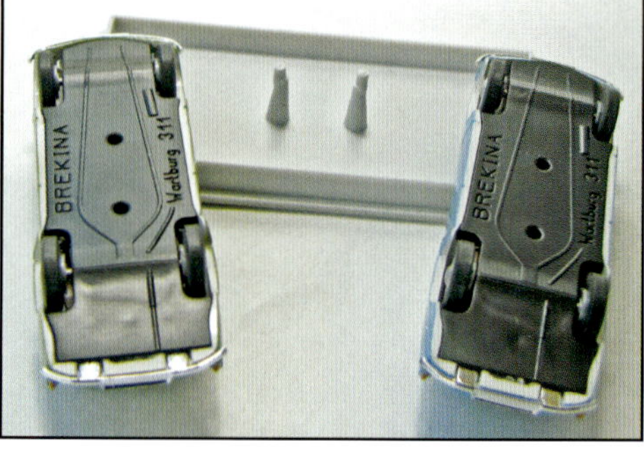

Die BREKINA-Modelle sind auf einer Grundplatte mit Zapfen aufgesteckt und mit einer Klarsichthaube versehen.

Die Maße des Wartburg 311, Vorbild Fahrzeuglänge 4.300 mm, 1: 87= 49,4 mm.

Verschiedene bedruckte Abdeckhauben.

Im BREKINA Autoheft-Gesamtprogramm 2000/2001 wurden verschiedene Varianten vorgestellt.

Verschiedene Wartburg-Modelle.

Neu ab Herbst 2008 bei BREKINA ist der Wartburg 311 Camping. Das Modell weist Merkmale des Wartburg 312/1 auf. Beispielsweise kleinere Räder und andere Felgen, auf der Unterseite des Modells ist der Rahmen runder als bei dem 311er. Man erkennt auch die Einzelradaufhängung. Außerdem wurde bei dem Camping-Modell die Frontscheibe mit einem Silberchromrahmen bedruckt und die Motorhaube wahrscheinlich als Einzelteil aufgesetzt. Das ist bei der 311er Limousine nicht der Fall. Es gab im Original auch die Variante mit Faltschiebedach zwischen den hinteren gewölbten Seitenscheiben. Das Modell ist in der Variante ohne Faltdach dargestellt. Die hinteren gewölbten Seitenscheiben waren beim Wartburg 311 bis 1961 ein Teil mit den Seitenscheiben, später war der gewölbte Teil aus Plast und gelb eingefärbt. Am Modell ist der gewölbte Teil glasklar und geteilt dargestellt. Die Modelle der 311er Limousine passen nicht richtig auf die Zapfen der Schachtel der Camping-Modelle. Eine Demontage des BREKINA 311er Camping-Modells bzw. der Limousine ist möglich. Dabei sollte aber größte Vorsicht und viel Gefühl zum Einsatz kommen, um das Modellfahrzeug nicht zu beschädigen. Als erstes werden die hinteren Stoßstangenecken vorsichtig mit einem feinen Gegenstand aus dem Modell gezogen. Danach wird die Bodenplatte leicht angehoben und herausgezogen. Die vordere Stoßstange kann stecken bleiben. Man kann auch die Verglasung heraushebeln, aber Vorsicht, denn dabei ist das Glas bei den hinteren gewölbten Scheiben in die Karosserie etwas eingeklipst. Die Motorhaube ist leicht angeklebt und mit drei kleinen Stiften versehen, was ein Entfernen schwierig macht. Der Zusammenbau des Modells geschieht durch Zusammensetzen der Bodengruppe mit dem Sitzteil. Das ganze wird in die vordere Stoßstange eingesteckt und die beiden Enden der Heckstoßstangen wieder eingesteckt.

Weitere bei BREKINA unter dieser Artikel-Nr. erschienene Modelle:

- 27109 Wartburg 311 Camping, schilfgrün/weiß, TD
- 27110 Wartburg 311 Camping, weiß/purpurrot, TD
- 27112 Wartburg 311 Camping, karminrot/weiß, TD
- 27114 Wartburg 311 Camping mit Anhänger „Wartburg-Service“, TD

Die Modelle Wartburg 311 Limousine und 311 Camping sind weiterhin bei BREKINA lieferbar und es erscheinen weitere Farb- und Einsatzvarianten.

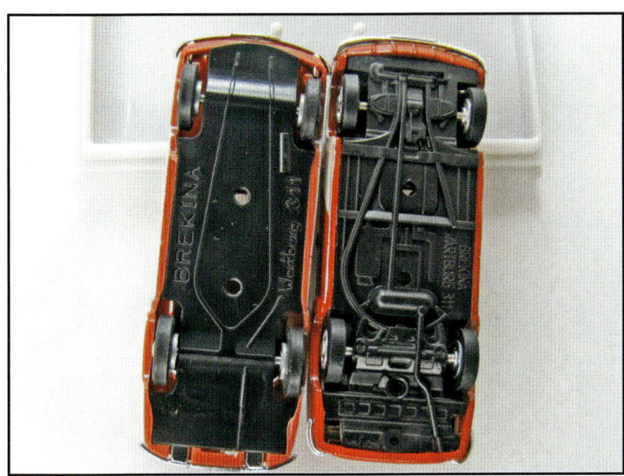

Hier ist der Unterschied Limousine und Camping an der Bodengruppe und im Vergleich gut zu sehen.

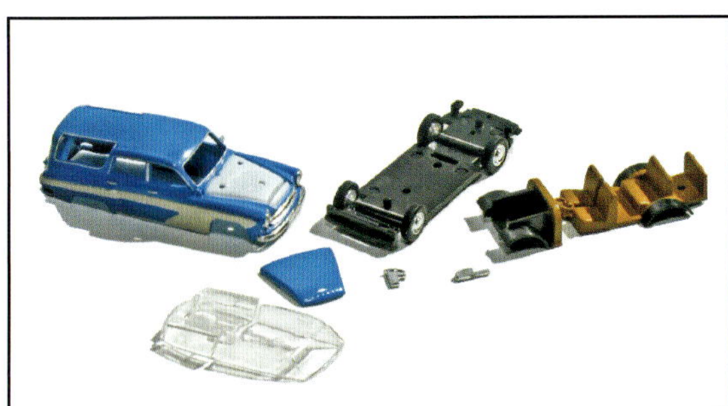

Das Innenleben des Wartburg Camping-Modells. Die Demontage ist im Text beschrieben.

Mit diesem Prospekt vom September 2008 wird der Wartburg 311 Camping angekündigt.

Verschiedene Wartburg 311 und 312 Camping.

9.5.4 Wartburg 311 von modell-mobil Dresden

Wartburg W 311/9-Kombi, DDR 1958, Farbe: grau/beige.

Wartburg W 311-300 HT Roadster mit Stoffdach, geschlossen, rot, DDR 1965.

IFA Wartburg W 311/9-Kombi, DDR 1958, blau-beige.

Wartburg W 311/9-Kombi „VOLKSPOLIZEI", DDR 1958.

IFA Wartburg W 311/9-Kombi, DDR 1958, gelb-beige.

IFA Wartburg W 311/9-Kombi, DDR 1958, grün-beige.

Wartburg W 311/4-Kübelwagen (Militär oder Polizei), DDR 1958.

Wartburg W 311/4-Kübelwagen „Deutsche Volkspolizei", DDR 1956.

Wartburg W 311/9-Kombi Krankenwagen, DDR 1958.

Wartburg W 311/7-Schnelltransportwagen, DDR 1956, Farbe: grau.

Wartburg W 311/2-Cabriolet offen, DDR 1958.

Wartburg W 311/2-Cabriolet offen, DDR 1958.

9.5.5 Wartburg 311 von Kai Rücker und Andreas Thiele

Wartburg 311 Cabriolet Resin Bausatz von Kai Rücker.

Wartburg 312/1 - 920 Kombi mit modernisierter Heckpartie nach oben zu öffnende Hecktür. Resin Bausatz, Hersteller unbekannt.

Wartburg 313/1 Sport, Resin Bausatz von adp.

Der Wohnwagen Friedel ist ein Messing-Bausatz von Permo. Der Wartburg hat Ätzspiegel, Zusatzscheinwerfer und eine Antenne erhalten. Der Kofferraum ist vollgepackt, die dreiköpfige Familie schaut erwartungsvoll nach vorn. (Modell und Foto: Andreas Thiele)

9.5.6 Das Vorbild – der Wartburg 311

Der F 9 wurde ab 1950 äußerlich fast baugleich von der „neuen" westdeutschen Auto Union im Werk Düsseldorf-Derendorf gebaut und nannte sich DKW F 89. Das führte natürlich unter anderem beim Export zu Konflikten. Man musste sich in Eisenach Gedanken um ein neues Firmenlogo und einen Nachfolgetyp machen. Die Entwicklung dieses Automobils war, wie bei anderen DDR-Fahrzeugen, ein von staatlicher Seite nicht genehmigter „Schwarzbau". Das Baumuster EMW 311 behielt im Wesentlichen den Motor sowie das Fahrwerk des IFA F 9. Der Radstand wurde um 10 cm verlängert. Das Besondere aber war die neue Ganzstahl-Karosserie – 4 Türen, geräumiger Innenraum, gute Rundumsicht, großer Kofferraum und leistungsstarker Motor. Allerdings wurde das Fahrzeug dadurch etwas schwerer. Der Dreizylinder-Zweitakt-Reihenmotor mit 900 ccm Hubraum leistete 37 PS, ab 1961 schon weitere 3 PS. Anfänglich wurde noch das AWE-Emblem mit den Farben rot, weiß und blau verwendet. Später kam das Logo mit der Wartburg im Hintergrund und spitz auslaufend zum Einsatz. Ab 1958 wurde im Frontbereich das Gitter mit 3 Querstreben durch ein Ziergitter ersetzt. Ab 1962 gab es dann den Wartburg 311/1000, das heißt der Motor besaß fast 1.000 ccm, genau 992 ccm und leistete 45 PS. Den Wartburg 311 gab es als Cabrio, als Reise Coupé und als Kombi mit rundlichem Heck und seitlich öffnender Tür. Eine weitere Variante war die 311er Camping-Limousine. Dieses Fahrzeug hatte am Heck gewölbte Scheiben und war mit Faltdach lieferbar, es hatte eine schöne Mehrfarb-Lackierung und einige Chromteile. Diese Original-Lackierung wird man an heutigen Fahrzeugen nur noch selten finden.

Weitere Varianten: offener Einsatzwagen für Polizei und Feuerwehr sowie Schnelltransporter. Der 311er gelangte in großen Stückzahlen in den Export, allein in Belgien orderte man 5.561 Fahrzeuge. Auch in die USA wurden etwa 2.000 Fahrzeuge exportiert und in Argentinien wurde er als Dinfia GW 62 (Graziella Wartburg) montiert.

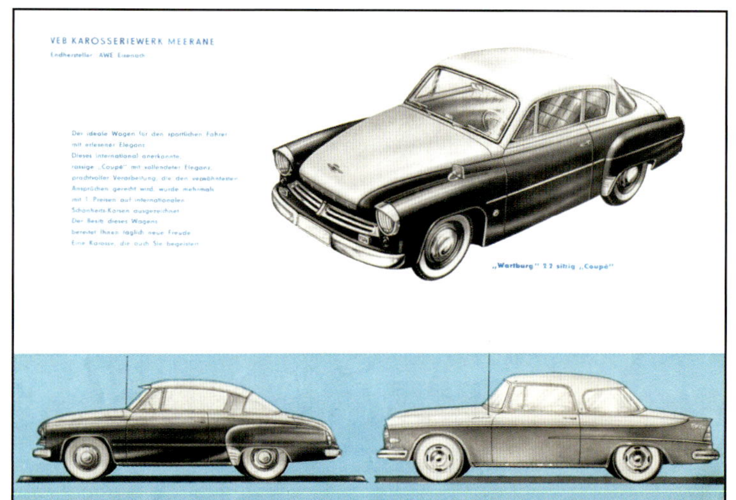

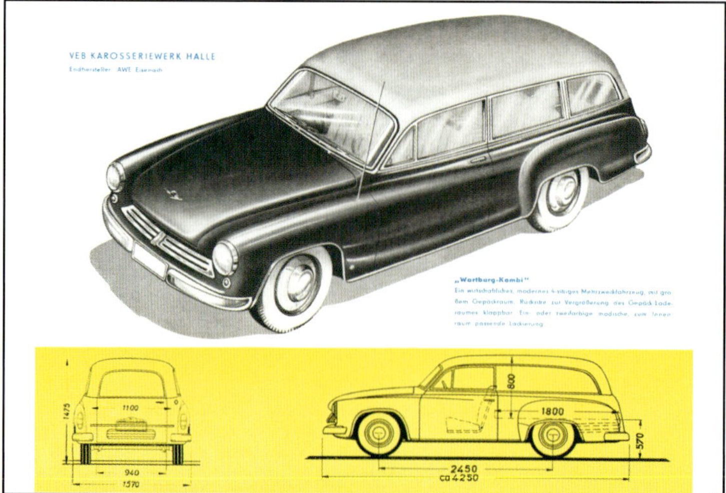

Diese Bilder des Kataloges der Werkgruppe Karosseriebau von 1958 zeigen den 311er als Zweitürer und Karosserien, die nie so gebaut wurden.

Zwei Exportprospekte des 311er Wartburgs.

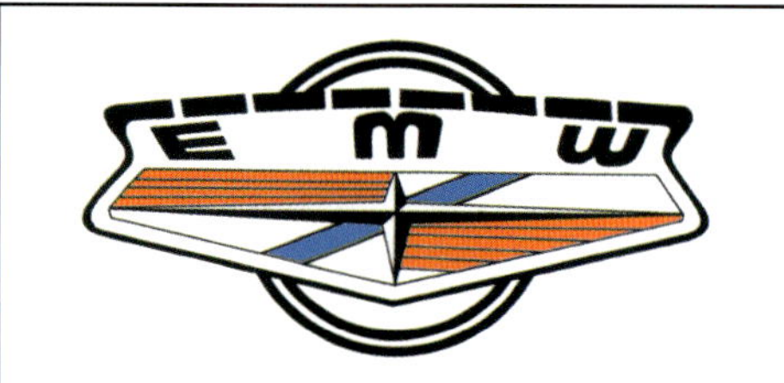

Das alte Wartburg Emblem, das nur kurzeitig verwendet wurde, und darunter das Neue mit der Burg im Hintergrund, wie es bis 1960 in rot/weißer Bedruckung und in schwarz/weißer Bedruckung in immer weiter vereinfachter Form, zum Schluss nur schwarz, bis 1984 verwendet wurde. (Foto: BB)

Zwei Wartburg 311 mit altem Kühlergrill anlässlich 100 Jahre Karosseriebau in Meerane im Jahre 2006 in der alten Werkhalle kurz vor dem Abriss. Hier wurden die Karosserien des Wartburg Coupé gefertigt. (Foto: BB)

Ein Wartburg 311 Cabrio mit dem alten Ziergitter in Schmalzgrube. (Foto: BB)

Der Wartburg 312/1 als Viertürer-Limousine mit neuem Kühlergrill.

Wartburg 311/5 Camping Limousine bei einer Rundfahrt in Wolkenstein. (Foto: BB)

Der Wartburg 311/5 Camping Limousine in der Heckansicht.

Wartburg 311 Schnelltransporter mit zwei Türen und Ladefläche in Zschopau. (Foto: BB)

Ein Wartburg 311/9 Kombi als Zweitürer auf dem Markt in Wolkenstein. (Foto: BB)

9.6 Der Pkw Wartburg 353 und 1.3

9.6.1 Wartburg 353-Modell von Haufe

Das Modell hat den Wartburg 353 aus Eisenach ab dem Jahr 1966 zum Vorbild. Bereits ab 1967 begann die Produktion bei der Firma Kurt Haufe in verschiedenen Varianten. Die Bodenplatte war silber, es gab Varianten mit geteilter Lehne oder ohne Teilung der vorderen Sitzbank. Die Rücklichter lackierte man in wechselnder Qualität rot, bei roten Autos bekamen sie sogar gelbe Farbe ab. Ab 1973 hatte man beim VEB Modell-Konstrukt Probleme mit der Gussform, so dass es zu Veränderungen bei der Kante im Bereich des Kofferraumdeckels kam. Deshalb gab es mehrere Versionen in den Jahren 1974 und 1976. Ab 1979 bis 1990 änderte sich wieder die Form, Gravuren waren jetzt oberflächiger und die Türgriffe und die Rücklichter wurden höher angebracht. Die Räder entstanden als Formteil aus Plast, statt den früheren Stahlachsen. Diese Modelle lassen sich nur schwer öffnen, da sie verklebt sind. Es gab zahlreiche Farbvarianten.

Unterschiede gab es bei den Türgriffen und Rädern.

Es gab Varianten mit geteilten und ungeteilten Vordersitzen.

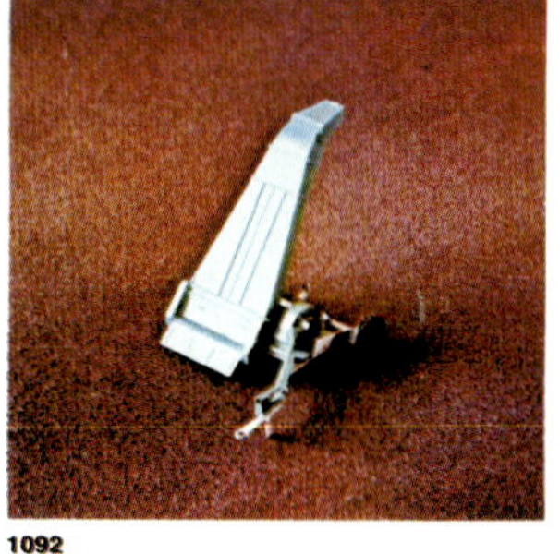

1091
Mähläder
Harvester mover
Camion de la moisson

1092
Schlegelhächsler
Chaff-cutter
Machine à levier de paille hachée

13/7
B 1000 Havariedienst
B 1000 average service
B 1000 camion du service d'havarie

1013/8
B 1000 Deutsche Post
B 1000 German Post
B 1000 «Deutsche Post»

1058
Gabelstapler
Fork-stacker
Chariot élévateur à fourche

17/422 PKW Wartburg in verschiedenen Farben H0
Car "Wartburg" in different colours H0
Auto «Wartburg» en différentes couleurs H0

17/425 PKW Trabant in verschiedenen Farben H0
Car "Trabant" in different colours H0
Auto «Trabant» en différentes couleurs H0

1013/1
B 1000 Reparatur-Schnelldienst
B 1000 Repair quick service
B 1000 auto du service rapide de réparation

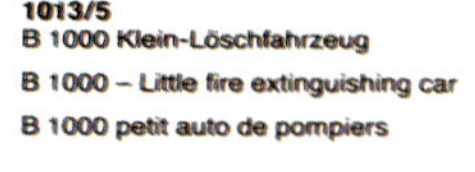

1013/5
B 1000 Klein-Löschfahrzeug
B 1000 – Little fire extinguishing car
B 1000 petit auto de pompiers

1040
Multicar

QUALITÄTSARBEIT
AUS DEM
ERZGEBIRGE

60

Seite 60 aus einem Export-Katalog von nach 1978, genaues Datum ist nicht bekannt, vom VEB Kombinat Holzspielwaren VERO Olbernhau - Betrieb DDR 933 Olbernhau, Postschließfach 27
Zum VEB Vero Olbernhau gehörten 1981 11 Werke mit 98 Produktionsstätten und rund 3.500 Beschäftigten. Durch Kombinatsbildung im Spielwaren-Bereich in der DDR ist ein fast undurchsichtiges Geflecht an Betrieben entstanden. Vor allem bei der Verstaatlichungswelle um 1972. Zuvor gab es noch viele kleine Privatbetriebe. In vielen Werkteilen von VERO wurden auch Holzspielwaren und erzgebirgische Volkskunst hergestellt. Nach 1990 wurde VERO aufgelöst und einige Betriebe wieder reprivatisiert. Sehr bekannt ist hierbei die Firma Auhagen in Marienberg, welche heute noch recht erfolgreich mit Modellbahn-Zubehörbausätzen am Markt ist.

Hier kann man gut die veränderten Kofferraumkanten erkennen.

Auch auf der Grundplatte gibt es Produktionsunterschiede.

Verschiedene Wartburg 353, es gibt sicherlich noch mehr Varianten.

9.6.2 Wartburg 353-Modell von Herpa

Das bei Herpa 1999 editierte Modell hat den Wartburg 353 von 1966 zum Vorbild. Auf der Leipziger Herbstmesse 1966 wurde das Original der Öffentlichkeit vorgestellt. Bei Herpa erschien das Modell dieses Fahrzeuges als Limousine mit verchromten Stoßstangen und Frontgrill sowie bedruckten, recht flachen Türklinken und Lüftungsschlitzen am Türholm hinten. Die „Hörner" an der Stoßstange sind im Modell etwas zu groß geraten. Beim Vorbild sind diese „Hörner" mit schwarzem Gummi versehen, was aber im Modell nicht erkennbar ist. Aufgedruckt sind die Scheibenwischer. Links an der Fahrertür ist ein Spiegel, der aber nicht bedruckt ist. Auch die Blinker an den vorderen Fahrzeugecken sind nicht farbig abgesetzt. An der Windschutzscheibe innen wurde ein Spiegel eingraviert. An der Heckklappe ist keine Türöffnung angedeutet und der Schriftzug Wartburg fehlt auch. Die Bodenplatte des Modells ist recht einfach gehalten. Das hintere Nummernschild blieb unbedruckt.

Bei Herpa erschien eine weitere Variante des 353 mit dem Frontgrill des Vorbildes von 1985, dem Wartburg 353 W. Hier war das Frontgrill in Wagenfarbe lackiert mit vier horizontalen Schlitzen statt Gitter. Am Modell ist das umgesetzt worden und der Schriftzug Wartburg auf dem Grill ist zu erkennen. An der Frontschürze des Modells sind Nebelscheinwerfer angedeutet. Die Felgen und die Radkappen sind matt grau dargestellt, die Rücklichter sind aus roter Plaste eingesetzt. 2009 erschien der Wartburg 353 Tourist als Modell. Das Vorbild wurde 1967 auf der Herbstmesse in Leipzig vorgestellt. Das Herpa-Modell des Wartburg Tourist hat man karosseriemäßig gut umgesetzt. Die Bedruckungen sind analog der Limousine bzw. fehlen auch hier. Auch bei diesem Auto ist der Türgriff an der Heckklappe nicht angedeutet. Einige Tourist-Modelle haben silberfarbene Räder. Die Modelle des 353 gibt es in verschiedenen Lackierungen im Handel. Auch wurden Modelle von Behördenfahrzeug-Vorbildern wie beispielsweise Feuerwehr-, Krankenwagen- und Polizeifahrzeugen in den Handel gebracht. Auch hierzu gibt es Sondermodelle, beispielsweise 50 Jahre Herpa.

Wartburg 353 Limousine, 1966.

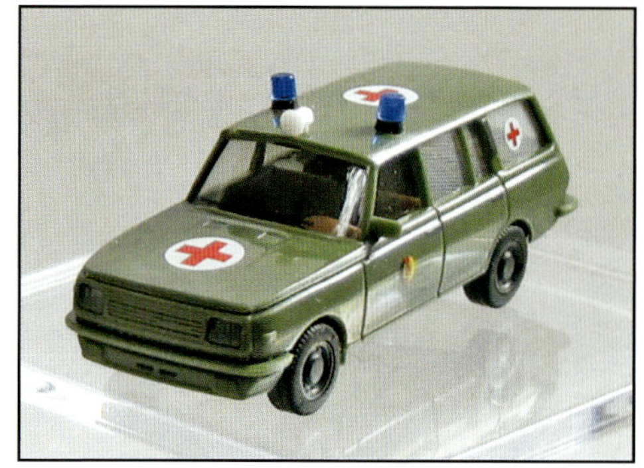

Herpa Artikel-Nr. 022903 zur Zeit Auslauf-Modell Wartburg Tourist NVA Medizinischer Dienst Nr. 048255. Das Wartburg 353-Modell von 1985 hat hinten und vorn nicht mehr die senkrechten „Hörner“ an der Stoßstange.

Verschiedene Feuerwehr-Wartburg 353 mit Beschriftung und Signalanlage.

Das Wartburg-Einsatzfahrzeug Schnelle Medizinische Hilfe, SMH, eignete sich besonders dort, wo lange Fahrtstrecken zu überbrücken waren. 1984 wurde das System der Schnellen Medizinischen Hilfe in der DDR eingeführt. Die Produktion des 353 med. erfolgte ab 1984 im VEB Karosseriewerk Halle in zwei Varianten, dabei wurde die technische Ausrüstung des Fahrzeuges nicht verändert. Zu diesen Fahrzeugen der SMH gehörte der SMH 2 auf dem normalen Barkas und der B 1000 SMH 3. Ein Sonderaufbau als Hochdach-Variante mit großer Heckklappe.

Das Innenleben des 353er Tourist Schnelle Medizinische Hilfe hat wenig mit einem Rettungsfahrzeug zu tun. Geöffnet werden kann das Modell, indem man die vordere und hintere Stoßstange vorsichtig herauszieht.

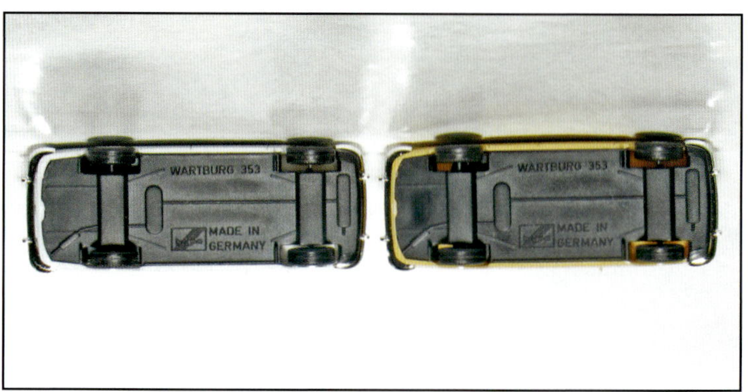

Der Wartburg von unten, die Bodenplatte ist recht einfach gehalten.

9.6.3 Wartburg 353 Tourist-Modell von Bahn und Hobby Günsel

Dieses Modell des Wartburg 353 Tourist Baujahr 1985 stammt aus russischer oder ukrainischer Produktion und ist eine mehr oder weniger detaillierte Kopie des Wartburg Tourist von Herpa. Auffällig hier das recht grobe Profil der Plast-Räder und die großen gelb bedruckten Heckleuchten. Diese Form der Heckleuchten gab es erst bei dem Wartburg 1.3. Es haben aber auch schon in den siebziger/achtziger Jahren Privatbastler an die Fahrzeuge Wartburg 353 Rückleuchten des Polski-Fiat 125 P WR 75 oder Lada 2103 montiert. Die Frontpartie ähnelt stark dem Herpa-Modell, beispielsweise Nebelscheinwerfer. Einziger Unterschied – die Lüftungsschlitze auf der Motorhaube.

Wie die richtigen Wartburg 3.1-Rückleuchten aussehen – siehe Vorbild.

9.6.4 Wartburg 353-Modell von Kai Rücker und Andreas Thiele

Ein Wartburg 353, das Vorbild war auf dem Flughafen Berlin Schönefeld als „Follow me" Fahrzeug im Einsatz. Die Besonderheit: das Fahrzeug hatte Rechtslenkung. Umbau aus Herpa-Modell.

Dieser Volkspolizist hat bestimmt etwas gegen das Wettfahren dieser beiden Melkus Wartburg. Ein schönes Diorama von Kai Rücker – überarbeitetes V&V-Modell.

Ein Wartburg 353 im Einsatz. Andreas Thiele baute dieses schöne Gespann, er schreibt dazu: Familie Müller kehrt aus dem Urlaub zurück. Vater Müller hat es doch tatsächlich geschafft, ein paar brauchbare Caravan-Rückspiegel aufzutreiben. Und das im Urlaub! So ein Teufelskerl! Nun kann eine VP-Kontrolle ja kommen.

Der Wartburg Melkus im Angebot von modell-mobil Dresden.

V&V-Nr. 1610 Melkus RS 1000, DDR 1969, Weißmetall-Bausatz bzw. Fertigmodell.

9.6.5 Das Vorbild – der Wartburg 353

Nachdem der Wartburg 311 einen 1.000 ccm Motor mit 45 PS erhielt, war es auch an der Zeit das Fahrwerk und die Karosserie zu überarbeiten. Das entstandene, neuentwickelte Fahrzeug erhielt die Bezeichnung Wartburg 312. Es hatte unter anderem kleinere 13 Zoll-Räder, geänderten Rahmen, Schraubenfeder-Einzelradaufhängung hinten und vorn, leicht überarbeitete Frontpartie und den Schriftzug „312“. Das Fahrzeug wurde nur reichlich ein Jahr gebaut, es sollen etwa 36.274 Stück entstanden sein.

1966 begann im VEB Automobilwerk Eisenach die Produktion eines völlig neuen sachlicher und kantiger gestalteten Fahrzeuges mit der Bezeichnung Wartburg 353. Besondere Merkmale waren unter anderem die Rechteck-Scheinwerfer sowie die zwei recht großen Hörner an der Stoßstange hinten und vorn. Dieses Fahrzeug gehörte zu der Zeit im internationalen Vergleich zu den Besten seiner Klasse. Allerdings wurde dieser Wartburg, bis auf einige technische Veränderungen, 22 Jahre lang so gebaut, damit verlor man natürlich den Anschluss. Auf der Messe in Leipzig 1968 konnte dann auch der Wartburg Tourist, mit nach oben öffnender Hecktür von der Öffentlichkeit begutachtet werden. Die Karosserien dafür wurden in Halle und Dresden produziert. Ab 1972 lieferte man auf Wunsch auch mit Knüppelschaltung. 1975 erfuhr der Wartburg noch einige technische Verbesserungen: wie Scheibenbremsen vorn, neue Instrumententafel, modernisierte Innenausstattung, Purschaum-Lenkrad. Das Fahrzeug erhielt jetzt die Bezeichnung 353 W (Weiterentwicklung). Ab 1985 gab es am Wartburg nochmals weitere technische Veränderungen. Besondere Kennzeichen waren der Frontkühler, das neue in Wagenfarbe lackierte Grill mit horizontalen Schlitzen, geänderte Stoßstangen sowie eine Bugschürze mit eingebauten Nebelscheinwerfern. Als Sondervariante wurde ab 1982 in geringen Stückzahlen der Wartburg MED Schnelle Medizinische Hilfe gebaut. Ein Wartburg Kombi mit umfangreicher medizinischer Ausrüstung und Sondersignal-Einrichtung.

Noch einige technische Daten des Wartburg 353:

Ab 1966 Motor mit 992 ccm und 45 PS, ab 1969 992 ccm und 50 PS Leistung, Höchstgeschwindigkeit 125 km/h, Leergewicht 910 kg, 390 kg Zuladung.

Wenn auch am 30. April 1981 in Eisenach der 1.000.000. Wartburg gefeiert wurde, so musste doch der normale DDR-Bürger 15 Jahre auf ein neues Fahrzeug warten.

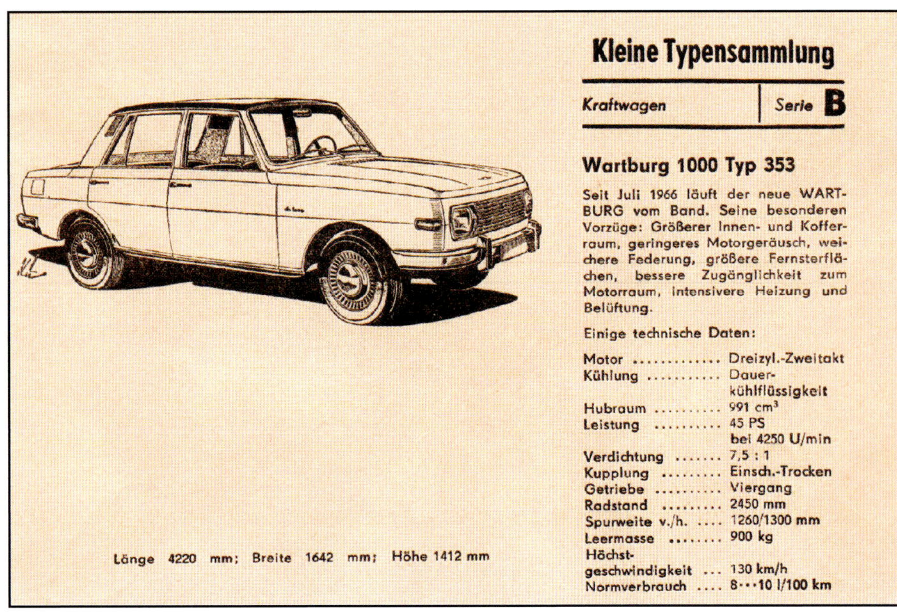

Kleine Typensammlung

Kraftwagen | Serie **B**

Wartburg 1000 Typ 353

Seit Juli 1966 läuft der neue WARTBURG vom Band. Seine besonderen Vorzüge: Größerer Innen- und Kofferraum, geringeres Motorgeräusch, weichere Federung, größere Fensterflächen, bessere Zugänglichkeit zum Motorraum, intensivere Heizung und Belüftung.

Einige technische Daten:

Motor	Dreizyl.-Zweitakt
Kühlung	Dauer-kühlflüssigkeit
Hubraum	991 cm³
Leistung	45 PS bei 4250 U/min
Verdichtung	7,5 : 1
Kupplung	Einsch.-Trocken
Getriebe	Viergang
Radstand	2450 mm
Spurweite v./h.	1260/1300 mm
Leermasse	900 kg
Höchstgeschwindigkeit	130 km/h
Normverbrauch	8···10 l/100 km

Länge 4220 mm; Breite 1642 mm; Höhe 1412 mm

Ein Wartburg 353 wie er bei der NVA im Einsatz war. Es war das Dienstfahrzeug des Autors in Strausberg 1970!

Kleine Typensammlung – Wartburg 1000 Typ 353.

Der Wartburg 353 im Einsatz – als Taxi. (Foto: BB)

– bei der Feuerwehr

– und bei der Deutschen Volkspolizei.

Der Wartburg Tourist 353 und 1.3.

Der Wartburg Tourist 353.

Eines von viele „Perspektivfahrzeugen“, von diesen guten Ideen ist nichts weiter als eine Zeichnung übriggeblieben.

Der Wartburg Tourist 353. (Foto: BB)

Der Wartburg 353 W mit dem neuen Kühlergrill ab 1985.

9.6.6 Der Wartburg Melkus RS 1000

An dieser Stelle soll noch der Wartburg Melkus RS 1000 erwähnt werden. Das Fahrzeug wurde von Heinz Melkus in Dresden von 1969 bis 1980 101 mal gebaut. Dieses Auto war ein Novum im DDR-Fahrzeugbau. Das Fahrzeug für Rundstrecken- und Bergrennen konstruiert, war auch für die normale Straße zugelassen. Die meisten Teile stammten vom Wartburg 353. Das zweitürige Sport-Coupé hatte den „frisierten" Dreizylinder-Zweitakt-Motor des Wartburg 353. Anfänglich mit 992 ccm und 70 PS, ab 1972 dann mit 1.150 ccm und bis zu 100 PS. In den Jahren 2006/2007 wurden nochmals 15 Fahrzeuge gefertigt.

RS 1000-Parade zum Barkastreffen im Podelwitz. (Foto: BB)

Links der RS 2000 aus der jüngeren Vergangenheit neben seinem betagten Vorläufer, dem RS 1000. (Foto: BB)

Typisch für die Melkus-Rennwagen sind die Flügeltüren, links wieder der Klassiker und rechts der wesentlich jüngere RS 2000. (Foto: BB)

Ein Blick unter die Haube des RS 1000 zum Oldtimertreffen Kirchberg Classics.

Hier ein Blick auf den Antrieb des RS 2000, welcher von 2009 bis 2012 in Kleinserie produziert wurde. (Foto: BB)

9.6.7 Der Wartburg 1.3

Wie in der gesamten DDR-Fahrzeugindustrie gab es auch in Eisenach viele Ideen, um die Modelle auf den internationalen Standard zu bringen. Es wurden neue innovative Karosserien entwickelt und Viertakt-Motoren erprobt, es nutzte alles nichts, es blieb alles beim Alten. Eine wesentliche Veränderung erfuhr der Wartburg ab 1988. Zahlreiche Änderungen waren am Fahrzeug notwendig, um den von Partei und Regierung beschlossenen Einbau des VW-Motors zu realisieren. Der Motor wurde im Motorenwerk Karl-Marx-Stadt in VW-Lizenz gebaut. Am 12. Oktober 1988 lief dann der erste Wartburg mit VW-Motor, der Wartburg 1.3 (Viertakt-Motor, 1.300 ccm Hubraum, 58 PS Leistung) vom Band. Wie bekannt, rettete das auch nicht mehr den DDR-Automobilbau. Auch der Export kam nicht mehr zustande. Die politische Wende kam und somit die „West-Autos". Jetzt wollte auch niemand mehr den Wartburg. 15 Jahre Wartezeit waren vorbei. 1989 rollte die letzte zweitaktende Variante und am 10. April 1991 der allerletzte Wartburg aus den Werkhallen. Es sollen alles in allem 1.837.708 Wartburg gebaut worden sein. Am 6. Mai 1991 wurde das seit 1896 bestehende Unternehmen liquidiert. Heute werden am historischen Automobilstandort Eisenach Opel-Fahrzeuge in einem neuen Werk gebaut. Nur das Museum „automobile welt eisenach" (Friedrich-Naumann-Straße 10, 99817 Eisenach) erinnert noch an den traditionsreichen Betrieb.

Der Wartburg 1.3 Kombi. Das Fahrzeug ist noch im aktiven Einsatz. Man sieht diesem Fahrzeug sein Alter aber an.

Der Wartburg 1.3 Limousine.

Die Heckansicht des Wartburg 1.3.

Hier ein Vergleich zwischen Wartburg 1.3 und Wartburg 353 W. (Foto: BB)

10. Autos aus Frankenberg, Hainichen und Karl-Marx-Stadt – Die Modelle, die Vorbilder

Auch bei diesen Fahrzeugen, wie bei Trabant und Wartburg, basierte die Fahrzeugproduktion in der DDR auf den vor dem Krieg entwickelten und teilweise gebauten Fahrzeugen. Erst im Laufe der Jahre wurden diese Fahrzeuge durch Weiter- oder Neuentwicklungen abgelöst, das war bei Framo nicht anders. Ein wichtiges Transportfahrzeug vor dem 2. Weltkrieg, und später auch in der DDR, waren die Kleintransporter Framo und Barkas B 1000, welche man an drei Orten in Sachsen baute. Damals gehörten zum VEB Barkas Werke Karl-Marx-Stadt (heute Chemnitz) das Motorenwerk Karl-Marx-Stadt, das Fahrzeugwerk Karl-Marx-Stadt, der VEB Barkas Werke Hainichen/Sa. und der VEB Fahrzeughydraulik Frankenberg/Sa. Produktionsbedingt wurden die Rohkarossen von Karl-Marx-Stadt zur Montage nach Hainichen transportiert. Diese recht schnellen und wendigen Fahrzeuge mit einer Nutzlast bis 1 t, waren in vielen Bereichen universell einsetzbar. Im VEB Fahrzeugwerk Karl-Marx-Stadt (Chemnitz) wurden nicht nur Teile für den Framo bzw. Barkas gefertigt. Zwei weitere Fahrzeuge wurden hier entwickelt bzw. gebaut. Es geht um die Geländewagen P2 und P3. Diese Kraftfahrzeuge waren vorwiegend für das Militär gedacht, später erhielten dann einige Feuerwehren diese Fahrzeuge. Auch über die Automobile Framo, B 1000 sowie P2 und P3 soll es nun in diesem Kapitel eine umfangreiche Modellbeschreibung geben.

Die genannten Kleintransporter fertigen einige Modellhersteller im Maßstab 1:87 aber auch in 1:120. Seit 1997 gibt es den Framo von Hruska und ab Juli 2013 auch von Herpa. Der Framo ist eigentlich in seiner genauen Bezeichnung ein Barkas V 901/2 wird aber weiterhin als Framo bezeichnet. Näheres dazu bei der Beschreibung des Vorbildes. Bereits 1963 gab es bei ESPEWE den Barkas B 1000. Den Kleintransporter Barkas B 1000 von BREKINA gibt es seit 2007 in zahlreichen Varianten. Da die Vorbilder reine DDR-Erzeugnisse waren, fertigte vor der Wende kein westdeutscher Hersteller diese Modelle, im Gegensatz zu Horch- und BMW-Modellen aus Eisenach. Da es vom Framo sowie Barkas zahlreiche Varianten wie beispielsweise Koffer-, Pritschen-, Kombi- und Krankenwagen sowie Kleinbus und Kastenmehrzweckaufbauten gibt, erschließt sich natürlich für den Modellautobauer eine große Möglichkeit hierbei viele Modellvarianten nachzubauen. Zu den ursprünglichen Typen, kommen am Fahrzeug ja auch äußerliche Veränderungen im Produktionszeitraum, sowie zahlreiche Lackierungen und Beschriftung der Fahrzeuge für den jeweiligen Einsatzzweck. Zum Beispiel Fahrzeuge für die HO (Handelsorganisation), den Konsum, das Bestattungswesen, die Feuerwehr und die Polizei oder mit Beschriftungen der verschiedenen Betriebe oder Organisationen. So gibt es hier ein umfangreiches Modellangebot. Die Hersteller bieten immer wieder neue Varianten an.

Zweimal Barkas: Barkas B 1000 und Barkas V 901/2

10.1 Kleintransporter Barkas V 901/2 (Framo)

10.1.1 Der Framo von Hruska/Permot

Mit der Firma Permot begann 1948 Gerhard Hruska die Fertigung von Modelleisenbahnartikeln. 1957 erhielt das Unternehmen den Namen Elektro- und Feinmechanik G. Hruska. Mit der Verstaatlichung der privaten Betriebe wurde 1972 aus dem Unternehmen der VEB Modellbahnzubehör Glashütte. Eine weitere Namensänderung gab es 1981, als man den Betrieb dem VEB Prefo Dresden angliederte. In dieser Zeit entstanden die Skoda-Lkw in zahlreichen Varianten. Nach der politischen Wende erhielt der Alteigentümer sein Unternehmen zurück und es entstand 1992 die Firma Hruska GmbH. Bereits 1990 hatte die Firma die Formen des VEB Metallaufbereitung Halle (MAB) gekauft und übernahm damit die Produktion des bekannten Modells Tatra T 815. Doch Umsatzrückgang, Rückzahlung von Krediten sowie die wirtschaftliche Lage zwangen die Firma Hruska im Sommer 1999 in die Insolvenz. Es sind aber noch Hruska/Permot-Modelle im Handel.

Das Hruska Framo-Modell wurde in Nürnberg zur Spielwarenmesse im Januar 1996 erstmals durch Gerhard Hruska vorgestellt, wie schon erwähnt, müsste es richtig Barkas V 901/2 heißen, aber im Allgemeinen wird das Fahrzeug als Framo bezeichnet. Hier war nur erstmal das Handmodell, ein blauer Lieferwagen, zu sehen. Bereits zur Messe 1997 wurden weitere Framo-Modelle vorgestellt. 1998 kamen dann die Feuerwehr und andere Bedruckungsvarianten dazu.
Einige Framo-Modelle haben an der Unterseite ein angeklebtes Ersatzrad. Bekannt sind die Modelle mit den Artikel-Nummern 78165 grau und 78176 Feuerwehr sowie Framo gelblich – ohne Artikel-Nummer.

Weitere bekannte Modelle:
- Framo blau mit Aufdruck „Permot"
- 78172 „Konsum"
- 78173 „Elektro Beyer"
- 78174 „Patina"
- 78178 „FW-Krankentransport"
- 78179 „Militär-DDR-Sankra (NVA)"
- 78187 „Robur Kundendienst"
- 78188 „Bestattungswagen"
- 78192 „Forst"
- 78009 „Deutrans", orange
- 78305 „Deutrans", grau
- 78140 „Deutrans", weiß

Von Modell-Car-Zenker in Zwickau wurden u. a. folgende Modelle ausgeliefert:
- Zenker 03-07 „IFA-Kundendienst Werdau"
- Zenker 03-08 „VEB Barkas Werke Hainichen - Service"
- Zenker 03-17 „VEB Automobilwerk Zwickau - Service"

Das Handmodell des Framo auf der Spielwarenmesse 1996.

Die Ankündigung des Framo bei Hruska.

Eine Seite aus dem wahrscheinlich letzten Katalog von Hruska.

Katalogseite aus dem Jahr 2003 von Tillig/ Sachsenmodelle mit weiteren Framo-Modellen.

78080 (Hruska GmbH)
Skoda mit Containerauflieger „Deutrans"
Skoda with Container „Deutrans"

78165 (Hruska GmbH)
Framo blau, beige oder rot
Framo blue, beige or red

78166 (Hruska GmbH)
Framo „Deutsche Post"
Framo „Deutsche Post"

Mitropa

78167 (Hruska GmbH)
Framo „Fernmeldepost"
Framo „Fernmeldepost"

78171 (Hruska GmbH)
Framo „Feuerwehr"
Framo „Fire brigade"

78172 (Hruska GmbH)
Framo „KONSUM"
Framo „KONSUM"

78177 (Hruska GmbH)
Framo „Polizei"
Framo „Police"

78178 (Hruska GmbH)
Framo „Feuerwehrkrankentransport"
Framo „Fire brigade ambulance transportation"

78186 (Hruska GmbH)
Framo DRK „Krankentransport"
Framo DRK „Krankentransport"

NEU

78187 (Hruska GmbH)
Framo Kundendienst „ROBUR"
Framo Service „ROBUR"

71400 (DH-01)
Bausatz - Motorrad Indian Scout mit Beiwagen, 1928; *Kit - Motorbike Indian Scout with sidecar, 1928*

71401 (DH-02)
Bausatz - Motorrad Tatra 49 Dreirad, 1929
Kit - Motorbike Tatra 49 Trecycle, 1929

71402 (DH-03)
Bausatz - Motorrad Indian Chief Police, 1940
Kit - Motorbike Indian Chief Police, 1940

71404 (DH-05)
Bausatz - Motorrad BMW R60/R69, 1956
Kit - Motorbike BMW R60/R69, 1956

71403 (DH-04)
Bausatz - Motorrad Indian Four, 1940
Kit - Motorbike Indian Four, 1940

Einige Framo-Modelle von vorn. Unterschiede: Das ganz linke Modell ist völlig unbedruckt, am Krankenwagen fehlt der silbern bemalte Punkt an der Motorhaube. Bei der Feuerwehr ist dieser Punkt zu groß geraten.

Die Modelle von hinten, auch hier gibt es Unterschiede, bei einigen Modellen ist der Türgriff der hinteren Tür bemalt, bei einigen nicht.

Einige Einsatzfahrzeuge des Framo. Der Krankentransportwagen ist hier als Kombiwagen dargestellt. Aber die Bedruckung stimmt in Art und Form mit dem Original überein. Das Vorbildfahrzeug hat allerdings eine Bus-Karosserie.

Die Modelle haben auch verschieden farbige Räder – weiß, grau, rot, leicht silbern.

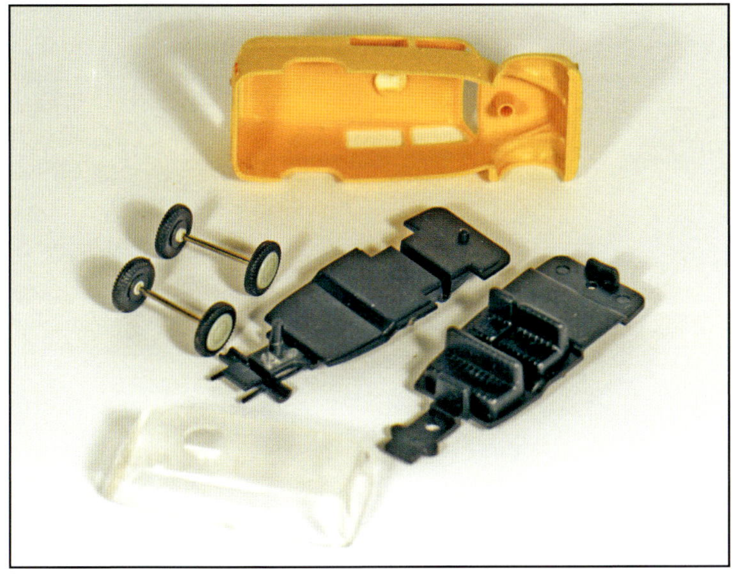

Das Modell besteht aus einem Karosserie-Oberteil, Glaseinsatz, zwei Bodengruppen und Rädern auf Stahlachsen.

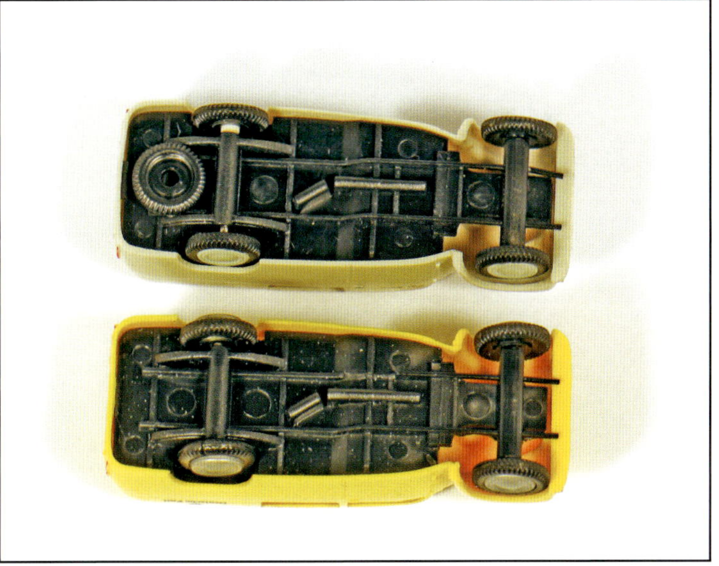

Es gibt Modelle mit und ohne Ersatzrad, dabei wurde das Rad mal von der einen Seite, mal von der anderen Seite eingeklebt.

Sondermodelle der Firma Modell-Car-Zenker, die meist in einer Auflage von 500 Stück erschienen sind.

10.1.2 Der Framo von Herpa

Als Neuheit im August 2013 erschien der Framo 901/2 mit Pritsche/Plane „Schmiedemeister Günsel“ Artikel-Nr. 090650 (jetzt Auslaufmodell).

Weitere Modelle:

- Framo 901/2 in moosgrün mit unbedruckter grauer Plane Art.-Nr. 0908962
- Framo 901/2 in grau mit unbedruckter grauer Plane auch Art.-Nr. 908962
- Framo 901/2 in blau mit blauen Rädern und hellgrauer Plane, jetzt Artikel-Nr. 303200,

weitere Farbvarianten werden bestimmt folgen.

Die Spielwarenkette „Spielemax“ bietet den Herpa-Framo in verschiedenen Farben und Bedruckungen teils als Exklusivmodell an.

- „Mitropa“ Art.-Nr. 330-910583
- des VEB Kombinat Getreidewirtschaft, Art.-Nr. 330-912907
- „Kohlehandlung Eismann Brandenburg“, Art.-Nr. 330-913775
- „PGH Funktechnik Dresden“, Art.-Nr. 330-912914
- „Kampfgruppe des VEB Stahl- und Walzwerk Riesa“ Art.-Nr. 330-912884

Unter der Herpa Artikel-Nummer 066... gibt es den Framo 901/2 mit Plane auch im TT Maßstab 1:120

16 COLLECTION 2013 1/87

023702 9,50 €
Audi 100® Coupé S

027557 4,95 €
Audi 100® Limousine

027526 4,95 €
Auto Union 1000 SP

024549-002 4,95 €
Alfa Romeo Alfasud Ti

024976-003 11,50 €
034975-003 11,50 €
BMW 3er™ Limousine / metallic

038225 11,50 €
BMW 3er™ Touring metallic

024372-002 / 034371 10,50 € / 11,50 €
BMW 5er™ Limousine / metallic

024402-003 10,50 €
034401-003 11,50 €
BMW 5er™ Touring / metallic

024099 / 034098-002 10,50 € / 11,50 €
BMW 7er™ lang 2008 / metallic

024341-002 10,50 €
034340-002 12,50 €
BMW X1™ / metallic

024631-003 11,50 €
BMW X3™

023436 9,50 €
BMW 323i E 21™

024136-003 9,50 €
Borgward Isabella Kombi

033510 10,50 €
BMW 2002 Tii™, metallic

023726 9,50 €
BMW 700™ Sportcoupe

022279 9,50 €
BMW 502™

024129-003 9,50 €
Borgward Isabella Coupé

024655 / 034654 9,50 € / 10,50 €
Borgward Isabella Limousine / metallic

020817 11,50 €
Citroën 2 CV Charleston

020824-003 9,50 €
Citroën 2 CV

024563-002 4,95 €
DKW Junior

027335-002 9,50 €
Fiat Panda

033398 10,50 €
Ford Taunus 1600 Coupé, metallic

024488-002 4,95 €
Ford Taunus P5

024686-002 4,95 €
Ford Taunus Weltkugel

090650 16,00 €
Framo 901/2

024792 11,50 €
GAZ 69

Herpa-Prospekt Cars & Trucks News 11-12 & Collection 2013, hier wird der Framo vorgestellt.

Der Framo mit der Art.-Nr. 30200 in komplett blau. Ob es im Original blaue Radkappen an dem Fahrzeug gegeben hat, ist zu bezweifeln. Ansonsten ist das Modell sauber bedruckt.

Das Framo-Modell. Das Loch am Holm an der Fahrerseite ist kein Produktionsfehler, sondern hier kann der kleine mitgelieferte Spiegel eingeklebt werden. Geliefert werden die Modelle in einer Plisterpackung mit Pappeinleger.

Die Heckansicht der Herpa-Framo. Das Plastteil mit den Rücklichtern ist nur in den Rahmen eingesteckt und kann leicht herausfallen.

Dieser Framo ist matt grau, der Grüne Glanz lackiert. Die Bedruckung ist bei beiden gleich und recht genau.

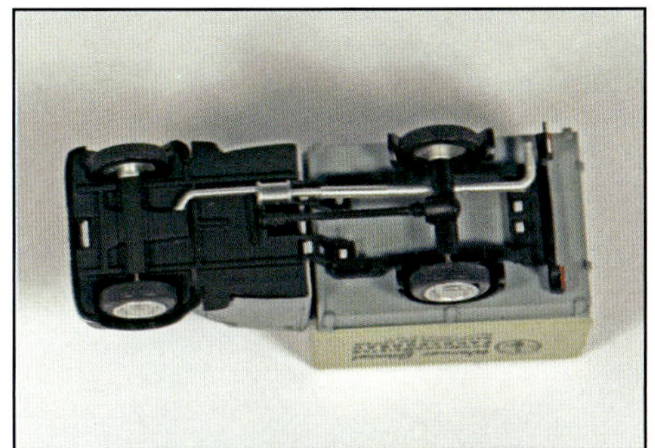

Die Unterseite des Modells. Man kann gut die gesteckten Teile erkennen.

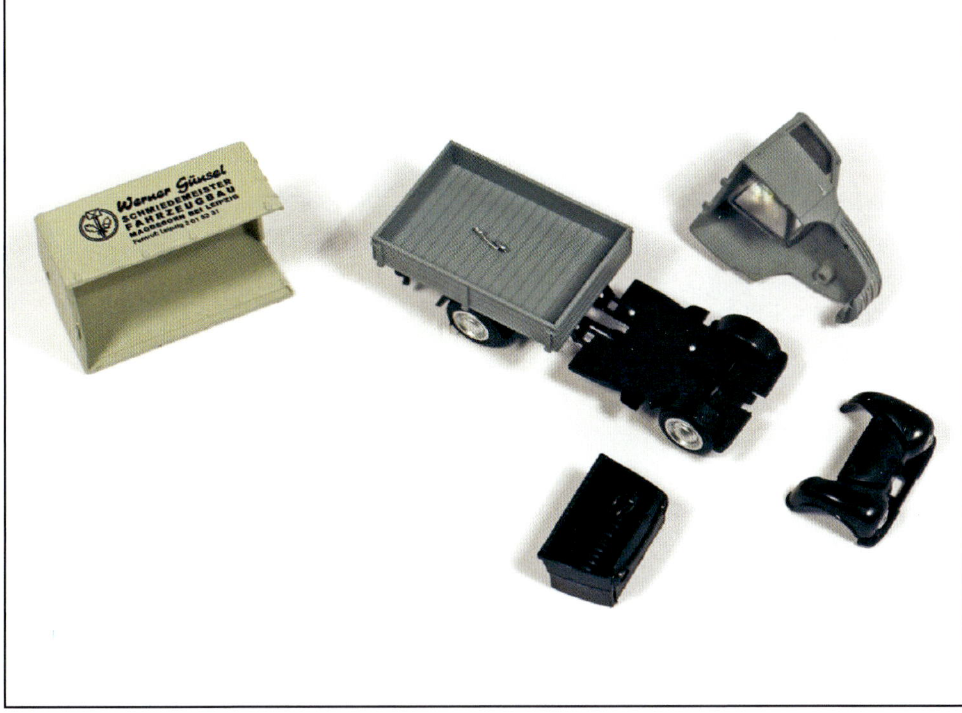

Das Modell in seinen Einzelteilen. Es ist kein Problem, die Teile mit etwas Gefühl auszuhebeln. Auf der Pritsche ist der mitgelieferte Spiegel. Dieses kleine Teil verkriecht sich gern bei Unachtsamkeit auf den unendlichen Weiten des Fußbodens.

10.1.3 Der Framo von Kleinserienherstellern

Der Kleinserienhersteller adp Güstrow hatte den Framo 2003/04 im Programm.

Katalogseite von adp Modelle 2003/2004.

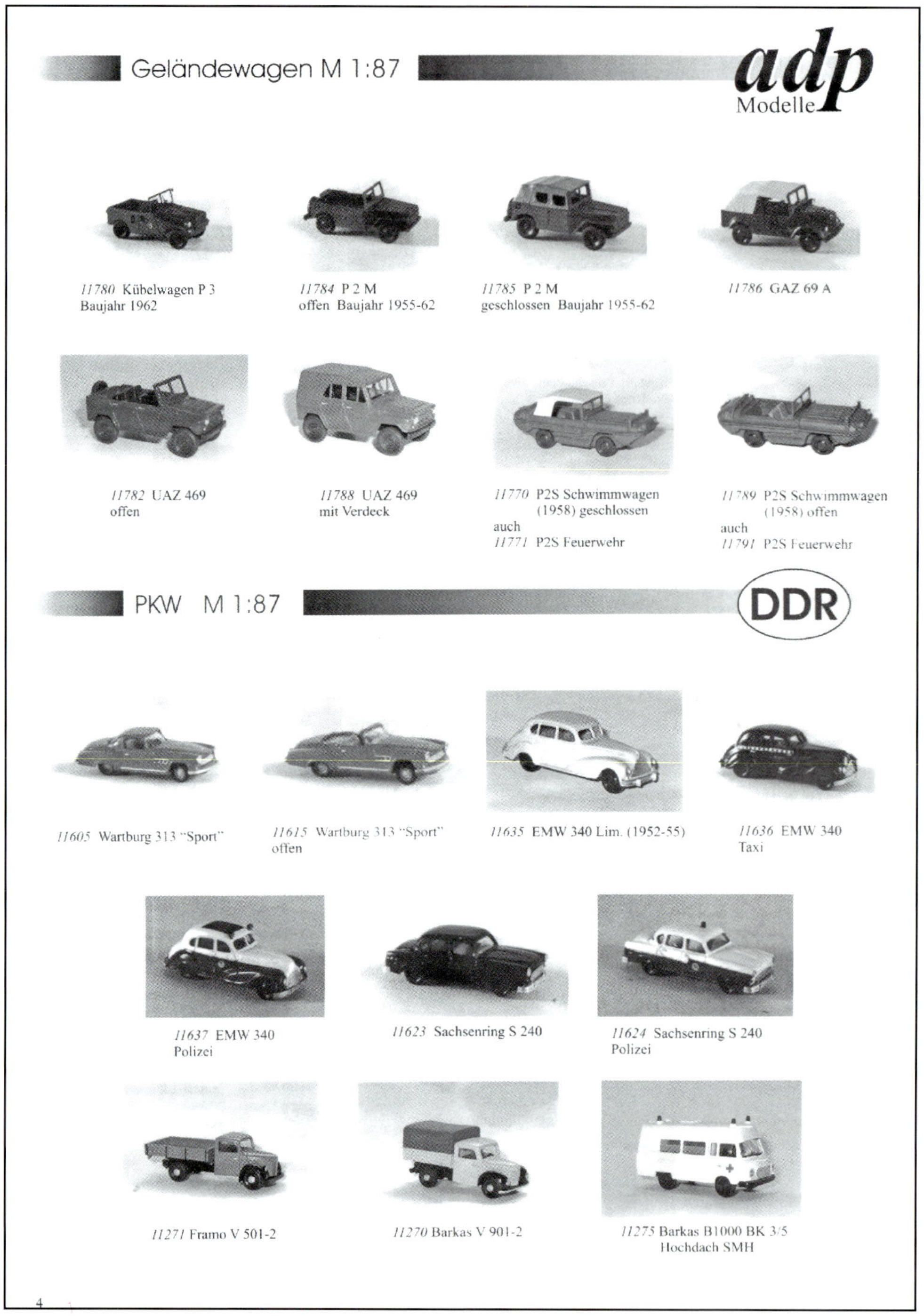

Geländewagen M 1:87

adp Modelle

11780 Kübelwagen P 3
Baujahr 1962

11784 P 2 M
offen Baujahr 1955-62

11785 P 2 M
geschlossen Baujahr 1955-62

11786 GAZ 69 A

11782 UAZ 469
offen

11788 UAZ 469
mit Verdeck

11770 P2S Schwimmwagen
(1958) geschlossen
auch
11771 P2S Feuerwehr

11789 P2S Schwimmwagen
(1958) offen
auch
11791 P2S Feuerwehr

PKW M 1:87

DDR

11605 Wartburg 313 "Sport"

11615 Wartburg 313 "Sport"
offen

11635 EMW 340 Lim. (1952-55)

11636 EMW 340
Taxi

11637 EMW 340
Polizei

11623 Sachsenring S 240

11624 Sachsenring S 240
Polizei

11271 Framo V 501-2

11270 Barkas V 901-2

11275 Barkas B1000 BK 3/5
Hochdach SMH

4

Die Firma Kehi hat noch folgende Framo auf ihrer Internetseite im Angebot.
Kehi Modellbau (Inhaber: Roland Kehr)
Hellerstr. 7-9
99817 Eisenach
Art.-Nr. 504 Framo Kombi, 20,00 Euro
Art.-Nr. 509 Framo Kleinbus, 20,00 Euro
Art.-Nr. 510 Framo Pritsche/Plane, 20,00 Euro
Es gab hier auch Feuerwehr- und Krankenwagen Framo.

Die Firma Bahn und Hobby Günsel Leipzig (www.hobby-guensel.de) bietet den Framo von RK Russische Kleinserie an. Angeboten wird hier unter anderem auch der Framo 501/2, Bauzeit 1949-1951, als Pritschenfahrzeug.

10.1.4 Framo-Modelle von Kai Rücker und Andreas Thiele

Der Framo als Kleinbus – ein Resin-Fertigmodell von RK-Modelle. Die Kleinbusse waren oft bei kleineren Betrieben zum Personentransport im Einsatz. Das Modell wurde noch überarbeitet und zum Beispiel mit polizeilichem Kennzeichen versehen.

Pritschen Wagen – Resin-Fertigmodell von RK-Modelle. Die Fahrzeugmodelle sind wie immer überarbeitet und gut in Szene gesetzt. Eine typische Szene, welche es bei Handwerkern gab.

Ein sehr gut gesupertes Modell des Framo Pritsche in seiner natürlichen Umgebung von A. Thiele. Es wurde dabei an alles gedacht, z. B. Rost und Gebrauchsspuren. Kommentar dazu: Der Gemüsehändler hat es eilig, um sein Obst und Gemüse von der Aufkaufstelle zum Wohle der Bevölkerung in die Konsum Kaufhalle zu bringen.

Es gibt keine Framo-Dreiräder als Modell. Die einzigen Dreirad-Modelle 1:87, die eine gewisse Ähnlichkeit mit dem Framo Dreirad haben, sind die Modelle des Tempo Hanseat Dreirades von Praliné und von Wiking das Modell des Goliath. Der geübte Bastler könnte daraus ein Framo-Dreirad bauen. Zum Beispiel den LPT 200.

10.1.5 Das Vorbild – Der Framo/Barkas

Der Framo und seine Geschichte soll an dieser Stelle nur kurz vorgestellt werden. Dabei wurde vor allem an die Modellautosammler, Um- und Nachbauer gedacht. Tiefgreifende Informationen zu diesem Thema gibt es in der entsprechenden Fachbuchliteratur. Siehe auch Quellenverzeichnis am Ende des Buches.

Die Geschichte des Framo begann 1923 in Frankenberg/Sachsen. Hier wurde in der ehemaligen Kaserne in Frankenberg die Metallwerke Frankenberg GmbH durch Jørgen Skafte Rasmussen gegründet. Rasmussen, Gründer der Firma DKW in Zschopau. Der dänische Unternehmer führte die Zschopauer Motoren- und Motorradfabrik 1928 zur größten Motorradfabrik der Welt, mit einer Stückzahl von 60.000 Fahrzeugen jährlich. Im Frankenberger Werk wurden anfänglich Kupplungen, Sattel, Vergaser und andere Teile für die Motorradindustrie und für DKW hergestellt. Rasmussen interessierte sich auch für den Bau von kleinen Transportfahrzeugen. Er wollte ein billiges, robustes und leistungsfähiges Nutzfahrzeug auf den Markt bringen. Um 1924 entstand schließlich ein Transportdreirad. Dieses Fahrzeug mit zwei Vorder- und einem getriebenen Hinterrad bestand zur Hälfte aus Motorradteilen. 1926 entstand bei DKW in Zschopau ein Lastendreirad. Jetzt gab es hinten zwei Räder und vorn einen Triebkopf mit einem DKW-Zweitakt-Motor, welcher 7 PS leistete, einem Getriebe und einem angetriebenen Vorderrad. Diese Fahrzeuge waren besonders für Gewerbetreibende ein kleines wendiges Transportfahrzeug, welches immerhin eine Nutzlast von 500 kg hatte. Die Metallwerke Frankenberg mussten ab 1932 ihre Produktionsstätte in der Kaserne in Frankenberg aufgeben. Im benachbarten Hainichen fand Rasmussen eine alte Wollkämmerei. Es begann etappenweise die Verlagerung der Produktion, welche hier 1933/34 begann. Ab 01.01.1934 firmierte man unter Framo, Frankenberger Motorenwerke GmbH Hainichen. In dieser Zeit entstand eine Vielzahl von Fahrzeugtypen, zum Beispiel: Leicht-Transportdreirad LT 200, LT 300. Später entstand noch ein „Fahrzeug für Personen" FP 200 Stromer, in Drei- und Vierradausführung, der Framo Piccolo, LPT 200 und D 500 so wie der HT 600. Ab 1938 gab es den Schell-Plan, der zur Reglementierung im deutschen Kraftfahrzeuggewerbe führte. Das hatte auch Auswirkungen auf die Framo-Werke. Ab 1939 sollten im dem Werk keine Dreiradtransporter mehr gebaut werden. Bei Framo entwickelte man den Einheits-Vierrad-Kleinlastwagen. Es entstanden die Kleintransporter V 500 und V 501 in Hauben-Bauform, die ab 1940 in verschiedenen Varianten gebaut werden durften. Das „V" steht für Vierrad und die „500" für rund 500 ccm Hubraum. Als Antrieb diente der DKW-Zweizylinder-Zweitakt-Motor, luftgekühlt mit 12 PS. Diese Fahrzeuge bildeten die Grundlage für die weitere Entwicklung zum Barkas V 901/2. 1943 kam noch ein Doppelkolben-Zweizylinder-Motor zum Einsatz. Die Leistung konnte dadurch auf 18 PS gesteigert werden. Bis 1943 wurden die V 501/2 in verschiedenen Varianten gebaut, dann erfolgte kriegsbedingt die Produktionseinstellung. Nach dem Krieg begann in Hainichen erst einmal die Produktion von Gebrauchsgegenständen des täglichen Bedarfs. Auch Handwagen, Kartoffelkörbe und Pferdewagen wurden gebaut. Mit der Fahrzeugproduktion begann man 1949. Im Oktober verließen wieder 65 Transporter V 501/2, eine Vorkriegsentwicklung, das Werk. Inzwischen wurde das Werk volkseigen und gehörte zur IFA Vereinigung Volkseigener Fahrzeugwerke, Werk Framo Hainichen. Auf der Kühlerhaube war neben dem Framo-Schriftzug noch das IFA-Logo angebracht. 1951 begann die Produktion des Framo 901. Dieses Fahrzeug war eine Weiterentwicklung des Framo 501/2. Das Besondere: Das äußerlich weitestgehend unveränderte Fahrzeug erhielt jetzt den Dreizylinder-Zweitakt-Motor des IFA F 9 mit 900 ccm Hubraum, Wasserkühlung und 24 PS Leistung. Dabei erhielt der Motor bei seiner Produktion in Eisenach einige Veränderungen. 1954 erschien der modernisierte Framo V 901/2 Z, welcher bis zur Produktionseinstellung 1961 optisch nur unbedeutend verändert wurde. Außerdem wurde das Werk in Hainichen in VEB Kraftfahrzeugwerk Framo umbenannt und erhielt ab diesem Jahr den EMW Motor 310/0 mit 28 PS Leistung. Aus dem Framo Werk wurde 1957 der VEB Barkas-Werke Hainichen. Im Januar 1958 entstand aus folgenden Betrieben:

- VEB Barkas-Werke Hainichen
- Motorenwerk Karl-Marx-Stadt (1953-1990, dann wieder Chemnitz)
- Fahrzeugwerk Karl-Marx-Stadt
- Einspritzpumpenteilewerk Wolfspfütz

der VEB Barkas Werke Karl-Marx-Stadt. Auf den Name Barkas kam man durch eine Ausschreibung von 1956, es bedeutet: der Blitz oder der Schnelle. Mit der Umbenennung wurde der Framo dann als Barkas Typ V 901/2 bezeichnet und erhielt ab 1.1.1958 das Barkas-Logo, statt dem IFA-Zeichen auf der Motorhauben-Spitze. Da der Name Barkas V 901/2 zwar korrekt, aber etwas sperrig ist, wird das Fahrzeug im Allgemeinen weiterhin als Framo bezeichnet. Er wurde in zahlreichen Varianten gebaut, unter anderem als Pritschenfahrzeug, Kleinbus, Kombiwagen, Krankenwagen, Thermowagen und Spezialtransporter. Dabei gab es Varianten und Aufbauten der erwähnten Fahrzeuge in fast allen Bereich der Industrie, Landwirtschaft und des Transportwesens. In den Anfangsjahren dienten noch Winker als Fahrtrichtungsanzeiger. Diese waren beim Pritschenfahrzeug an der Hinterkante des Fahrerhauses und bei den geschlossenen Aufbauten hinter der zweiten Tür in der Karosserie eingebaut. Die Produktion von Framo V 901, Framo V 901/2 Z und Framo/Barkas V 901/2 endete mit der Stückzahl 29.378 im Dezember 1961 und wurde somit durch den Frontlenker-Transporter Barkas B 1000 abgelöst. Hier nun einige Framo Vorbildfahrzeuge:

Framo-Dreiräder im Fahrzeugmuseum Frankenberg/Sa. Dazu gibt es eigentlich keine Modelle in 1:87. Es soll als Anregung dienen, evtl. auch diese Fahrzeuge als Modell einmal nachzubauen. (Foto: BB)

Im Jahre 1933 wurde dieses Framo-Logo mit dem stilisierten Triebkopf eingeführt.

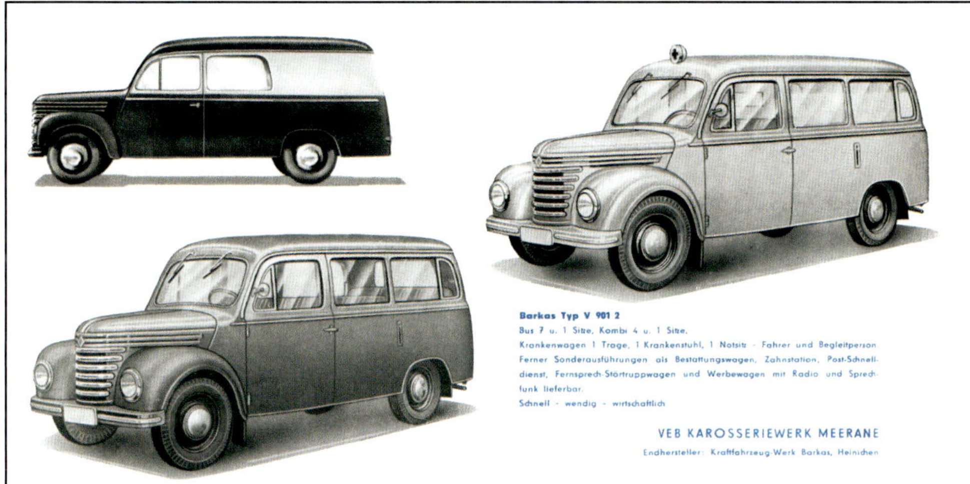

Verschiedene Karosserieformen des Framo (hier schon als Barkas bezeichnet). Wichtig für den Nachbau von Modellen.

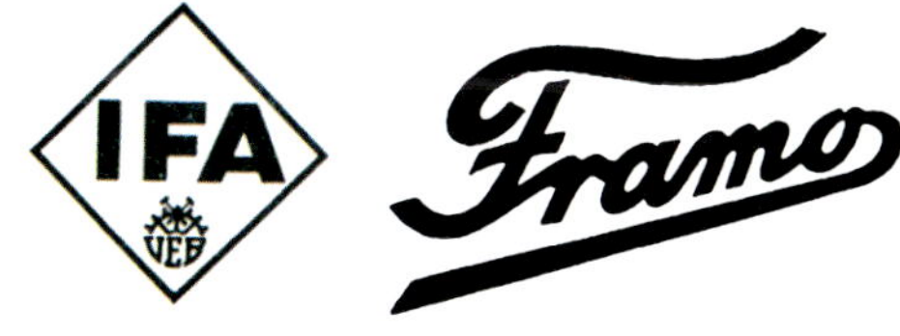

Von 1950 bis 1956 war an der Frontpartie der IFA-Rhombus und links unten der „Framo"-Schriftzug angebracht.

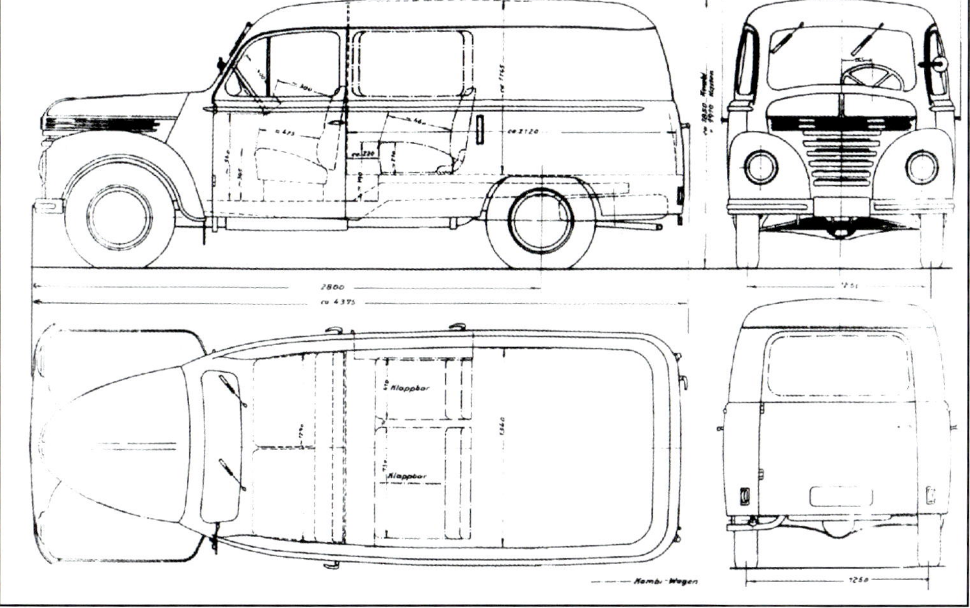

Für den Modellautobauer wichtig – die Maße der Fahrzeuge:
- Framo V 901/2
- Framo V 901/2 Bus
- Framo Pritsche mit Fahrgestell V 901/2 von 1955, VEB Framo-Werk Hainichen.

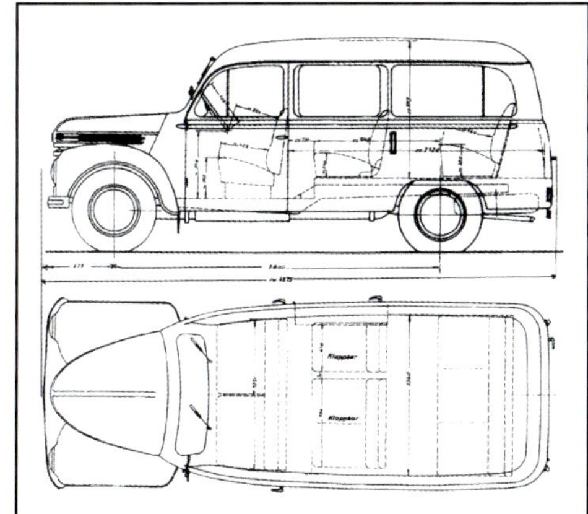

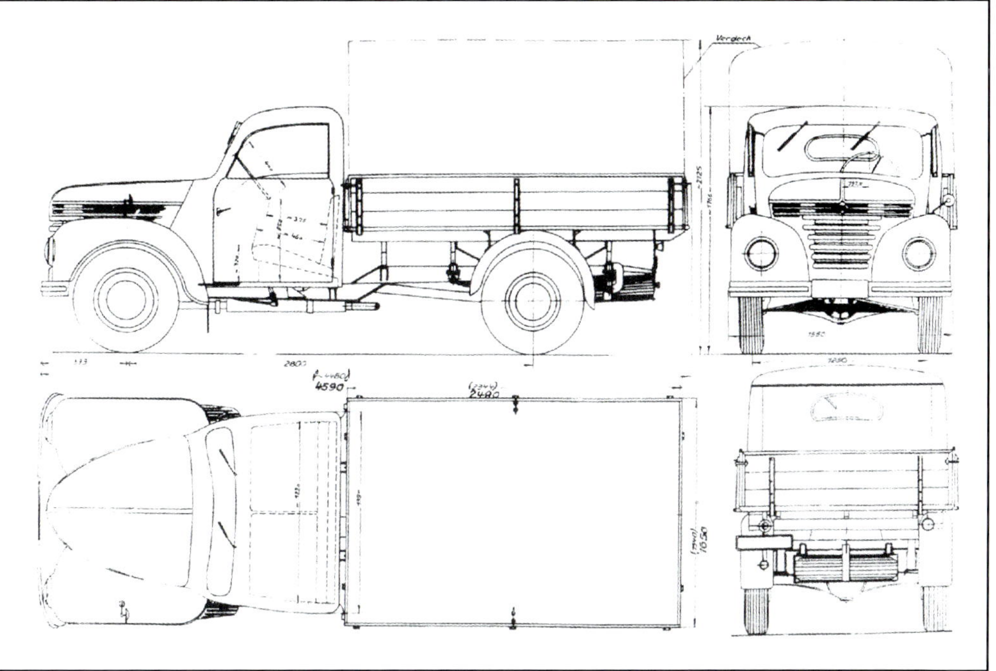

Das Barkas-Logo wurde ab 01.01.1958 nach Umbenennung in VEB Barkas Werke an den Fahrzeugen angebaut.

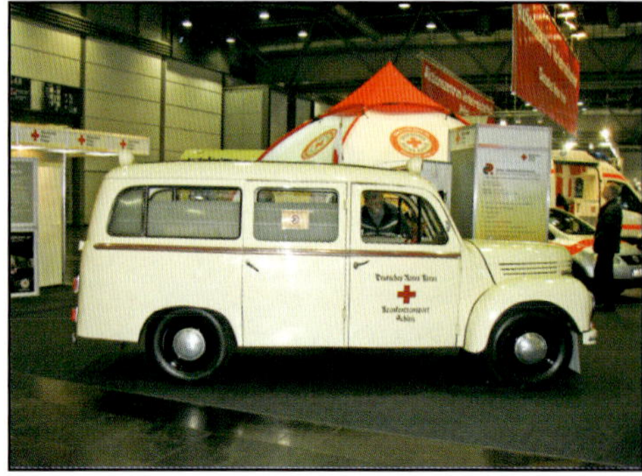

Der Barkas V 901/2 (vormals Framo) als Krankentransportwagen. Man beachte die rechts angeschlagene Hecktür, die es nur beim Krankenwagen gab. Das Vorbild für das Hruska Modell?

Das Vorbild des Barkas (Framo) für das Sondermodell von Modell-Car-Zenker.

Das Vorbild des Modells von KEHI. Es sollen davon 1957 nur zwölf dieser Kleinlöschfahrzeuge gebaut worden sein.

Der Barkas (vormals Framo) der Deutschen Post – Vorbild für das Hruska Modell. Allerdings ist das Vorbild ein Kastenwagen, hier mit Reko-Karosserie, und das Modell ein Kombiwagen.

Ein Blick unter die Motorhaube des Framo. Ab 9/1955 wurde der Dreizylinder-Motor 310/4 mit 28 PS Leistung eingebaut.

Die spartanische Inneneinrichtung des Framo. Aschenbecher musste damals sein. Übrigens die kleine Lampe mit dem „F“ unter dem Tachometer ist die Fernlichtkontrolle.

Die Barkas V 901 (vormals Framo) Busvariante auf einem Oldtimertreffen.

Barkas V 901 (Framo) Kombi, allerdings sind hier die Spiegel nicht ganz original, wurden aber in den siebziger Jahren gern nachgerüst.

War dieser blaue Barkas Pritsche (Framo) V 901 das Vorbild für das Modell des blauen Framo von Herpa?

10.2 Der Barkas B 1000

10.2.1 Der Barkas B 1000 von ESPEWE

Die Geschichte der ESPEWE Modelle ist so umfangreich, dass hier nur das Wichtigste angeführt werden soll. Weiterführende Informationen findet man in der entsprechenden Literatur, siehe auch Quellen am Ende des Buches. Das Modell 1:87 des Kleintransporters Barkas B 1000 kam bei ESPEWE 1963 auf den Markt. Seit 1953 gibt es den Betrieb SPW, VEB Spezialprägewerke Annaberg-Buchholz. Erst 1965/66 wurde aus dem Wort „SPW“ der Markenname „ESPEWE-Modelle“. Diese Firma stand und steht heute noch als Synonym für Plast-Modellautos aus der DDR. Als erstes Modell von ESPEWE gab es 1961 den Lkw Robur. Die Qualität in Modellumsetzung und Detailreichtum war den damaligen „West-Modellen“ überlegen. Bis Ende der 1960er Jahre wurden jährlich bis zu 5 Neuentwicklungen vorgestellt und es folgte eine Jahresproduktion bis zu 240.000 Stück für einige Modelle. Unter den Neuerscheinungen war eben auch das Modell des Barkas. Die Produktion von 38 Modellen, darunter auch das Barkas-Modell, wurde im Zeitraum von 1969 bis 1976 zum VEB Plastspielwaren Berlin, vormals L. Herr KG, verlagert. Etwa ab 1979 verkaufte man die Modelle aus Berlin dann unter dem Label „mini-car“. Nach dem Ende der DDR wurden auch die Spielwarenbetriebe von der Treuhand übernommen und privatisiert. Unter dem Name Plastspielwaren Berlin GmbH versuchte man einen Neustart. Die Modelle wurden unter dem alten Namen „mini-car“ verkauft. Im Juni 1991 beendete das Unternehmen die Produktion. Die Firma „schmidt electronic system“ s.e.s Berlin übernahm im September 1991 die Firma mini-car und somit die alten Formen und produziert heute noch das bisherige Herstellungsprogramm.

Zur DDR Zeit kam es oft zu Namens- und Zuständigkeitsveränderungen in den Kombinatsbetrieben des Kombinates Plastspielwaren. Das betraf vor allem das Sortiment, verschiedene Herstellungsbetriebe und Markenzeichen. Veränderte Namenbezeichnung der Hersteller bzw. Anbieter erforderte auch die Änderungen an den Verpackungen. Die Modelle waren meist in Pappkartons verpackt. Außer der oft veränderten Bedruckung der Schachteln, wurde aufgrund von Materialmangel oder Firmenwechsel die Originalschachtel mit anderen Etiketten überklebt. So haben einige Schachteln, auch ohne Modelle, heute Seltenheitswert. Noch schlimmer aber war es bei der Herstellung der Modelle. Eigentlich gibt es drei verschiedene Barkas-Formen. Durch Formenveränderungen oder Schäden gibt es eine große Anzahl an unterschiedlichen Modellen und Veränderungen. Details, die beim ersten Hinschauen nicht gleich auffallen. Übertrieben gesagt, ist fast jedes Modell ein Unikat. Diese zahlreichen Unterschiede des ESPEWE-Barkas-Modells sind so umfangreich, dass nur einiges davon vorgestellt werden kann. Das Gleiche gilt auch für die Bedruckungen. Wie schon erwähnt, kam der Barkas 1963 als Variante Kastenwagen mit Fahrerfigur in der Faltschachtel oder im Cellophanbeutel auf den Markt. Hier gab es schon zahlreiche Farbvarianten. Zum Beispiel zinkgelb, maigrün, lichtblau oder beigerosa um nur einige zu nennen. 1964 kam das Modell in der Ausführung „Gütertaxi“ und 1966 ein zinkgelber B 1000 mit aufgedrucktem Posthorn in den Handel. Ebenfalls 1964 folgte dann auch der Kombi sowie der Krankenwagen (mit Fahrer und Beifahrer, weiß) und das Kleinlöschfahrzeug mit Schläuchen auf dem Dach (Fahrer und Beifahrer, blau) sowie 1966 der Lautsprecherwagen. Im Buch „Modellautos der DDR“, Gärtner/Graf Battenberg-Verlag, sind akribisch die Unterschiede des Barkas-Modells dargestellt. Davon abgesehen, findet man immer wieder weitere Unterschiede, als erste sind 10 verschiedene Chassis-Varianten aufgeführt. Diese Veränderungen sind durch verschiedene einzelne Spritzteile, verschiedene Gravuren und dann auch veränderte Spritzteile durch Veränderung oder Verschleiß entstanden. Auch beim Chassis innen gab es im Laufe der Produktion kleine Veränderungen. Natürlich findet man auch bei der Karosserie Unterschiede. So unterscheiden sich schon die Karosse des Kastenwagens und des Kombi. Aber nicht nur bei dem Chassis und der Karosserie gab es Abweichungen, sondern auch bei den Rädern. So sind vier verschiedene Rad-Typen mit unterschiedlichen Formen und Farben bekannt. Verschieden sind auch Farben und Bedruckungen bzw. die Schrift oder Symbole auf den Aufklebern. Blau war nicht gleich Blau und der Aufdruck bzw. die Nassschiebebilder stimmen nicht immer überein. Damit ist aber dieses Gebiet noch nicht abgeschlossen. Es gibt von den DDR-Modellautos auch einige Hand-Messemuster, welche nur zum Teil im Handel waren, aber sich trotzdem heute im Besitz von Sammlern befinden. Diese Modelle haben wiederum Ihre eigene Geschichte. Und dann gibt es auch noch Fälschungen, zum Beispiel mit einfach aufgeklebten Schriften und Symbolen. Da wurden nachträglich Veränderungen vorgenommen, die es so bei der Auslieferung nicht gab. Diese Modelle werden dann oft als „sehr selten“ zu stark überhöhten Preisen angeboten. Im Folgenden sollen nun einige Barkas-Modelle und ihre Geschichte vorgestellt werden, wie schon erwähnt, kann hier nicht alles aufgezeigt werden.

Besonderheit: seltene Farbe und zwei Fahrerfiguren, aber kein Feuerwehrmodell!

Dieses Modell ist ein Handmuster. Es ging so nie in Serie. Hier ist das große Posthorn aufgedruckt, später wurde das Symbol viel kleiner hinten auf beiden Seiten angebracht.

Ein schöner Prospekt von originalen ESPEWE-Modellen. Ach was gab es da für schöne Modelle…! Solche Prospekte gab es nicht viele.

Barkas Kastenwagen – Bauzeit 1963 bis 1965 in Annaberg/Buchholz.

So sieht das Symbol der Deutschen Post am handelsüblichen Modell aus.

Auch ein recht seltenes Modell: Der Barkas Lautsprecherwagen ab 1966.

Auch dieses sehr seltene Modell erschien etwa 1973 in der Bus-Variante. Hier auch noch etwas Besonderes: Die Kante oberhalb der Windschutzscheibe ist nach oben gewölbt.

Das Feuerwehr-Modell als Kastenwagen. Auch dieses Modell gab es mit verschiedenen Chassis und Rädern.

Ebenfalls ein besonderes Modell: Ein Barkas Krankenwagen ohne Bedruckung und Fahrerfiguren, ihn gab es nur 1983. Das Modell soll in hellelfenbein und signalblau verkauft worden sein.

Der B 1000 als Krankenwagen ab 1964. Dieses Modell gab es auch mit verschiedenen Karosserien, Chassis und Rädern.

Der B 1000 als Reparatur Schnelldienst, etwa ab 1976 bis 1978.

Eigentlich könnte man die beiden Karosserien nicht miteinander vergleichen. Außer den gut sichtbaren Veränderungen gab es noch Unterschiede an den Radausschnitten im Millimeterbereich. Die beiden Barkas-Modelle unterscheiden sich im Fensterausschnitt und am Grill. Manchmal sind die Ränder des Frontgrills bemalt, manchmal nicht.

Es gab Modelle mit und ohne diese Lüftungsschlitze auf der rechten Modellseite.

Hier ist u. a. die Stärke der Stoßstange und der Beifahrer beim Krankenwagen auffällig.

Auch die Rückseiten der Modell Karosserien zeigen einige Unterschiede.

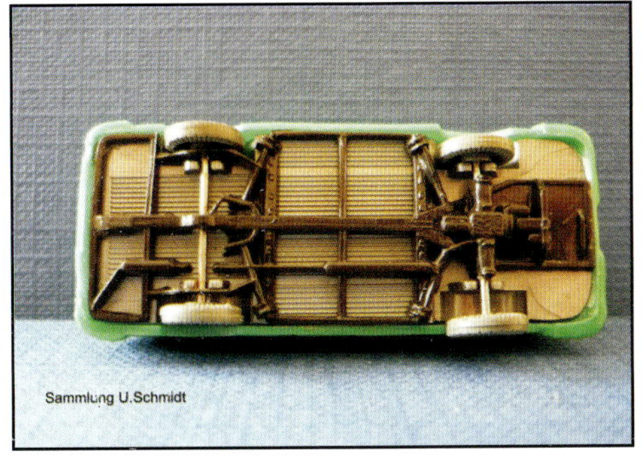

Es soll insgesamt elf Formabweichungen bei den Chassis geben. Einige sind hier gezeigt. Anfänglich bestand das Chassis aus zwei Teilen. Später wurde das Chassis nur aus einem Teil gefertigt. Dabei gab es beabsichtigte Formänderungen aber auch Formausbrüche. Das Ganze hat wiederum den Vorteil, man kann aufgrund dieser Veränderungen auf das Herstellungsjahr des Modells schließen. So ist zum Beispiel der grüne Barkas mit dem zweiteiligen Chassis im Zeitraum von 1963-1964 gebaut worden.

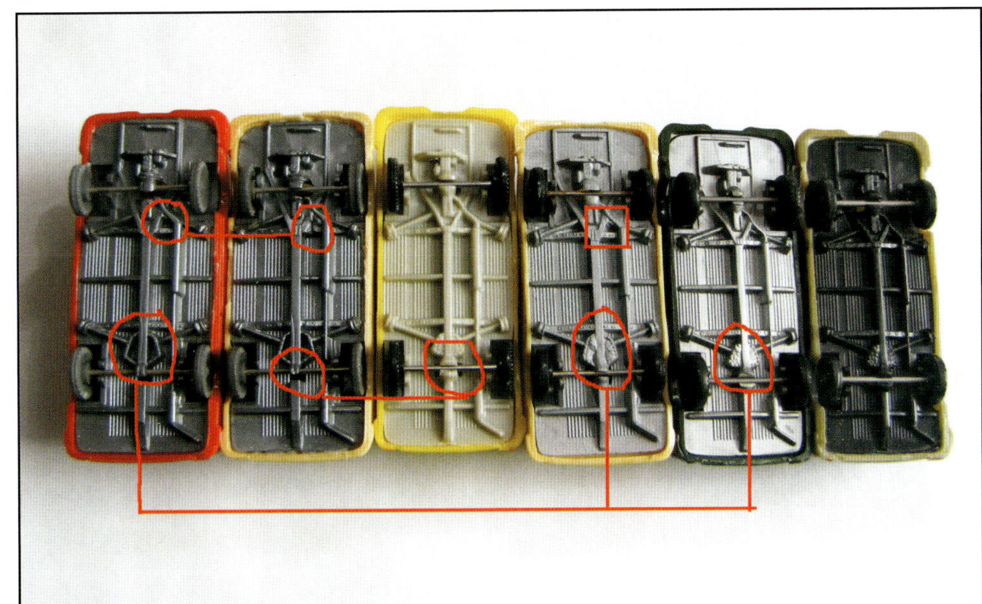

Auch das Innenleben des Barkas-Modells zeigt einige Änderungen im Produktionszeitraum. Aber Vorsicht beim Öffnen. Die Modelle sind geklebt und ein unvorsichtiges Aushebeln kann zu Schäden führen. Punkt eins: die Länge der Auswerfstifte bzw. Markierungen. Ab 1973/74 gab es sieben Auswerfstifte bei Feuerwehr- und Krankenwagen-Modellen. Dann gab es nur noch sechs Auswerfstifte, die Markierungsstifte sind jetzt aber 8 mm hoch. Damit konnte man sich wiederum das einkleben des Glasteils sparen. Diese Variante wurde ab 1983 gebaut, dabei entstand auf der Motorhaube zwischen den Fahrersitzen eine kleine Vertiefung. Weitere Veränderungen gab es über der Hinterachse, mal eine rechteckige Öffnung quer, mal längs, mal rund. Auf diesem Bild sind auch verschiedene Räder zu erkennen, von denen es wahrscheinlich vier verschiedene Varianten gab. In den Farben silbergrau, steingrau, platingrau, staubgrau, anthrazit, schwarz und resedagrün.

Havariedienst in achatblau mit einfacher Karton-Schachtel ohne weitere Beschriftung, ab 1976.

Wie schon erwähnt grün ist nicht gleich grün und blau ist nicht blau.

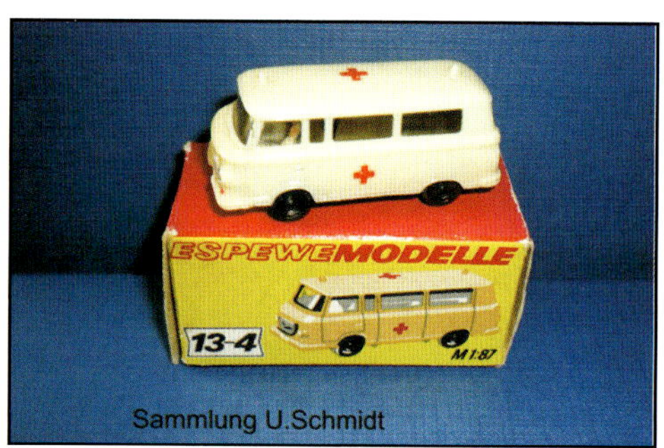

Diese Bilder zeigen auch einige verschieden bedruckte Pappschachtel des Barkas-Modells.

Einige unterschiedliche Barkas-Modelle. Wenn man genau hinschaut, sieht man die Unterschiede. Das Blaulicht der Feuerwehr wurde blau bemalt, während die Rot-Kreuz-Lampen auf dem Krankenwagen nie bemalt wurden. Scheinwerfer und Frontgrill wurden bei allen Modellen silbern, Kennzeichentafeln weiß, Blinker und Rücklichter rot bemalt.

Wie beim Vorbild waren die Figuren im Feuerwehrfahrzeug aus blauer, im Armee-krankenwagen aus grauer und im zivilen Krankenwagen aus weißer Plaste gespritzt. Nur die Gesichter waren bemalt.

10.2.2 Der Barkas B 1000 von s.e.s Modelltec

Wie bereits bei der Einführung zu den ESPEWE-Modellen, hier etwas zum Wertegang der s.e.s mini car-Modelle. Nach dem Ende der DDR und dem „Mauerfall" lösten sich Schritt für Schritt die ehemaligen volkseigenen Betriebe auf und wurden zum Teil über die Treuhand privatisiert. So entstand aus dem VEB Berlinplast die Plastespielwaren Berlin GmbH, die nun die Modelle unter dem alten Label „mini car" vertrieb. Aber bereits 1991 kam das Ende der Firma. Wie schon erwähnt, übernahm die Firma Schmidt „schmidt electronic systeme" s.e.s. in Berlin 1991 die alten Spritzformen und den Namen mini car. Die Firma vertreibt heute noch Modelle. Fast drei Viertel der alten ESPEWE-Formen kamen 1992 dazu. Aus s.e.s mini car wurde ab 2003 die Modelltec GmbH, weiterhin mit Sitz in Berlin Breitenbachstraße. Hier fertigt man die alten Modelle mit zum Teil besserem Kunststoff, Detailveränderungen, anderen Farben und Bedruckungen. Aber immerhin sind dadurch viele Modelle aus der DDR-Zeit erhalten geblieben und bereichern heute den Modellautomarkt mit Fahrzeugen deren Vorbilder auf den Straßen inzwischen fast „ausgestorben" sind. Dazu gehören auch die Barkas-Modelle. Dabei gibt es Nachbildungen, die nicht immer genau dem Vorbild entsprechen. Aus der Zeit nach 1989/90 und dem Herstellerwechsel existieren zahlreiche Modelle, welche heute Seltenheitswert besitzen. Man hatte nach 1989 zum Teil andere Sorgen, als Modellautos zu kaufen, und es entstanden Modelle, die damals nur wenige Leute beachteten. Es ist deshalb auch schwer aufzuführen wer, was, wann an Modellen produziert hat. Diese Produkte gehören zu den absoluten Raritäten. An dieser Stelle ist es nicht möglich alle Veränderungen der Karosserien, der Räder und der Bedruckungen aufzuführen. Zu umfangreich sind die Varianten. Es sollen hier nur einige Modelle des fast 25jährigen Produktionszeitraumes vorgestellt und beschrieben werden.

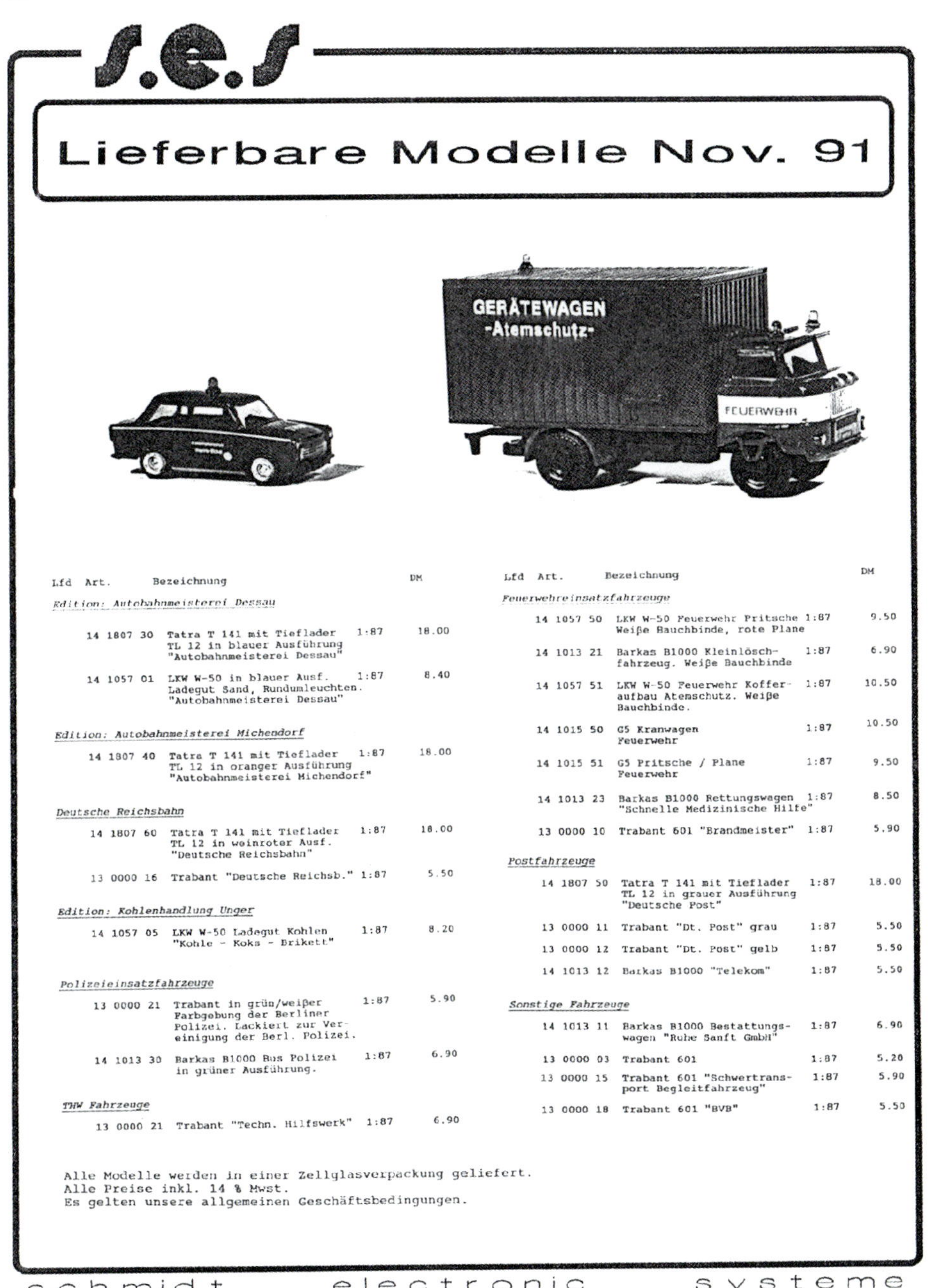

s.e.s

Lieferbare Modelle Nov. 91

Lfd Art.	Bezeichnung		DM
Edition: Autobahnmeisterei Dessau			
14 1807 30	Tatra T 141 mit Tieflader TL 12 in blauer Ausführung "Autobahnmeisterei Dessau"	1:87	18.00
14 1057 01	LKW W-50 in blauer Ausf. Ladegut Sand, Rundumleuchten. "Autobahnmeisterei Dessau"	1:87	8.40
Edition: Autobahnmeisterei Michendorf			
14 1807 40	Tatra T 141 mit Tieflader TL 12 in oranger Ausführung "Autobahnmeisterei Michendorf"	1:87	18.00
Deutsche Reichsbahn			
14 1807 60	Tatra T 141 mit Tieflader TL 12 in weinroter Ausf. "Deutsche Reichsbahn"	1:87	18.00
13 0000 16	Trabant "Deutsche Reichsb."	1:87	5.50
Edition: Kohlenhandlung Unger			
14 1057 05	LKW W-50 Ladegut Kohlen "Kohle - Koks - Brikett"	1:87	8.20
Polizeieinsatzfahrzeuge			
13 0000 21	Trabant in grün/weißer Farbgebung der Berliner Polizei. Lackiert zur Vereinigung der Berl. Polizei.	1:87	5.90
14 1013 30	Barkas B1000 Bus Polizei in grüner Ausführung.	1:87	6.90
THW Fahrzeuge			
13 0000 21	Trabant "Techn. Hilfswerk"	1:87	6.90

Lfd Art.	Bezeichnung		DM
Feuerwehreinsatzfahrzeuge			
14 1057 50	LKW W-50 Feuerwehr Pritsche Weiße Bauchbinde, rote Plane	1:87	9.50
14 1013 21	Barkas B1000 Kleinlöschfahrzeug. Weiße Bauchbinde	1:87	6.90
14 1057 51	LKW W-50 Feuerwehr Kofferaufbau Atemschutz. Weiße Bauchbinde.	1:87	10.50
14 1015 50	G5 Kranwagen Feuerwehr	1:87	10.50
14 1015 51	G5 Pritsche / Plane Feuerwehr	1:87	9.50
14 1013 23	Barkas B1000 Rettungswagen "Schnelle Medizinische Hilfe"	1:87	8.50
13 0000 10	Trabant 601 "Brandmeister"	1:87	5.90
Postfahrzeuge			
14 1807 50	Tatra T 141 mit Tieflader TL 12 in grauer Ausführung "Deutsche Post"	1:87	18.00
13 0000 11	Trabant "Dt. Post" grau	1:87	5.50
13 0000 12	Trabant "Dt. Post" gelb	1:87	5.50
14 1013 12	Barkas B1000 "Telekom"	1:87	5.50
Sonstige Fahrzeuge			
14 1013 11	Barkas B1000 Bestattungswagen "Ruhe Sanft GmbH"	1:87	6.90
13 0000 03	Trabant 601	1:87	5.20
13 0000 15	Trabant 601 "Schwertransport Begleitfahrzeug"	1:87	5.90
13 0000 18	Trabant 601 "BVB"	1:87	5.50

Alle Modelle werden in einer Zellglasverpackung geliefert.
Alle Preise inkl. 14 % Mwst.
Es gelten unsere allgemeinen Geschäftsbedingungen.

schmidt electronic systeme
Ingenieurbüro
1000 Berlin 28 Schloßstr 1
Tel: 030/4047857 FAX: 030/4047767

1991 war das Angebot an Modellautos von s.e.s noch nicht so umfangreich, es ging ja erst richtig los, s.e.s hatte damals noch seinen Sitz in der Schloßstraße in Berlin.

Sammlung U.Schmidt

Sammlung U.Schmidt

Sammlung U.Schmidt

Dieser Barkas wurde in den Anfangszeiten von s.e.s neu aufgelegt. Die Bedruckung ist anders als beim Originalmodell. Das ORWO-Modell wurde 1973 in geringer Stückzahl in drei verschiedenen Grundfarben und zwei unterschiedlichen Aufdruckvarianten hergestellt. Ein seltenes Modell, die Auflage soll bei nur 50 Stück gelegen haben.

HO

Lkw-Modelle

1. 14 1056 15 W50 „Deutrans"
2. 14 1054 03 W50 Tankzug „Deutrans"
3. 14 1032 00 Volvo F88 „Deutrans"
4. 14 1054 04 W50 Cont. „Deutrans"
5. 11 2501 01 Robur Hängerzug
6. 14 1045 01 Mercedes Flugf.-Tankw.
7. 14 9000 00 W50 2-Wege-Fahrzeug
8. 14 1056 16 W50 Fäkalienwagen
9. 14 1054 02 W50 Grubenabfuhr
10. 14 1056 00 W50 Hängerzug
11. 14 1807 00 Tatra T141 Zugmasch.
12. 14 1068 02 Unic Hängerzug
13. 14 9104 10 Kippanhänger
14. 14 1402 20 Mobilkran a. Gleiskette
15. 14 1054 00 W50 Sattelzugmasch.
16. 14 1068 00 Unic Seitenkipper
17. 14 1055 00 W50 Lastpritsche
18. 14 1056 03 W50 Kühlkoffer
19. 14 1068 01 Unic Pritsche/Plane
20. 14 1056 13 W50 „Centrum Warenhaus"
21. 14 1056 17 W50 „IF Cargo"

NVA

1. 14 1029 80 Bagger UB 80
2. 14 1082 02 Ikarus 31
3. 14 1056 82 W50 Beobachtungsplattform
4. 14 1056 81 W50 Koffer
5. 14 1056 80 W50 Pritsche/Plane
6. 14 1807 80 Tatra m. Tieflader
7. 14 1015 80 G5 Muldenkipper
8. 14 1015 82 G5 MTW
9. 14 1015 81 G5 Kranwagen/Pioniere
10. 14 1056 82 W50 MTW
11. 14 1056 84 W50 Feldtankwagen
12. 14 1015 84 G5 Seitenkipper
13. 14 1808 80 Traktor D4K
14. 14 1042 80 Multicar Pritsche
15. 13 0000 88 Lada Nova Stabswagen
16. 14 1013 80 B1000 Sankra
17. 14 1013 81 B1000 Transporter
18. 14 1013 82 B1000 Kleinbus
19. 13 0000 45 Trabant Feldjäger Bundeswehr
20. 13 0000 39 Trabant

Sonstige Fahrzeuge

1. 11 7500 01 Dreirad-Dampfwalze
2. 14 1013 02 B1000 Gütertaxi
3. 13 0000 38 Trabant Taxi
4. 13 0000 91 Lada Nova Taxi
5. 13 0002 61 Lada Nova Ralley 29
6. 13 0003 62 Trabant Ralley 44
7. 13 0003 61 Trabant Ralley 5
8. 13 0003 60 Trabant Ralley 3
9. 14 1013 00 B1000 Kleinbus
10. 14 1013 01 B1000 Transporter
11. 13 0000 92 Lada Nova Bestattung
12. 14 1013 11 B1000 Bestattung
13. 14 1013 03 B1000 Berlin-Taxi
14. 14 1013 07 B1000 „Centrum Warenhaus"
15. 13 0000 15 Trabant Schwertransp. Begleitfahrzeug
16. 13 0000 71 Goggomobil einfarbig
17. 13 0000 70 Goggomobil zweifarbig
18. 13 0000 75 Goggomobil Cabrio
19. 13 0000 03 Trabant 601
20. 13 0000 80 Lada Nova
21. 13 0000 93 Lada Nova Fahrschule

Zubehör (ohne Abbildungen)

17 5000 01 Telegrafenmasten klein (4 Stück)
17 5000 02 Telegrafenmasten klein (30 Stück)
17 5000 03 Telegrafenmasten groß (4 Stück)
17 5000 04 Telegrafenmasten groß (15 Stück)
17 5000 05 Räder, Felgen W50, G5 usw.
17 5000 06 Räder, Felgen Tatra, Busse usw.
17 5000 07 Zurüstsatz für Lkw's
17 5000 08 Gelblichter
17 5000 09 Blaulichter, Sirenen
17 5000 10 Hoheitsabzeichen der DDR
17 5000 30 Figurenset Volkspolizisten, unbemalt
19 0000 01 DDR Modellauto-Übersicht von Wolfgang Borkmann
Die Übersicht aller H0-Modelle aus DDR-Produktion, ca. 125 S., teilweise farbige Abbildungen

5

Inzwischen bietet s.e.s Modelltec eine umfangreiche Palette von Modellfahrzeugen an, so auch den Barkas in verschiedenen Varianten und Einsatzzwecken. Einige Modelle sind aber nicht mehr im Handel erhältlich. Dabei gibt es zahlreiche Unterschiede. Das sind längst nicht alle Barkas-Modelle von s.e.s Modelltec, die angeboten werden.

Minol B 1000 von s.e.s, auch Anfang der 1990er Jahre.

Der Konsum-Wagen nachträglich etwas bearbeitet, sonst aber Original.

Die Telekom-Variante, mini car GmbH, Anfang der 1990er Jahre.

Auf dieser Prospektseite ist unter der Nummer 14 1013 49 der Barkas Feuerwehr Pritsche abgebildet. Es handelt sich dabei um eine Kleinserie (ca. 200 Stück), die per Hand aus dem Kastenwagen umgebaut wurde. Man kann sie als eine Vorserie betrachten. Da BREKINA etwa zur gleichen Zeit mit dem Pritschenmodell auf den Markt kam, hatte man bei s.e.s dieses aufwendige Modell aufgegeben.

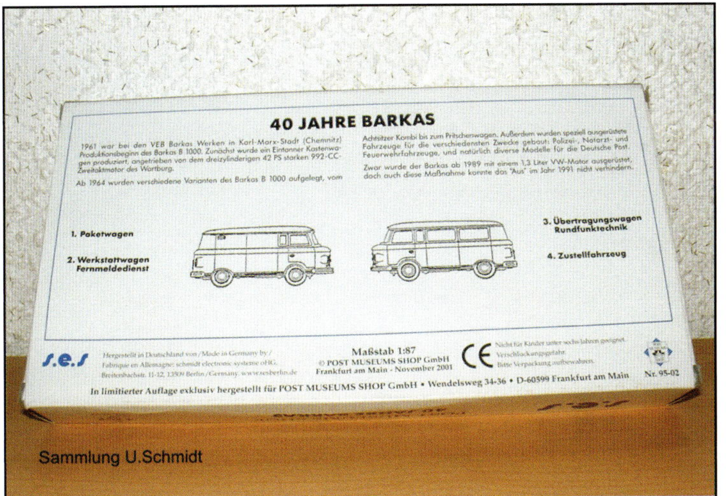

Eine Sonderpackung mit Seltenheitswert von 2001 mit s.e.s Modellen.

1. 14 1055 50 Lkw W50 mit Tieflader
2. 14 1056 53 Lkw W50 Fahrschule
3. 11 2501 51 Lkw Robur Hängerzug
4. 11 2501 50 Lkw Robur
5. 11 2501 54 Lkw Robur FFw
6. 14 1302 50 Ikarus 260 Einsatzleit.
7. 14 1056 58 Lkw W50 Hilfs-Tlf.
8. 14 1056 50 Lkw W50
9. 14 1052 50 Lkw W50 Drehleiter DL 30 K
10. 11 2501 53 Lkw Robur Drehleiter DL 18
11. 14 1056 52 Lkw W50 Montagemast
12. 14 1056 57 Lkw W50 GW-Prüfgruppe
13. 14 1056 51 Lkw W50 Atemschutz
14. 14 1052 51 Lkw W50 Ladebordw.
15. 14 1056 54 Lkw W50 Pulverlöschfahrzeug
16. 14 1056 59 Lkw W50 Twin-Agent

H0

1. 14 1807 51 Lkw Tatra Löschwasser
2. 14 1058 50 Gabelstapler
3. 14 1015 51 Lkw G5
4. 14 1042 50 Multicar Pritsche
5. 14 1015 50 Lkw G5 Kranwagen
6. 14 1013 26 B1000 Einsatzleitung
7. 14 1013 21 B1000 Klf.
8. 14 1013 22 B1000 Fernmeldedienst
9. 14 1013 27 B1000 RTW
10. 14 1013 20 B1000 Klf FFw
11. 14 1013 24 B1000 KTW
12. 14 1013 23 B1000 SMH
13. 14 1013 25 B1000 KTW/Fahne
14. 13 0000 53 Trabant ADW
15. 13 0000 52 Goggomobil FFw
16. 13 0002 20 Lada Nova Notarzt
17. 13 0000 90 Lada Nova „Berliner Fw"
18. 13 0000 83 Lada Nova Brandmeister
19. 14 0006 51 Skoda Oktavia FFw

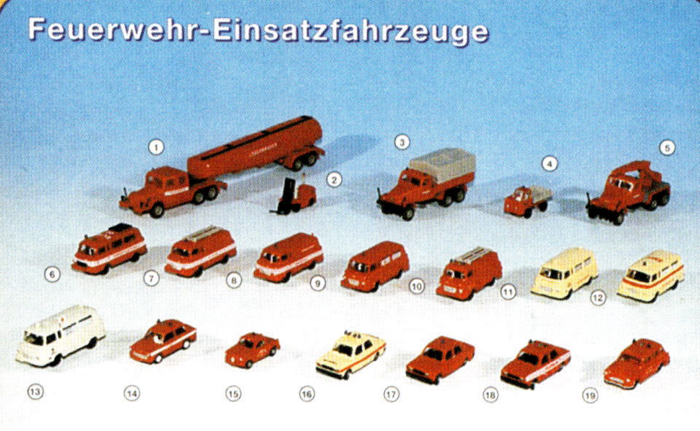

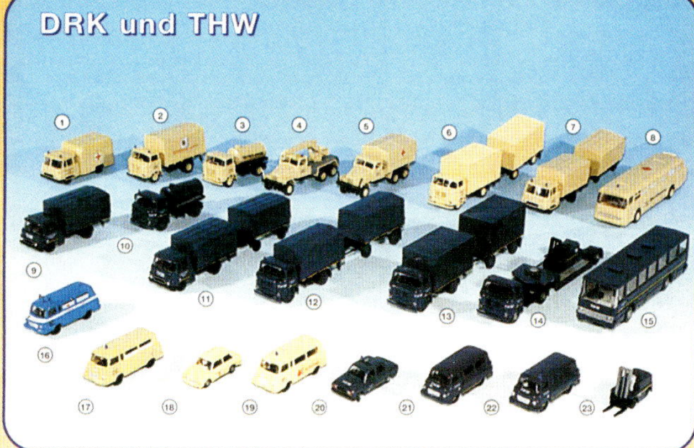

1. 11 2501 22 Lkw Robur Koffer
2. 14 1056 26 Lkw W50
3. 14 1056 24 Lkw W50 Trinkwasser
4. 14 1015 21 Lkw G5 Kranwagen
5. 14 1015 20 Lkw G5
6. 14 1056 21 Lkw W50 Kofferzug
7. 11 2501 21 Lkw Robur Hängerzug
8. 14 1084 21 Ikarus 66 Operationswg
9. 11 2501 40 Lkw Robur
10. 14 1056 47 Lkw W50 Tankaufbau
11. 11 2501 41 Lkw Robur Hängerzug
12. 14 1056 43 Lkw W50 Hängerzug
13. 14 1056 44 Lkw W50 Kofferzug
14. 14 1056 45 Lkw W50 Tiefl./Stapler
15. 14 1302 40 Ikarus 260
16. 14 1013 51 B1000 Bergwacht
17. 14 1013 19 B1000 KTW
18. 13 0000 22 Trabant
19. 14 1013 28 B1000 „Blut ist Leben"
20. 13 0000 85 Lada Nova
21. 14 1013 41 B1000 Kleinbus
22. 14 1013 42 B1000 Transporter
23. 14 1058 40 Gabelstapler

2

Robotron s.e.s.

Polizei-Ausführung, es soll ein Fahrzeug der Bundespolizei darstellen, aber ohne weitere Beschriftung. Diese überarbeitete Modellform hat hinter der Laderaumtür eine Kante, die wahrscheinlich die Schiebetür imitiert. Dazu würden dann aber die Türscharniere nicht passen. Außerdem haben diese Karosserien eine Dachluke und Dachprofil. Diese Formveränderungen sind nur bei der Buskarosserie vorhanden.

Bergwacht-Modell, das Vorbildfahrzeug gab es bei der Bergwacht in Sachsen.

Unbedruckte Modelle – dieses Bus-Modell hat keine Kante hinter der Laderaumtür. Weitere Unterschiede: Am Bus sind die Fensterausschnitte größer und er hat schmalere Stoßstangen gegenüber dem Kastenwagen. Im Prinzip sind es zwei verschiedene Karosserieformen, das trifft auch für die Bodengruppe zu. Stammen sie noch aus den alten ESPEWE-Formen?

Verschiedene Barkas-Feuerwehrfahrzeuge. Im Original gab das Kleinlöschfahrzeug in der Variante Kastenmehrzweckwagen bzw. Kombibus, heißt – je ein Fenster in der Tür und seitlich. Einige Modelle haben jetzt Dachluken. Ebenfalls verschieden: die Räder. Die Modelle stammen aus verschiedenen Produktionszeiträumen.

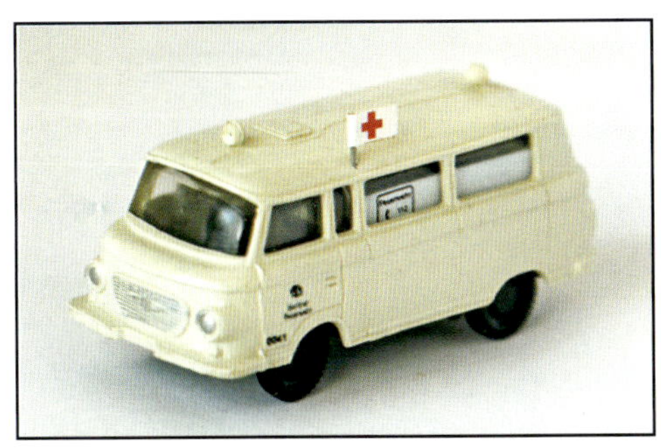

Barkas Krankentransportwagen (KTW) Nr. 14101325 Aufschrift Berliner Feuerwehr. Das Modell ist nur vorn bedruckt. Die relativ großen Lampen auf dem Dach sind ebenfalls nicht bedruckt. An der Seite steckt ein kleiner Metallstift, der die Papier-Rot-Kreuz-Fahne trägt. Auch hier ist auf der rechten Seite hinter der Tür eine längliche Kante zu sehen, welche wahrscheinlich die Kante der Schiebetür darstellen soll (ab 1985), allerdings hätte dann das Modell andere Stoßstangen haben müssen. Die Lüftungsschlitze hinter der Beifahrertür gab es im Original nur beim Bus.

Der Barkas Polizei, es könnte die Beschriftung kurz nach der Wende darstellen, da wurde aus Volkspolizei nur Polizei.

Auch das gibt es – Bestattungswagen. Vorbilder gab es dazu ebenfalls. Es hat dieses Vorbild auch mit speziellem, aus einem B 1000 Kasten-Heckteil gefertigten, Leichenwagenanhänger gegeben.

Der gläserne B 1000, ein durchsichtiges Sondermodell. Durch die langen Stifte auf der Grundplatte brauchten die Glasteile nicht eingeklebt werden.

10.2.3 Der Barkas B 1000 von BREKINA

Über den Modellautohersteller BREKINA soll an dieser Stelle nicht allzu viel berichtet werden. Das wurde bereits bei der Vorstellung des Trabant und Wartburg sowie bei der Firmenvorstellung ausführlich getan. Nach dem Lkw H 6 1990, dem Lkw S 4000-1 1998, dem Wartburg 311 und 2001 dem Trabant P 50 erschien 2007 erstmals der Barkas B 1000 als Kleinbus bei BREKINA. Natürlich kann man die ESPEWE bzw. s.e.s Modell-tec Barkas-Modelle nicht mit den BREKINA-Barkas-Modellen vergleichen. Vorgestellt in Nürnberg auf der Spielwarenmesse und ausgeliefert 2007. Man kann davon ausgehen, dass das Modell dem Vorbild ab 1983 nachempfunden ist, erkennbar an der runden Stoßstange mit Gummi und den serienmäßigen Nebelscheinwerfern auf der Stoßstange. Die Gummiachsstumpfabdeckung und Plastekappen für Radmuttern wurden schon 1977 eingeführt. Näheres bei der Vorstellung des Vorbildes.

Eine Übersicht über die Barkas-Modelle von BREKINA findet man im BREKINA Autoheft 2014. Dort sind ab Seite 70 150 verschiedene Barkas-Modelle mit Artikel-Nummern beschrieben.

BREKINA
AUTOMODELLE
H0 Maßstab 1:87
DDR PROGRAMM 2007

BARKAS LIEFERWAGEN
Der „Bulli" des Ostens wurde von 1961-1991 über 250.000mal gebaut.
TOP TD DECORATION

n 30002 Barkas Kleinbus, sandbeige 11,50 €
n 30000 Barkas Kleinbus, lichtgrau 11,50 €
n 30001 Barkas Kleinbus, hellbraun 11,50 €

AUTODREHKRAN
Von 1955-1976 wurden unter der Bezeichnung ADK Drehkräne mit der typischen IFA-Haubenform gebaut. Das BREKINA-Modell zeigt den ADK 6.3, was für eine Tragkraft in Höhe von 6,3 Tonnen steht.

n 60000 Kran ADK 6.3, gelborange (ab März 2007) 29,90 €
n 60001 Kran ADK 6.3, blau (ab März 2007) 29,90 €

DER TRABANT
Die „Pappe" kennt jeder. Das BREKINA-Modell zeigt den Trabant mit der runden Urkarosse, wie er von 1958-1964 gebaut wurde.

27500 Trabant AWZ P 50 Limousine, sortiert 8,20 €
27509 Trabant P 50 Zackenlinie, 2-farbig 9,23 €

Der B 1000 von vorn, gut zu erkennen die saubere Bedruckung und Verarbeitung. Ebenso wie beim Vorbild der Schriftzug Barkas B 1000 nur auf der Beifahrertür.

Das BREKINA-Prospekt von 2007 kündigt die Neuheit Barkas B 1000 an. Es erschien zuerst die Variante Kleinbus in drei Farben.

Die ersten drei Modelle des B 1000 von BREKINA mit der Art.-Nr. 30000, 30001 und 30002. Die Qualität der Modelle setzt Maßstäbe. Das Modell lässt kaum Wünsche offen. Die Bedruckung ist sehr sauber sowie andere Details sind sehr gut umgesetzt. Selbst die schwarzen Fenstergummis sind angedeutet. Auch die Lampenringe vorn und die Rücklichter sind silbern umrahmt.

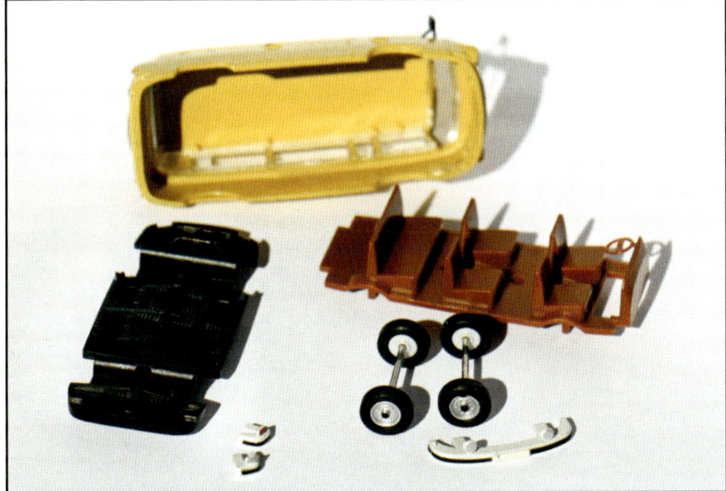

Das Kleinbus-Modell lässt sich sehr einfach zerlegen, einfach nur die vordere Stoßstange und die Stoßstangenecken hinten heraus ziehen und das Modell zerfällt in seine Einzelteile. Die Glasteile sitzen in der Karosserie fest. Die Plaste ist nicht so spröde und zerspringt nicht so schnell. Bei den ESPEWE- und s.e.s-Modellen ist da etwas mehr Vorsicht geboten. Die Reifen sind hier aus Gummi.

Wie schon der Trabant und der Wartburg wird das Barkas-Modell in einer kleinen Vitrine geliefert. Das hat den Vorteil, dass man Kleinteile, zum Beispiel Spiegel, anbauen kann. Das Modell ist auf einer Grundplatte mit zwei Zapfen aufgesteckt.

Verschiedene Barkas-Feuerwehrfahrzeuge. Links KLF Kleinlöschfahrzeug die zur DDR-Zeit in kleinen Dörfern eingesetzt waren. In der Mitte Feuerwehr-Kleinbus, rechts der Feuerwehr-Krankenwagen (RTW). Selbst der kleine Suchscheinwerfer auf der linken Seite ist dargestellt. Die weiße „Bauchbinde" bei den Feuerwehrfahrzeugen wurde Ende 1987 in der DDR eingeführt.

Der B 1000 als Kastenmehrzweckwagen bzw. Kombibus Art.-Nr. 30202 bzw. 30201 und als Kastenwagen 30100.

Modell links: der B 1000 Verkehrskontrolle Nr. 30025.
Modell Mitte: Bus Volkspolizei.
Modell rechts: Bus Polizei, es zeigt die Bedruckung kurz nach der Wende.

Links: die Schnelle Medizinische Hilfe, zwei Blaulichter auf Flachträger.
Mitte links: Krankentransportwagen DRK Dresden.
Mitte rechts: Schnelle Medizinische Hilfe 2. Version, Blaulichter auf separatem Träger.
Rechts: Krankentransport mit zwei Blaulichtern.

Die Schnelle Medizinische Hilfe (Abkürzung: SMH) war ab 1976 in der DDR für alle medizinischen Notfälle zuständig. Die Notrufnummer war die 115. Es wurde klassifiziert in SMH 1, SMH 2 und SMH 3. Der Barkas SMH 2 wurde so ausgestattet, dass ein Arzt sämtliche Möglichkeiten zur Behandlung ausschöpfen konnte.
Zu dem System der SMH gehörte auch das Wartburg-Einsatzfahrzeug, ab 1984 ebenfalls im System der Schnellen Medizinischen Hilfe eingesetzt.
Die Produktion des 353 med. erfolgte ab 1984 im VEB Karosseriewerk Halle in zwei Varianten. Die technische Ausgestaltung des Wartburg Tourist wurde nicht verändert. Für den liegenden Transport eines Patienten wurde die Rücksitzbank nach vorn geklappt und der Beifahrersitz um 180 Grad gedreht.

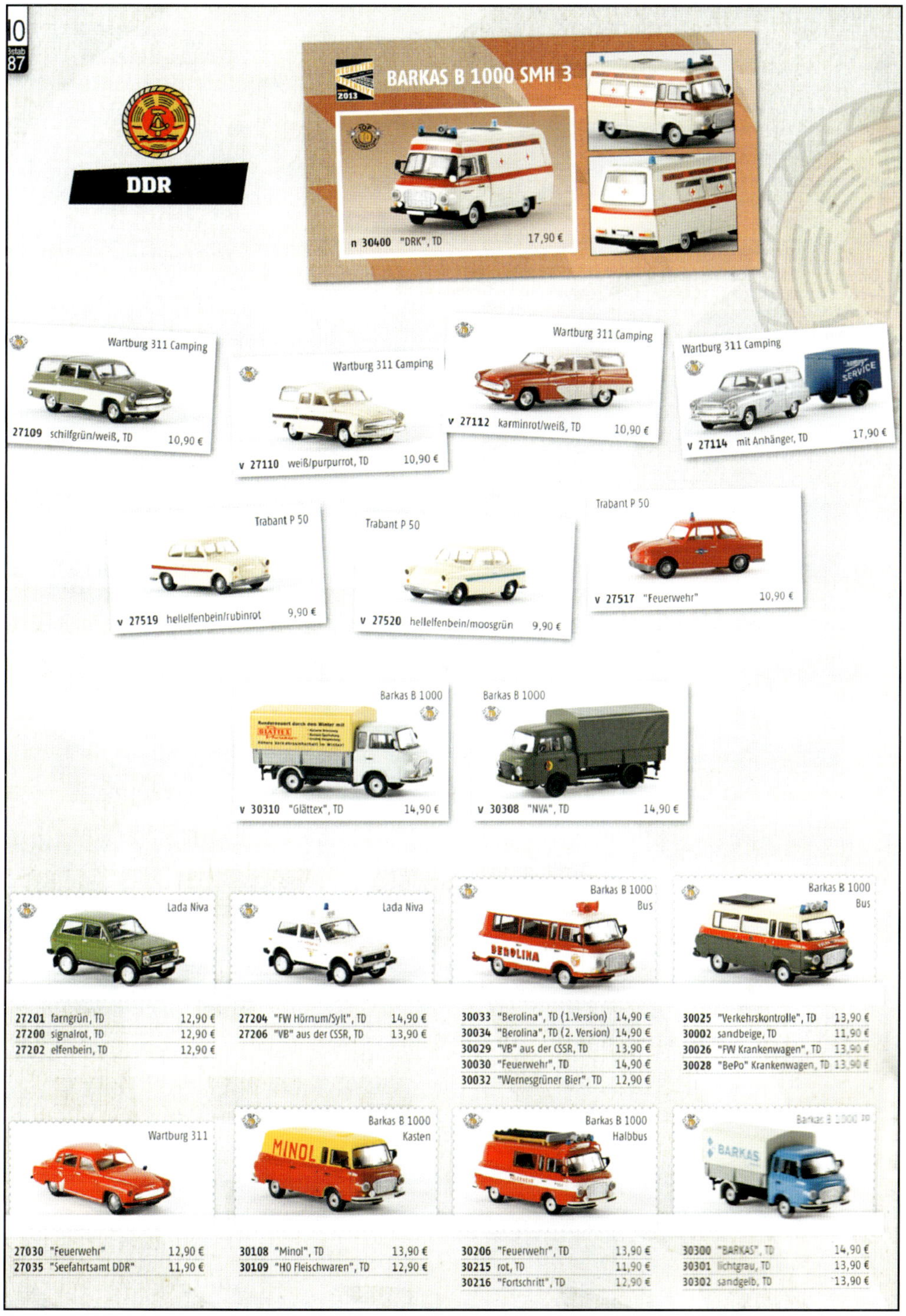

DDR
BARKAS B 1000 SMH 3
2013
n 30400 "DRK", TD 17,90 €
Wartburg 311 Camping
27109 schilfgrün/weiß, TD 10,90 €
Wartburg 311 Camping
v 27110 weiß/purpurrot, TD 10,90 €
Wartburg 311 Camping
v 27112 karminrot/weiß, TD 10,90 €
Wartburg 311 Camping
v 27114 mit Anhänger, TD 17,90 €
Trabant P 50
v 27519 hellelfenbein/rubinrot 9,90 €
Trabant P 50
v 27520 hellelfenbein/moosgrün 9,90 €
Trabant P 50
v 27517 "Feuerwehr" 10,90 €
Barkas B 1000
v 30310 "Glättex", TD 14,90 €
Barkas B 1000
v 30308 "NVA", TD 14,90 €
Lada Niva
27201 farngrün, TD 12,90 €
27200 signalrot, TD 12,90 €
27202 elfenbein, TD 12,90 €
Lada Niva
27204 "FW Hörnum/Sylt", TD 14,90 €
27206 "VB" aus der CSSR, TD 13,90 €
Barkas B 1000 Bus
30033 "Berolina", TD (1.Version) 14,90 €
30034 "Berolina", TD (2. Version) 14,90 €
30029 "VB" aus der CSSR, TD 13,90 €
30030 "Feuerwehr", TD 14,90 €
30032 "Wernesgrüner Bier", TD 12,90 €
Barkas B 1000 Bus
30025 "Verkehrskontrolle", TD 13,90 €
30002 sandbeige, TD 11,90 €
30026 "FW Krankenwagen", TD 13,90 €
30028 "BePo" Krankenwagen, TD 13,90 €
Wartburg 311
27030 "Feuerwehr" 12,90 €
27035 "Seefahrtsamt DDR" 11,90 €
Barkas B 1000 Kasten
30108 "Minol", TD 13,90 €
30109 "HO Fleischwaren", TD 12,90 €
Barkas B 1000 Halbbus
30206 "Feuerwehr", TD 13,90 €
30215 rot, TD 11,90 €
30216 "Fortschritt", TD 12,90 €
Barkas B 1000 TD
30300 "BARKAS", TD 14,90 €
30301 lichtgrau, TD 13,90 €
30302 sandgelb, TD 13,90 €

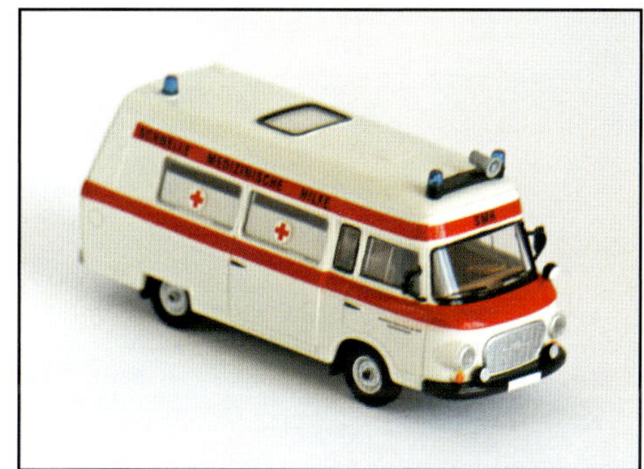

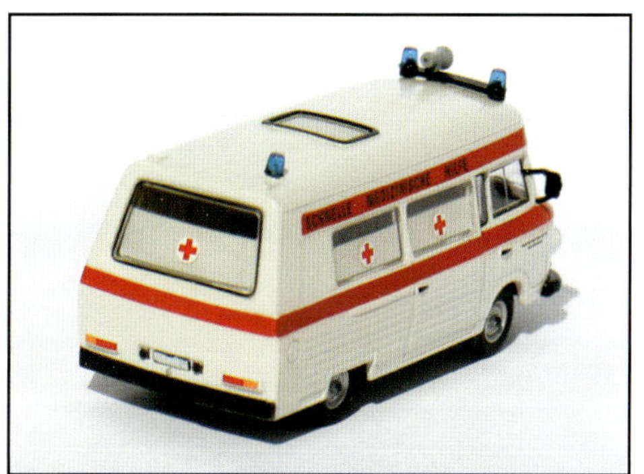

Der Rettungswagen SMH 3, Artikel-Nr. 30400 wurde 2013 als Neuheit vorgestellt. Auch wenn es scheint, dass zwischen den Blaulichtern ein Lautsprecher fehlt, es war beim Original so. Es gibt unter der Art.-Nr. den SMH 3 in NVA grün, 30403 Rettungsamt Berlin und DRK Oranienburg. Bei Modell-Car-Zenker wurde der Rettungswagen SMH 3 mit leuchtend roten Streifen angeboten.
Der SMH 3 (Rettungswagen der DMH) kam vorwiegend in größeren SMH-Leitstellen zum Einsatz. Der besondere Aufbau, welcher aus einem Stahlrohrgerippe aufgebaut und mit einer aus glasfaserverstärktem Kunststoff produzierten Heckklappe versehen war, brachte das erweiterte Platzangebot. Die nach oben öffnende Heckklappe bot bei Regen und Schnee zusätzlichen Schutz beim Einladen. Nähere Beschreibung erfolgt beim Vorbild. Das Modell ist gut umgesetzt.

Vorstellung der SMH 3, BREKINA-Prospekt 2013.

MITROPA
MINOL Laborservice
FORTSCHRITT
SERVICE

MITROPA
MINOL
FORTSCHRITT
SERVICE

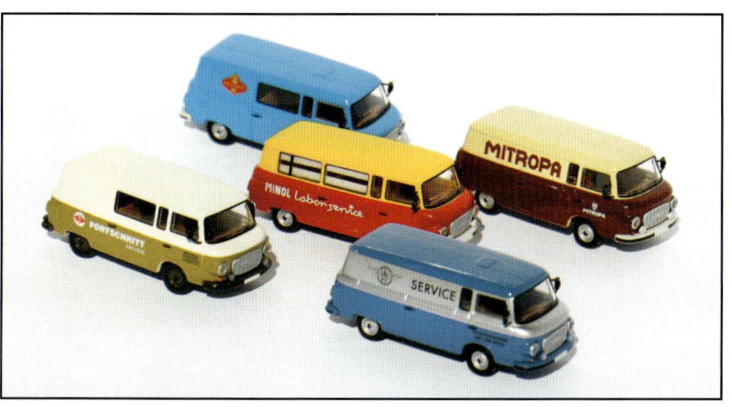

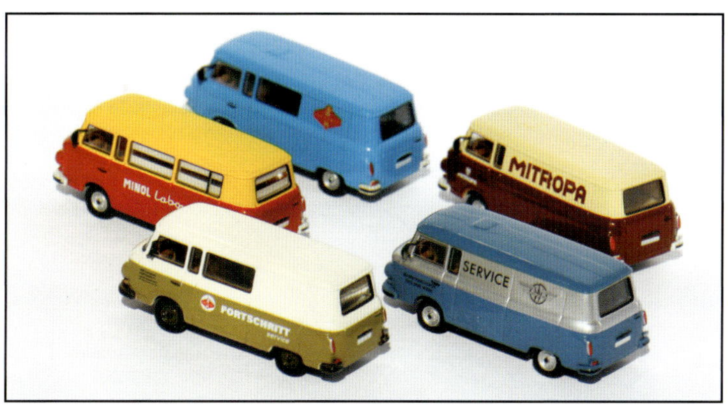

Einige Service-Fahrzeuge, welche gut zu anderen Fahrzeugen passen. Zum Beispiel Service-Fahrzeuge von Fortschritt, die zu den Busch-Mähdreschern oder Modelltec-Fahrzeugen passen. Das trifft auch für Minol oder andere Service-Fahrzeuge zu.

In diesem BREKINA-Prospekt wird der B 1000 Pritsche angekündigt.

Der B 1000 als Pritsche – angekündigt ab Juli 2012. Bei diesem Modell fehlte bei der Auslieferung der Benzintank, es musste so ausgeliefert werden. Das Modell eignet sich gut ohne großen Aufwand zur Bedruckung der Plane, weshalb zahlreiche Modelle mit Firmenaufdruck unterwegs sind. Natürlich gibt es weitere Varianten mit verschiedenfarbigen Fahrerhäusern, Rahmen und Planen in verschiedenen Bedruckungen.

Der Barkas als Pritsche unterwegs für den Kraftverkehr Zwickau, Modell von Modell-Car-Zenker.

Die Firma Spiele Max bietet mehrere Sondermodelle des BREKINA B 1000 in verschiedenen Varianten und Bedruckungen an. Nach eigenen Angaben werden sie als Exklusivmodelle angeboten – streng limitiert auf 150 Stück.

H0
Maßstab 1:87

Barkas B 1000 Koffer
n 30350 platingrau, TD 14,90 €

Barkas B 1000 Koffer
n 30351 lichtblau, TD 14,90 €

Barkas B 1000 Koffer
n 30352 maigrün, TD 14,90 €

Barkas B 1000 Koffer
n 30353 weinrot, TD 14,90 €

NEUHEITEN OFFENSIVE 2013
TOP TD DECORATION

IFA H 6
v 71023 "Economy" sortiert 7,90 €

IFA H 6
v 71028 "Germed" 13,90 €

IFA Z 6
v 71190 Zugmaschine mit Anhänger "Economy" sortiert 12,90 €

IFA Z 6
v 71189 "Germed" 14,90 €

Dacia 1300
14514 taubenblau, TD 11,90 €
14515 graubeige, TD 11,90 €

IFA S 4000-1
71708 SKW 18,90 €

IFA S 4000-1
71524 Pritsche "Glutos" 10,90 €
71666 Koffer "VEM Thurm" 12,90 €

IFA S 4000-1
71664 "Minol Flüssiggas" 19,90 €
71520 S 4000-1 PP-Zug "Economy" 12,90 €
71523 S 4000-1 PP "Schwarze Pumpe" 11,90 €

IFA S 4000-1
71670 Koffer "Berolina" 13,90 €
71672 Zug "VEB Metallwarenwerk" 19,90 €

KVK Zittau
71029 IFA H 6 PP "KVK Zittau RP 21-15" 14,90 €
71030 IFA H 6 PP "KVK Zittau RP 28-25" 14,90 €
55259 2achs-Anhänger "KVK Zittau", passend zu 71029 und 71030 5,90 €

IFA H 6
71027 PP "Glutos" 11,90 €

Kran ADK 6.3
60002 "Feuerwehr", TD 29,90 €
60005 "VEB Energieversorgung", TD 29,90 €
60007 "Volkspolizei", TD 29,90 €
60009 "BMK Schwedt", TD 29,90 €

Der B 1000 Koffer wird vorgestellt – BREKINA-Prospekt 2013.

Der BREKINA Koffer in seinen Einzelteilen. Die vordere Stoßstange herausziehen und den eingeklipsten Koffer aushebeln, das war´s.

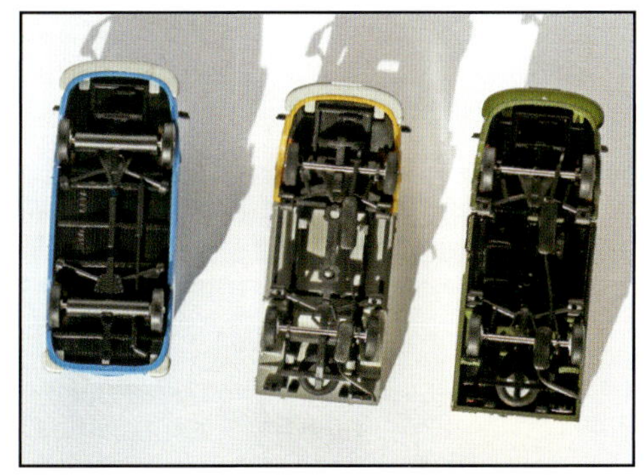

Die B 1000 Chassis. Links der B 1000 Kastenwagen bzw. Bus. Beim Pritschen-Fahrzeug Mitte, fehlt der Tank. Im Original war der Tank bei dem Pritschen- bzw. Kofferfahrzeug auf der rechten Seite vor dem Hinterrad angebracht. Beim Kasten- bzw. Busaufbau war der Tank rechts hinter dem Hinterrad. Bei dem Pritschen- und Koffermodell ist die Auspuffanlage nur eingesteckt und macht sich gerne selbstständig.

Der Barkas als Kofferfahrzeug ebenfalls aus dem Jahr 2013 ab der Artikel-Nr. 30350. Der Koffer hat seitlich eine angedeutete Schiebetür und hinten eine zweiflügelige Tür. Die Fenster der Kofferaufbauten sind nur aufgedruckt. Auch von den Kofferfahrzeugen gibt es zahlreiche Varianten.

10.2.4 Der Barkas B 1000 von Kleinserienherstellern

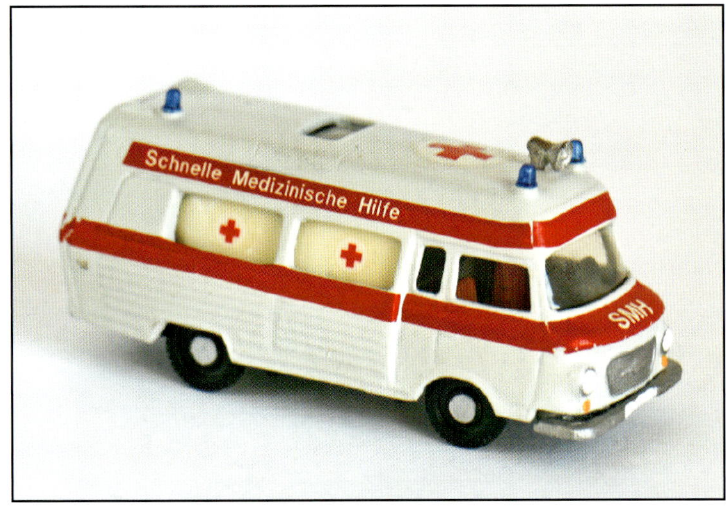

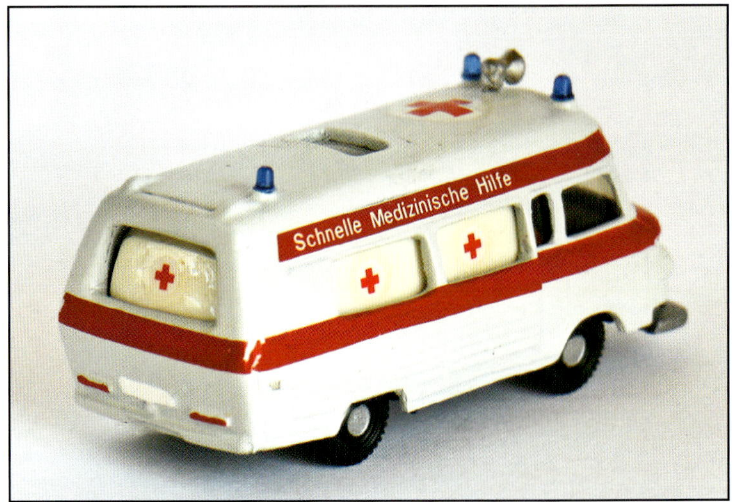

Vom Barkas sind keine Kleinserienmodelle bekannt. Im Handel war nur der Rettungswagen SMH 3 entweder von KEHI, RK oder adp. Das Modell ist aus Metall und bringt 90 Gramm auf die Waage, während der BREKINA B 1000 gerade mal 5 Gramm wiegt. Auch die Qualität lässt sehr zu wünschen übrig.

10.2.5 Der Barkas B 1000 von Kai Rücker

Kai Rücker hat die Serienmodelle in mühevoller Kleinarbeit noch etwas aufgearbeitet und gut in Alltagszene gesetzt. Selbst an serienmäßig recht guten Modellen lassen sich noch Verfeinerungen durchführen, beispielsweise polizeiliche Kennzeichen.

Der Reparaturtrupp der Deutschen Post.

Ein überarbeiteter Barkas der Schnellen Medizinischen Hilfe von BREKINA mit Kennzeichen und Rot-Kreuz-Fahne.

Dispatcher-Fahrzeug der Dresdner Verkehrsbetriebe, entstanden aus einem Fertigmodell von Modell-Car-Zenker.

Überarbeitete BREKINA-Modelle. Fahrzeuge der Deutschen Post und Studiotechnik Fernsehen.

Der Dreiachs-Abschleppwagen des Kraftverkehrs Halle. Ein Totalumbau aus BREKINA-Modellen. Nähere Beschreibung des Fahrzeuges unter Barkas Vorbild.
Diese Fahrzeuge waren meist bei Kraftfahrzeuginstandsetzungsbetrieben oder Fuhrunternehmen stationiert.

10.2.6 Das Vorbild – Der Barkas B 1000

Die offizielle Geburtsstunde des Barkas war der 14. Juni 1961. Die Entwicklung dazu geht schon auf Anfang der 1950er Jahre zurück. Damals sollte schon der Framo durch ein Frontlenkerfahrzeug mit höherer Motorleistung und Nutzlast ersetzt werden. 1954 erhielt Framo Hainichen den offiziellen Entwicklungsauftrag für eine neue Generation von Kleintransportern. Noch unklar war dabei, welcher Motor im neuen Fahrzeug zum Einbau kommen sollte. Im August 1958 wurde dann festgelegt, dass der Motor des Wartburg 311 beim zukünftigen Kleintransporter zum Einsatz kommt. Dieser Dreizylinder-Zweitakt-Motor leistet 38 PS. Es gab verschiedene Karosserieentwürfe sowie Funktionsmuster. Das Fahrzeug in Frontlenkerbauweise mit selbsttragender Ganzstahlkarosserie und Drehstabfederung sowie einer Nutzlast von 1000 kg (daher der Name B 1000) wurde im September 1960 den vorgesetzten Stellen und Exportkunden vorgestellt. Wie schon erwähnt, begann die Serienproduktion im Juni 1961 mit der Ausführung als Kastenwagen. Im Laufe des Produktionszeitraumes entstanden weitere Barkas-Varianten. Im September kam die Ausführung als Kleinbus und Krankenwagen dazu. 1965 gingen der Pritschen-Barkas, 1966 die Drehleiter- (10 m für kommunale Zwecke) und die Koffervariante in Serie. Am Fahrzeug wurden in den nächsten Jahren zahlreiche Veränderungen vorgenommen, so am Motor, an der Karosserie, bzw. den Stoßstangen und Rädern. Das gleiche traf auf die gesamte Technik des Fahrzeuges zu. Es soll über 34 Varianten des B 1000 gegeben haben. Darunter auch eine besondere Ausführung – der Barkas B 1000 Aufbau Schnelle Medizinische Hilfe mit Hochdach. Diesen Aufbau fertigte der VEB Instandhaltung Rostock, Karosseriewerk Parkentin. Die Inneneinrichtung wurde vom VEB Labortechnik Ilmenau geliefert und eingerichtet. Das Fahrzeug mit der genauen Bezeichnung B 1000 KK/SMH-0 erhielt seine Zulassung 1983. Das Fahrzeug war fast 50 cm höher gegenüber dem Serien-Barkas. Seitlich befand sich eine große Schiebetür und hinten eine große nach oben zu öffnende Hecktür. Auf der linken Seite wurde aus Gründen der Stabilität die Verglasung weggelassen. Die Höchstgeschwindigkeit dieses Fahrzeuges blieb wegen des hohen Aufbaues auf 80 km/h beschränkt. Ein weiteres Sonderfahrzeug – der dreiachsige Abschleppwagen B 1000 HP mit Frontantrieb wurde 1973 im Kundenauftrag bei dem Fahrzeugbau Wolfgang Schöps in Dresden-Friedrichstadt mit Teilen eines weiteren B 1000-Pritschenrahmens zu einem Abschleppfahrzeug umgebaut.

Trotz einiger technischer Verbesserungen und dem Versuch immer auf dem neuesten Stand zu bleiben, verlor man mehr und mehr den Anschluss an das Weltniveau. Ab 1968 versuchte man bereits, für den Barkas ein Nachfolgemodell zu entwickeln. Die Eckpunkte: Viertakt-Motor, Nutzlast 1.300 kg und Scheibenbremsen. Im Mai 1969 war der erste Prototyp des B 1100, ein Pritschenfahrzeug, fertiggestellt. 1970 kam ein 2. Prototyp mit dem Dreizylinder-Zweitakt-Motor des Wartburg 312 hinzu. Ein B 1100 mit Doppelkabine und kurzer Pritsche, angetrieben vom 1.500 ccm Moskwitsch-Motor geht im Januar 1972 in die Erprobung. Die Fahrzeuge hätten sich technisch und optisch sehen lassen können. Aber es kam wieder mal anders. Bereits im Juni 1972 mussten die Entwicklungsarbeiten abgebrochen werden. Alle Erprobungsmuster sollten verschrottet werden. Das Fahrzeug mit Doppelkabine hat auf abenteuerliche Weise überlebt und steht heute im Fahrzeugmuseum Frankenberg. Auch ein weiterer Prototyp mit Pritsche konnte versteckt werden, wurde aber vor kurzem zerlegt und das Fahrgestell im Fahrzeugmuseum Frankenberg der Öffentlichkeit zugänglich gemacht. Das Fahrerhaus hat in Privathand überlebt. Der Pritschenaufbau wurde verschrottet. Das war bei Barkas der letzte Versuch eine Weiterentwicklung in die Produktion zu übernehmen. Das gleiche Schicksal ereilte auch die anderen Fahrzeuge der DDR – Wartburg und Trabant – Weiterentwicklungen abgebrochen. Ein Versuch wurde doch noch unternommen, um den Barkas auf internationalen Standard zu bringen und somit weiterhin exportfähig zu machen. Der Einbau des Viertakt-Vierzylinder-VW-Motors mit 1.272 ccm Hubraum brachte 58 PS Leistung in den Barkas. Der Trabant erhielt den gleichen Motor mit 1.043 ccm Hubraum und 40 PS und der Wartburg mit 1.300 ccm und 58 PS Leistung. Gebaut wurde der Motor im Motorenwerk Karl-Marx-Stadt. Auf der Leipziger Messe im September 1989 hatte der Barkas B 1000-1 mit dem Viertakt-Motor Premiere. Einige Fahrzeuge erhielten versuchsweise eine überarbeitete Bugpartie mit großflächigen Plastteilen. Aber das rettete diese traditionsreiche Marke nicht mehr. Am 3. Oktober 1990 kam die Wiedervereinigung der beiden deutschen Staaten. Kurz nach dem Ende der DDR endete auch im Großen und Ganzen deren Fahrzeugproduktion. Am 10. April 1991 rollte der letzte Barkas vom Band. Es wurden 216.233 Barkas B 1000 und ca.1.300 Barkas B 1000-1 gebaut. Ein Verkauf der Produktionsanlagen nach Russland 1994 scheiterte und es fand alles den Weg in die Schrottpresse. Außer auf Oldtimertreffen sieht man den Barkas kaum noch auf der Straße. Nur als Modell existiert er weiter und es wird somit ein Stück Technikgeschichte der DDR aufgearbeitet. Nähere Informationen zum Thema Framo/Barkas in der entsprechenden Fachliteratur. Siehe Hinweis am Schluss des Buches.

An dieser Stelle sollen nur einige Bilder des B 1000 gezeigt werden, die für den Modellautofreund von Interesse sein könnten.

Prospekt mit der ersten Ausführung des Barkas Bus von 1964.

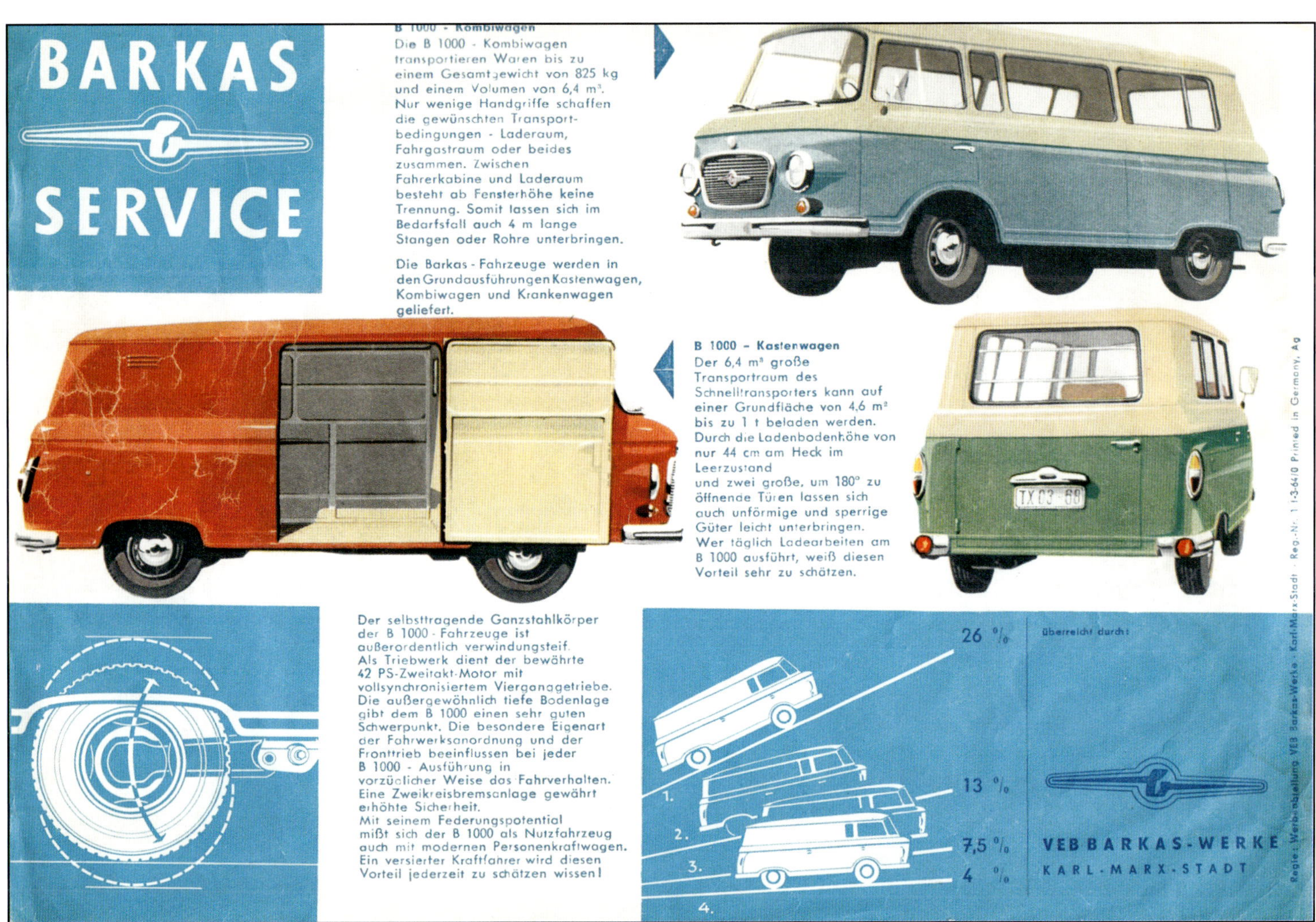

Technische Daten

Höchstgeschwindigkeit	100 km/h
Steigvermögen	26 %
Norm-Kraftstoff-Verbrauch	10,7 l
Füllmenge des Kraftstoffbehälters in l	42 l
Kraftstoff-Ölgemisch	50 : 1
Zylinderzahl	3
Arbeitsweise	Zweitakt-Otto
Hubraum	992 cm³
Leistung	33,8 kW 3500 U/min
Kraftstoff-Förderpumpe	Unterdruck-Membranpumpe
Vergaser	Fallstromvergaser
Kühlsystem	geschlossen, wartungsarm
Kühlmittel	Wasser mit Frostox-Zusatz ca. 40 Vol. % (4 l)
Temperaturregelung	Thermostat
Getriebe	Viergang, vollsynchronisiert mit sperrbarem Freilauf
Kupplung	Trockenreibungskupplung
Lenkung	Schneckenlenkung mit Kugelumlauflenkgetriebe
Radaufhängung	Einzelrad
Federung	Drehstab
Stoßdämpfung	doppeltwirkende Teleskopstoßdämpfer
Bereifung	6,70–13
Reifendruck vorn	300 kPa (ü) (3,0 kp/cm²)
Reifendruck hinten	225 kPa (ü) (2,25 kp/cm²)

Maße und Massen

Nutzmasse	625 kg
Leermasse einschl. Fahrer	1425 kg
zulässige Gesamtmasse	2050 kg
Fahrzeuglänge	4520 mm
Fahrzeugbreite	1860 mm
Fahrzeughöhe	1930 mm
Breite der Seitentür	1000 mm
Breite der Rückwandtür	1040 mm
Höhe der Türen Fahrgastraum	1230 mm
Radstand	2400 mm
Spurweite vorn	1450 mm
Spurweite hinten	1460 mm
kleinster Wendekreis ∅	11,75 m
kleinster Spurkreis ∅	10,45 m
Bodenfreiheit, in Fahrtrichtung belastet	210 mm
Verkehrsfläche	8,4 m²

Für den Modellautobauer wichtig – die Maße des Vorbildes.

Technische Daten

Höchstgeschwindigkeit	90 km/h
Steigvermögen	26 %
Norm-Kraftstoff-Verbrauch	11,8 l
Füllmenge des Kraftstoffbehälters in l	70 l
Kraftstoff-Ölgemisch	50 : 1
Zylinderzahl	3
Arbeitsweise	Zweitakt-Otto
Hubraum	992 cm³
Leistung	33,8 kW 3500 U/min
Kraftstoff-Förderpumpe	Unterdruck-Membranpumpe
Vergaser	Fallstromvergaser
Kühlsystem	geschlossen, wartungsarm
Kühlmittel	Wasser mit Frostox-Zusatz ca. 40 Vol. % (4 l)
Temperaturregelung	Thermostat
Getriebe	Viergang, vollsynchronisiert mit sperrbarem Freilauf
Kupplung	Trockenreibungskupplung
Lenkung	Schneckenlenkung mit Kugelumlauflenkgetriebe
Radaufhängung	Einzelrad
Federung	Drehstab
Stoßdämpfung	doppeltwirkende Teleskopstoßdämpfer
Bereifung	6,70–13
Reifendruck vorn	300 kPa (ü) (3,0 kp/cm²)
Reifendruck hinten	300 kPa (ü) (3,0 kp/cm²)

Maße und Massen

		(ohne Plane)
Nutzmasse	1000 kg	(1050 kg)
Leermasse einschl. Fahrer	1350 kg	(1300 kg)
zulässige Gesamtmasse	2350 kg	
Fahrzeuglänge	4650 mm	
Fahrzeugbreite	1925 mm	
Fahrzeughöhe	2300 mm	(1910 mm)
Laderaum (Innenmaße)		
äußerste Länge	2800 mm	
äußerste Breite	1760 mm	
äußerste Höhe	1430 mm	(400 mm)
Ladevolumen	7,0 m³	
Ladefläche	4,9 m²	
Ladefläche über Fahrbahn	820 mm	
Radstand	2400 mm	
Spurweite vorn	1450 mm	
Spurweite hinten	1460 mm	
kleinster Wendekreis ∅	11,75 m	
kleinster Spurkreis ∅	10,45 m	
Bodenfreiheit, in Fahrtrichtung belastet	210 mm	
Verkehrsfläche	9,0 m²	

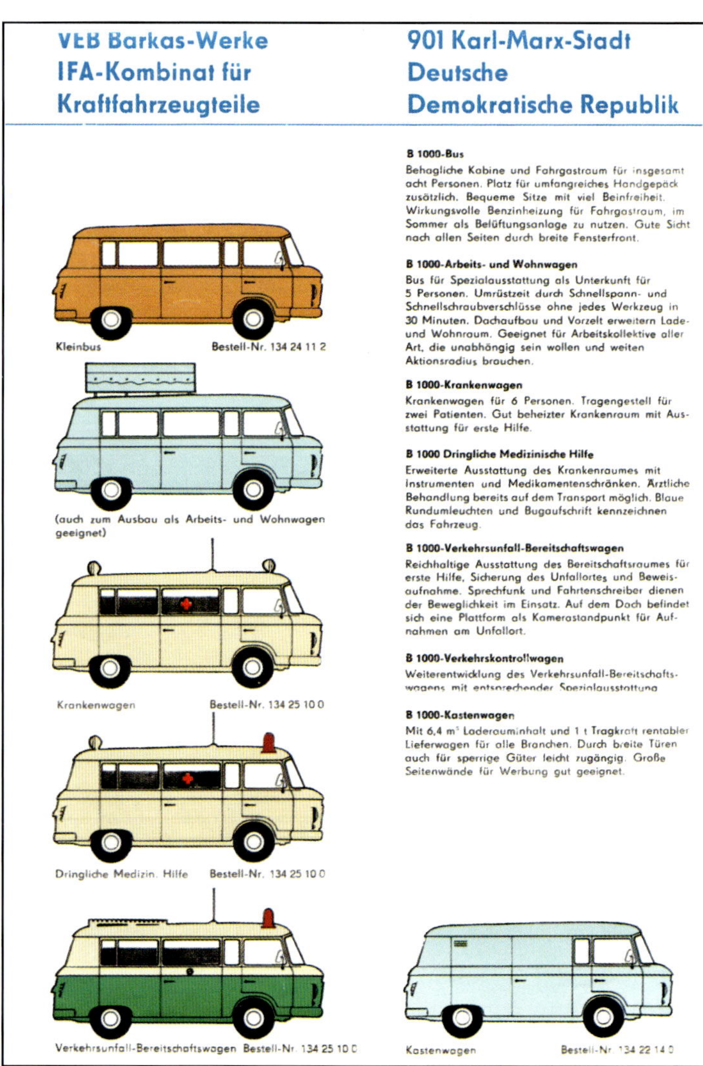

VEB Barkas-Werke
IFA-Kombinat für Kraftfahrzeugteile

901 Karl-Marx-Stadt
Deutsche Demokratische Republik

B 1000-Bus
Behagliche Kabine und Fahrgastraum für insgesamt acht Personen. Platz für umfangreiches Handgepäck zusätzlich. Bequeme Sitze mit viel Beinfreiheit. Wirkungsvolle Benzinheizung für Fahrgastraum, im Sommer als Belüftungsanlage zu nutzen. Gute Sicht nach allen Seiten durch breite Fensterfront.

B 1000-Arbeits- und Wohnwagen
Bus für Spezialausstattung als Unterkunft für 5 Personen. Umrüstzeit durch Schnellspann- und Schnellschraubverschlüsse ohne jedes Werkzeug in 30 Minuten. Dachaufbau und Vorzelt erweitern Lade- und Wohnraum. Geeignet für Arbeitskollektive aller Art, die unabhängig sein wollen und weiten Aktionsradius brauchen.

B 1000-Krankenwagen
Krankenwagen für 6 Personen. Tragengestell für zwei Patienten. Gut beheizter Krankenraum mit Ausstattung für erste Hilfe.

B 1000 Dringliche Medizinische Hilfe
Erweiterte Ausstattung des Krankenraumes mit Instrumenten und Medikamentenschränken. Ärztliche Behandlung bereits auf dem Transport möglich. Blaue Rundumleuchten und Bugaufschrift kennzeichnen das Fahrzeug.

B 1000-Verkehrsunfall-Bereitschaftswagen
Reichhaltige Ausstattung des Bereitschaftsraumes für erste Hilfe, Sicherung des Unfallortes und Beweisaufnahme. Sprechfunk und Fahrtenschreiber dienen der Beweglichkeit im Einsatz. Auf dem Dach befindet sich eine Plattform als Kamerastandpunkt für Aufnahmen am Unfallort.

B 1000-Verkehrskontrollwagen
Weiterentwicklung des Verkehrsunfall-Bereitschaftswagens mit entsprechender Spezialausstattung

B 1000-Kastenwagen
Mit 6,4 m³ Laderauminhalt und 1 t Tragkraft rentabler Lieferwagen für alle Branchen. Durch breite Türen auch für sperrige Güter leicht zugängig. Große Seitenwände für Werbung gut geeignet.

Kleinbus Bestell-Nr. 134 24 11 2

(auch zum Ausbau als Arbeits- und Wohnwagen geeignet)

Krankenwagen Bestell-Nr. 134 25 10 0

Dringliche Medizin. Hilfe Bestell-Nr. 134 25 10 0

Verkehrsunfall-Bereitschaftswagen Bestell-Nr. 134 25 10 0

Kastenwagen Bestell-Nr. 134 22 14 0

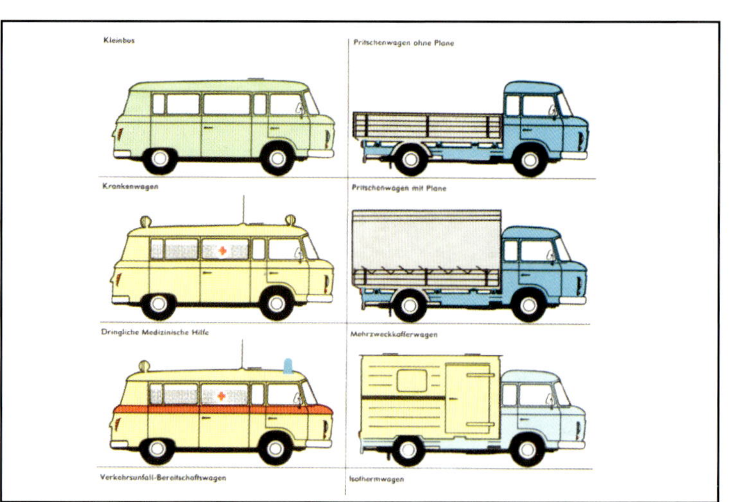

Einige schematische Darstellung der Barkas-Typenreihe mit entsprechender Farbgebung. (Werksprospekt)

Das Barkas-Kleinlöschfahrzeug, so wie es in vielen kleineren Dörfern und Betrieben in der DDR eingesetzt wurde. Dazu gehörte noch ein Anhänger mit Schlauchhaspel.

Die Zeitschrift Kraftfahrzeugtechnik Heft 1 1978 stellte auf der Titel- und Rückseite den Barkas Schnelle Medizinische Hilfe vor. Im Inhalt des Heftes war aber dazu nichts zu finden, das war oft so bei dieser Zeitschrift.

Der Barkas von innen und die Ausrüstung des KLF mit TS 8 und Schlauchhaspel und weiteren Geräten und Schläuchen. Im Fahrzeug konnte eine komplette Löschgruppe mit fünf Personen mitfahren.

Barkas-Feuerwehreinsatzfahrzeuge im Jahr 2000 in Meißen, Geräte- und Werkstattkoffer und RTW.

Barkas-Krankenwagen in Zivil und für die Armee. In den Anfangsjahren des Barkas reichten als Sondersignaleinrichtung die blinkenden Rot-Kreuz-Lampen auf dem Dach und die weiße Fahne mit dem Roten Kreuz. Das änderte sich im Laufe der Jahre. Zusätzlich zu den Rot-Kreuz-Lampen kamen noch zwei Blaulichter. Bei der SMH kam dann noch ein Lautsprecher mit einem auf- und abschwellenden Ton dazu.

Barkas-Krankenwagen in verschiedenen Ausführungen. Es fehlt eigentlich hier nur noch der Wartburg Tourist Schnelle Medizinische Hilfe.

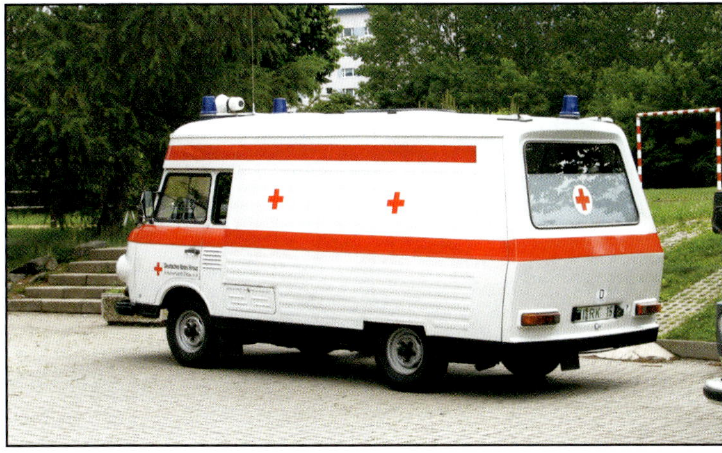

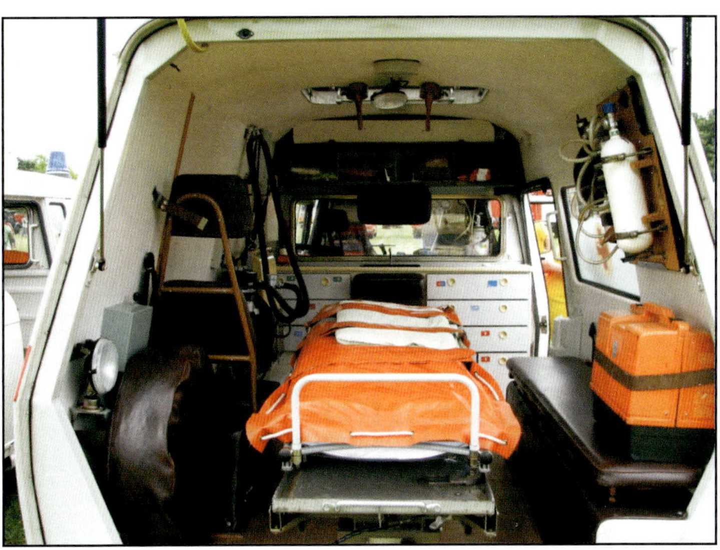

Der Barkas B 1000 KK/SMH-3 – die Schnelle Medizinische Hilfe mit Hochdachaufbau und die Inneneinrichtung. Gut zu erkennen – die große Hecktür und der doch recht große Arbeitsraum im Fahrzeug.

Kofferausführung für die NVA.

Der Verkehrsunfall-Bereitschaftswagen der Deutschen Volkspolizei. Auch hier gab es im Laufe der Jahre Veränderungen im Aufbau der Sondersignaleinrichtungen.

Die Ausführung des Barkas-Feuerwehr mit einem und zwei Blaulichtern.

Ausrückedienstwagen der Feuerwehr. Mit nach oben zu fahrendem Teleskopmast für die gelbe Rundumleuchte.

Der Barkas-Bus. Für die Nationale Volksarmee war der Bus für 11 Personen zugelassen.

Barkas-Pritsche. Auf der rechten Seite vor dem Hinterrad ist der Tank zu sehen.

Im September 1985 wurde die Schiebetür am Barkas vorgestellt, eine Eigenentwicklung. Übernahme in die Serie erst 1987.

Barkas-Bus im Einsatz für die Studiotechnik Fernsehen, welches zur Deutschen Post gehörte.

Es ist so, der Schriftzug Barkas B 1000 ist nur auf der Beifahrerseite angebracht.

Der Barkas-Koffer, das Vorbild des BREKINA-Modells.

Der Barkas 1000-1 mit dem Viertakt-Motor BM 880 VW-Lizenz 1.272 ccm Hubraum und 58 PS Leistung.

Barkas 1000-1 Musterfahrzeug mit überarbeiteter Bugpartie aus Plasteteilen und dem VW-Viertakt-Motor. Auch diese Retusche konnte das Ende des Barkas nicht mehr aufhalten. Bilder vom Barkas-Treffen in Frankenberg.

Der Barkas Doppelkabine von 1971 mit einem Moskwitsch-Motor 1.500 ccm Hubraum und 75 PS Leistung. Diese Ausführung war für diese Zeit recht fortschrittlich, aber die Entwicklungen mussten 1972 abgebrochen werden. Man kann dieses Fahrzeug nur noch im Fahrzeugmuseum Frankenberg besichtigen. So ein Fahrzeug 1:87 nachzubauen wäre schon mal eine Herausforderung.

Bei der Firma Schöps in Dresden wurden die Dreiachs-Abschleppwagen gefertigt. Hier ein Fahrzeug der KFZ-Instandhaltung Zwickau beim Oldtimertransport. (Bild: Leihgabe Stefan Schmutzler.)

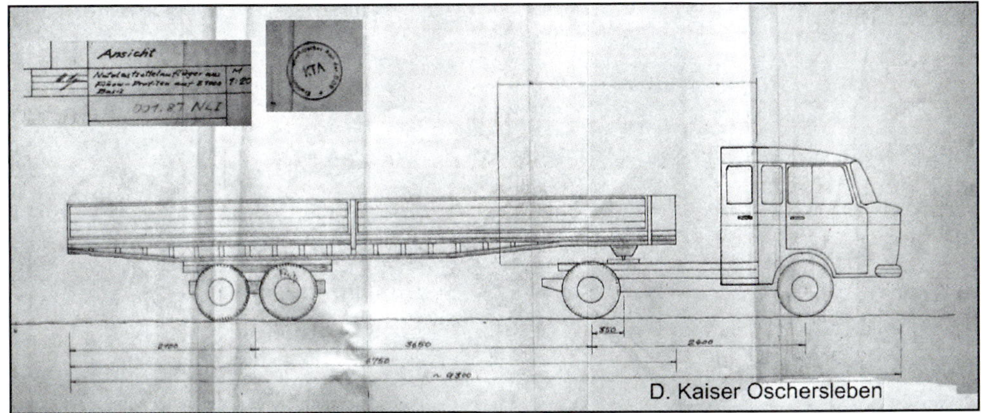

Es gab zur DDR-Zeit wirklich hervorragende Fahrzeugbauer. Um den Mangel an den entsprechenden Fahrzeugen auszugleichen, griff man zur kreativen Selbsthilfe. So wurden viele Fahrzeuge, nicht nur Barkas, sondern auch Busse und Lkw, einfach zweckentsprechend umgebaut. Diese umgebauten Fahrzeuge erhielten auch die Zulassungen im Straßenverkehr von der polizeilichen Behörde. Dabei entstanden manchmal kuriose, aber auch Fahrzeuge die einem zum Staunen bringen. Hier soll nur als Beispiel der Barkas-Sattelschlepper der Firma Kaiser aus Oschersleben vorgestellt werden. Für den Nachbauer eine Maßzeichnung. Wie gut zu erkennen ist, hat der B 1000 auf der rechten Seite eine kleine Tür. Einmal gibt es das Fahrzeug mit dem Aufbau Textilreinigung und einmal mit Pritsche. Der Koffer-Aufbau wurde wahrscheinlich aus drei Barkas-Koffer zusammen gebaut. Angetrieben wurde der Barkas-Sattelauflieger von einem Lada-Motor mit 1.600 ccm Hubraum. Der Pritschen-Auflieger ist 6.750 mm lang. (Mit freundlicher Genehmigung von Herrn Dieter Kaiser Oschersl.)

Von diesem Barkas-Sattelauflieger gibt es auch ein Modell 1:87. Es befindet sich in der Sammlung U. Schmidt, Erbauer Enrico Müller, Neuruppin.

10.3 Geländewagen P2 und P3

Für die DDR standen Anfang der 1950er Jahre die aus Vorkriegsproduktion stammenden, militärischen Zwecken dienenden, allradgetriebenen Kübelwagen P1 aus Eisenach und der H1 aus Zwickau zur Verfügung. Die Neukonstruktion begann im VEB Fahrzeugwerk Karl-Marx-Stadt 1951. 1952 wurde der Kübelwagen P2 in der 2. Generation im Fahrzeugwerk Karl-Marx-Stadt gebaut. Es entstanden der P2 M (geländegängiger Personenwagen Mannschaft) und P2 S (Schwimmwagen) bis 1958. Der Geländewagen wurde weiterentwickelt und es entstand der P3, welcher von 1958 bis 1968 an verschiedenen Orten gebaut wurde. So von 1963 bis zur Produktionseinstellung im VEB Industriewerke Ludwigsfelde. Einige technische Daten: Motor – Sechszylinder-Ottomotor, 2.407 ccm Hubraum, 75 PS Leistung aus dem VEB Sachsenring Zwickau. Fahrwerk – Allrad-Antrieb über Gelenkwellen, Einzelradaufhängung, Drehstabfederung. Die Fahrzeuge waren zuerst für militärische Zwecke vorgesehen. Sie wurden durch den Einsatz von Geländewagen der sozialistischen Bruderstaaten ersetzt. Nach ihrer Ausmusterung von der Armee erhielten die „Bedarfsträger“, wie zum Beispiel Feuerwehren, einige Fahrzeuge. Nähere Informationen zum Thema Geländewagen P2 und P3 in der entsprechenden Fachliteratur oder im Internet.

Es gibt für die Modelle 1:87 des P2 und P3 keine Großserienhersteller. Nur aus russischer Kleinserie gibt es verschiedene Modelle.

Wie schon erwähnt, gibt es vom P2 M und P3 nur Kleinserienmodelle. Links der P2 M, zu erkennen an den geraden vorderen Kotflügeln. Daneben der P3 mit schrägabfallenden Kotflügeln. Die Modelle gibt es auch in Armeegrün. Der P2 hat das Reserverad hinten, der P3 an der Seite. Die beiden Modelle haben unterschiedliche Bodengruppen, was wahrscheinlich auf verschiedene Hersteller hinweist.

Der P2 M im Museum Frankenberg.

Der P2 M als Einsatzfahrzeug bei der Feuerwehr.

Das Fahrgestell des P2 M. Gut ist hier die Drehstabfederung sowie die Einzelradaufhängung und der Sechszylinder-Sachsenring-Motor zu erkennen.

Der P2 M in sandgelb, dieses Fahrzeug ist sicher ein ausgemustertes Militärfahrzeug.

Ein Feuerwehr P3 im Originalzustand, wie er einige Jahre bei der Feuerwehr in Hartmannsdorf/Werdau im Einsatz war. Aufnahmen von 1990. Die Fahrzeuge hatten gegenüber dem Barkas eine größere Zugkraft, aber man konnte wenig zuladen, so dass nur der Anhängerbetrieb mit TS 8 möglich war. Aber auch der „Durst" war nicht unerheblich.

Hier ein P3 so wie er bei der Nationalen Volksarmee im Einsatz war. Dieses Fahrzeug nahm am Festumzug zur 625-Jahrfeier von Großolbersdorf 2011 teil. (Foto: BB)

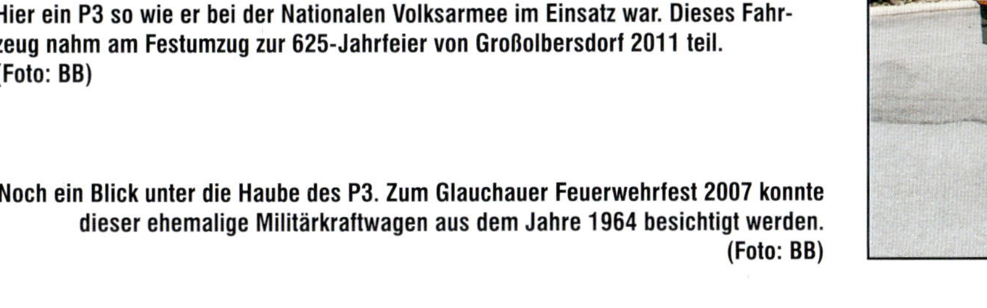

Noch ein Blick unter die Haube des P3. Zum Glauchauer Feuerwehrfest 2007 konnte dieser ehemalige Militärkraftwagen aus dem Jahre 1964 besichtigt werden. (Foto: BB)

11. Pkw-, Camping- und Wohnwagen-Anhänger – Die Modelle, die Vorbilder

Der Vollständigkeit halber sollen hier noch einige Pkw-, Camping- und Wohnwagen-Anhänger aus DDR-Produktion beschrieben werden.
Allerdings gibt es nur wenige Pkw-, Camping- und Wohnwagen-Anhängermodelle von Großserienherstellern. Auch einige Kleinserienhersteller bieten Fertigmodelle und Bausätze an. Das einzige bekannte Modell eines Großserienherstellers ist der Queck Junior von Herpa. Das hält natürlich die Modellautosammler und Bastler nicht davon ab, auch solche Modelle als Vorbild zu suchen und nachzubauen, selbst wenn diese komplett aus verschiedenen Materialien neu gebaut werden müssen.
In der DDR gab es etliche Pkw- und Campinganhänger sowie Wohnwagen. Wegen Mangels und langer Bestellzeiten entstanden auch zahlreiche Eigenbauten. Wichtig dabei war, dass der Anhänger zugelassen wurde und sich zum Materialtransport eignete. Da gab es schon manchmal eigenartige Gefährte, selbst Heckpartien von ausgedienten Trabanten nutzte man dafür. Oft wurde auch vom Zugfahrzeug und Hänger alles gefordert. Gab es zum Beispiel mal Zement, dann wurde aufgeladen bis an die absolute Schmerzgrenze. Wichtig war, das Zeug nach Hause zu bringen, egal wie. Auch wenn man selbst keinen brauchte, als Tauschobjekt war Zement immer begehrt. Man erfand auch Spitznamen für die Pkw-Anhänger. Denn damit konnte man eben etwas schnell besorgen und abtransportieren, deshalb die Namen „Mausefix“ oder „Klaufix“.
Es gab auch eine größere Typenpalette von aufklappbaren Campinganhängern und Wohnwagen, die zum Teil auch exportiert wurden. Da auch Ferienplätze und Gästezimmer immer Mangelware waren, fuhr man eben mit Sack und Pack zum Camping.

11.1 Das Modell Queck Junior von Herpa

Eine Seite des Herpa Kataloges von Mai/Juni 2012 unter der Art.-Nr. 05099 wird hier der DDR-Wohnwagen Queck Junior vorgestellt. Herpa bietet auf dieser Seite noch andere Pkw-Anhänger an, die aber keine Hänger aus DDR-Produktion sind. Aber man könnte vielleicht welche daraus bauen.

Der Herpa-Wohnwagen Queck (auch als „QEK“ bezeichnet) Junior wird in der Plisterpackung mit Pappeinlage und einigem Zubehör, zum Beispiel Stützrad, geliefert. Der QEK Junior wurde zunächst als HP 400.83 ohne eigene Bremse gebaut. Später kam die Variante HP 500.83/2 hinzu, die zunächst über eine hydraulische Auflaufbremse verfügte. Im Laufe der Jahre wurde die hydraulische Auflaufbremse von einer mechanischen abgelöst und bis zum Ende der Bauzeit beibehalten. Damit sollte auch schwächeren Zugfahrzeugen, wie Trabant 601 oder Saporoshez, das Mitführen des QEK Juniors ermöglicht werden.

11.2 Modelle von Kai Rücker

An dieser Stelle wieder einige Modelle von Kai Rücker. Nicht nur dass die Modelle hervorragend nachgebaut wurden, sie wurden auch noch gut in Szene gesetzt. Natürlich muss man sich dazu mit dem Vorbild ausgiebig befassen, um solche Modelle nachzubauen und bis in das letzte Detail zu vollenden. Auch diese Fahrzeuge gibt es kaum noch auf den Straßen. So ist der Modellautosammler und -bauer fast unbewusst auch Chronist der Fahrzeuggeschichte.

Wohnwagen Bastei 351 Resinbausatz. Der Hersteller ist nicht bekannt. Die Griffe wurden noch ergänzt, die beim Bausatz vergessen wurden. Als Gardinen wurde eine Lage Papiertaschentuch verwendet. Der Wohnwagen sollte eigentlich nur exportiert werden. 1988 ging er in Serie und wurde dann doch in der DDR für knapp 28.000,- Mark verkauft.

Der kleinere Wohnwagen Bastei ist ein Resinmodell russischer Kleinserie in der Farbe beige/braun. Es ist die letzte Farbvariante aus dem VEB Karosseriewerk Dresden. Gebaut wurde der Wohnwagen von 1974 bis 1990 und es gab verschiedene Typen, zum Beispiel den Bastei 1 und 2 sowie 350, 390, 351. Der Aufbau bestand aus einem hölzernen Aufbaugerüst mit Sprelacartplatten beplankt. Beim 351 wurden 1987 die Fenster erstmals internationalen Abmessungen angepasst.

Camptourist CT 6-2 ist ein Resinmodell von Modellbau Schulze. Das Modell des Wohnzeltanhängers erhielt eine Zugdeichsel und eine Reeling aus Kupferdraht. Hersteller des Vorbildes war der VEB Fahrzeugwerk Olbernhau. Im Volksmund wurde der Wohnzeltanhänger auch Klappfix genannt. Es gab die Typen CT 4, CT 5, CT 6, CT 7 , CT 8 und CT 9. Im Export auch als "Alpenkreuzer" bezeichnet. Sie hatten aufgeklappt eine Wohnfläche von 16 qm. (CT 4). Die größte Varianten CT 9 etwa das Doppelte. Das Eigengewicht betrug von 285 kg (CT 4) bis 665 kg (CT 9).

Der Würdig 301 – auch „Dübener Ei" genannt. Es ist ein Resin-Fertig-Modell, Vertrieb über s.e.s. Hier wurden die Metallbeschläge farblich behandelt und ein Kennzeichen angebracht. Dieser Wohnwagen wurde in Bad Düben zwischen 1936 und 1990 gebaut, erfunden von Max Würdig. Nach der Verstaatlichung 1972 hieß der Betrieb VEB Campingwohnwagen Bad Düben und hatte eine Fertigungsrate von 90 Stück jährlich. Der Wohnwagen wog um die 300 kg bei einer Zuladung von 130 kg.

Wohnanhänger Friedel EM 500-3 ist ein Fertigmodell aus geätztem Messingblech von Permo. Das Vorbild wurde ab den 1960er Jahren bis in die 1980er Jahre beim Fahrzeugbau Großfahner in der Nähe von Gotha gebaut. Mit Vorzelt kostete der Wohnwagen 10.250,- Mark. Er hat 480 kg Leermasse, Länge 4.070 mm. Der Aufbau ist aus Aluminium auf Holzgerippe.

Das Modell des Intercamp ist ein Fertigmodell aus russischer Kleinserie. Dieses Modell war ursprünglich in der älteren Farbvariante komplett weiß dargestellt. Nach dem Entlacken erhielt das Modell diese Farbe und getönte Scheiben. Der IC 355 Aufbau hat eine Länge von 3,55 m. Die größere Variante ist geräumiger und hat die Bezeichnung IC 440 mit 4,40 m Länge. Der Wohnwagen war fast nur für den Export vorgesehen. Das Vorbild wurde von 1973 bis 1988 im VEB Oberlausitzer Stahl- und Fahrzeugbau Georgewitz, Ortsteil Bellwitz gebaut. Der Wagenkasten besteht aus Polyester und ist isoliert. Das Fahrgestell hatte Drehstabfederung wie der B 1000 und die Wohnwagen „Bastei“ und „Friedel“.

Dieses Modell ist aus einer Kleinserie aus Resin im Vertrieb von s.e.s. Das Modell wurde zunächst zerlegt und dann neu lackiert, da die Qualität des ersten Lacks Wünsche offen ließ. Anschließend wurden die Fenster neu eingesetzt und Details mit Farbe hervorgehoben. Die Bezeichnung QUECK steht für Qualitäts- und Edelstahl-Kombinat mit Stammwerk in Hennigsdorf. Der Junior wurde von 1974 bis 1990 in Kooperation drei verschiedener Werke produziert. Die Endmontage erfolgte in Schmiedefeld, im VEB Maxhütte Unterwellenborn. Es gab den QEK Aero und 325 mit Zentralrohrrahmen, mit Schraubenfedern und Stoßdämpfern, Länge 3.800 mm. Der HP 400.83 hat ein Leergewicht von etwa 300 kg und ein zulässiges Gesamtgewicht von 400 kg. Der HP 500.83/2 hingegen wiegt leer etwa 360 kg und hat ein zulässiges Gesamtgewicht von 500 kg.

Das Modell entstand durch Umbau eines BREKINA-Trabant. Die Stirnseite, Plane und Anhängerdreiecke sind aus einer Polystyrolplatte. Die Anhänger-Zugdeichsel entstand aus einer s.e.s-Abschleppstange. Diese Anhänger wurden häufig aus verunfallten Pkw umgebaut, denn auch auf Pkw-Anhänger musste man lange Warten. Not macht eben erfinderisch. In Zwickau gab es eine PGH, Produktions-Genossenschaft des Handwerks, die solche Anhänger aus Heckteilen des Trabant fertigte.

11.3 Die Vorbilder

Es gab in der DDR verschiedene Varianten von Pkw-Anhängern, die sich bei der zulässigen Gesamtmasse und dem herstellenden Betrieb unterschieden. Das Typenkürzel HP bedeutet „Hochlader-Pritschenanhänger“ und die Zahl gibt die zulässige Gesamtmasse in Kilogramm an: HP 300, HP 350, HP 400, HP 500.

Der Unterpunkt (zum Beispiel „HP 350.01“) beschreibt die Zahl der Achsen, z. B. eine.

Gebaut wurden die Anhänger in verschiedenen Betrieben:

- HP 300.01: Landmaschinenbau Torgau, VEB Lufttechnische Anlagen (LTA) Dresden, VEB LTA Gotha, VEB Kraftfahrzeugwerk „Ernst Grube“ Werdau, VEB Warnowwerft Warnemünde
- HP 300.01/1: VEB Warnowwerft Warnemünde
- HP 301.01/51: VEB Lufttechnische Anlagen Dresden
- HP 350/HP 350.01: Landmaschinenbau Torgau, VEB Stema
- HP 350.01/2: VEB Landmaschinenbau Torgau, IFA Ludwigsfelde, Trebbin (vermutlich VEB Landtechnischer Anlagenbau Potsdam, Lüdersdorf), Traktorenwerk Schönebeck
- HP 400.01: VEB Gaskombinat Schwarze Pumpe
- HP 400.01.84/50: Dietlas
- HP 401.01/06: Ludwigsfelde, Trebbin

Dazu ist zu sagen, dass die Betriebe meist zu Kombinaten zusammengefasst wurden. Die Kombinate wurden oft umstrukturiert. Zum Beispiel ab 1970, da gehörte der VEB Kraftfahrzeugwerk „Ernst Grube“ Werdau zum IFA Kombinat Anhänger. Wiederum wurde 1978 das Kraftfahrzeugwerk Werdau Stammbetrieb des IFA Kombinates Spezialaufbauten und Anhänger. Zu diesem Kombinat gehörten eine Reihe anderer Betriebe aus der ganzen DDR. Seit 1973 wurden in Werdau der Pkw-Anhänger HP 300.01 gebaut. 1978 lief der 3.300. Anhänger vom Band.

Zu den IFA Kombinaten gehörten auch einige Hersteller der Wohnzeltanhänger und Wohnwagen. Zumindestens wurden sie unter dem Warenzeichen IFA mobile-DDR vertrieben.

IFA mobile-DDR

	Typ	Nutzmasse (kg)	Länge (mm)	Breite (mm)	Höhe (mm)•)
Tragrahmensattelauflieger	HLS 200.78/T	20.250 (ein 20'-ISO-Container)	6.570	2.450	1.558
Zweiseitenkippanhänger	HW 60.11	6.000/5.400	6.930	2.490	3.130
LKW-Pritschenanhänger	E 5-2	5.030	6.790	2.350	1.900
Wohnzeltanhänger	CT 5	220 (ungebremst) 200 (gebremst)	2.950	1.550	850
Wohnzeltanhänger	CT 6-1	200 (ungebremst) 185 (gebremst)	2.850	1.555	960
Möbelanhänger	HL 70.80	6.300	9.350	2.500	3.390
Isothermanhänger	HL 50.82	4.650	6.505	2.500	3.400
Werkstattanhänger	E 5-2/W	2.420	6.900	2.500	3.195
Campinganhänger	IFA-BASTEI	60••)	4.587	2.000	2.360

••) plus Leermasse 590 kg.

Prospekt der DDR-Anhängerproduktion für das Ausland.

VEB Fahrzeugwerk Olbernhau

Betrieb des Ifa-Kombinats „Anhänger"

933 Olbernhau

Telefon: 4 31

Telex: 783 36

Un confortable remolque de tienda «camping». Sobre los 4 m² de superficie del remolque se puede poner dentro de unos 5 minutos con poco manejo una tienda de la doble superficie que se deja ensanchar aún por la tienda delantera de tamaño igual. Peso útil: 100 kgs.

Ein Wohnzeltanhänger mit Komfort
Aus etwa 4 m² Anhänger-Grundfläche entsteht mit wenigen Handgriffen in etwa 5 min ein Zelt mit der doppelten Grundfläche, das durch das gleich große Vorzelt noch erweitert werden kann. Nutzmasse 100 kg.

Жилой прицеп-палатка с удобствами
Из прицепа площадью примерно 4 м² за 5 мин. при небольшой затрате сил устанавливается палатка с двойной площадью, которую можно еще больше увеличить за счет стыковки с такой же по площади передней палатки. Полезный вес 100 кг.

A camping trailer with comfort
In about 5 minutes the basic trailer area of some 4 sq.m. can be doubled in a tent that can even be extended with a windbreak. Service weight 100 kg.

Une remorque de camping avec confort
A partir de la surface de base de la remorque qui est de 4 m², il est possible de monter en quelques coups de main et en peu de temps (5 minutes), une tente avec le double de surface de base et que l'on peut agrandir d'un auvent de la même grandeur. Poids utile: 100 kg.

Auslandsprospekt in mehreren Sprachen für den Wohnzeltanhänger.

Der Wohnzeltanhänger HP 350.01 beim Trabi-Treffen in Zwickau.

Der Pkw-Anhänger HP 300 aus Werdau.

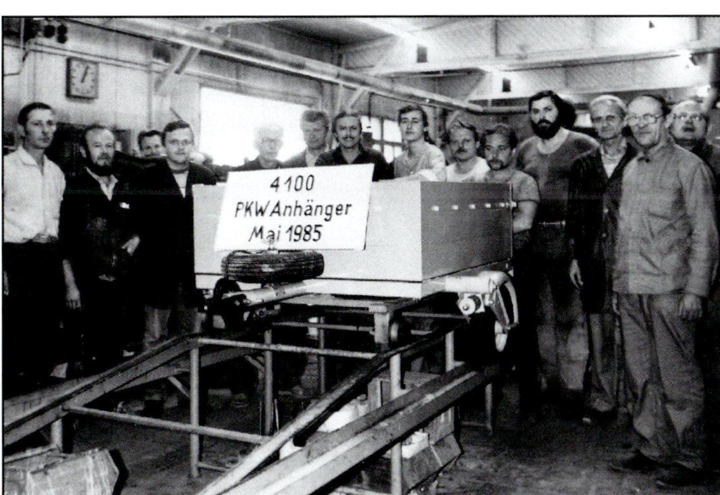

Im Mai 1985 wurde im VEB Kraftfahrzeugwerk „Ernst Grube" Werdau der 4.100. Pkw-Anhänger gebaut.

Hier ein Wohnwagen Intercamp 355, Lastenanhänger HP 400 sowie ein Wohnwagen QEK Junior im Größenvergleich, aufgenommen im September 2012. (Foto: BB)

KFT BEURTEILT

Moskwitsch 2137 mit den Campinganhängern Würdig 301-2 und Bastei

Der leistungsstarke Antriebsmotor und die universelle Nutzbarkeit des Kombihecks sind Argumente für die Eignung des Moskwitsch 1500 Modell 2137 als Zugfahrzeug von Campinganhängern. Wir sammelten Erfahrungen mit dem leichten, tropfenförmigen Anhänger von Würdig (Bad Düben) sowie mit dem mehr als doppelt so schweren, eckigen Bastei an der Kugelkupplung des Moskwitsch 2137 und führten eine Reihe von Messungen durch. Die Ergebnisse waren teilweise recht überraschend.

Moskwitsch 2137 als Zugfahrzeug

Gegenüber der Limousine vom Typ 2140 hat der Moskwitsch Kombi mit der Typenbezeichnung 2137 nicht nur den Vorteil des größeren Stauraums im Heck, sondern auch den der größeren Tragfähigkeit. Die zulässige Nutzmasse beträgt 435 kg und damit 35 kg mehr als beim 2140 (siehe auch Tafel 1 mit den technischen Daten in der KFT 7/77). Die steiferen Hinterachsfedern und die breiteren Reifen (mit der Abmessung 6.95-13 Profil M 145) bieten die Gewähr dafür, daß man diese Tragfähigkeit tatsächlich voll nutzen kann, selbst unter erschwerten Geländebedingungen.

Die Allwegtauglichkeit gehört zu den Stärken des Moskwitsch, die Kehrseite der Medaille stellen die im Hochgeschwindigkeitsbereich

Bild 1–3 Moskwitsch 2137 mit dem Anhänger 301-2 von Würdig (3 Fotos: Autor)

26 Kraftfahrzeugtechnik 1/78

Die Zeitschrift Kraftfahrzeugtechnik Januar 1978. Hier wurde das Dübener Ei am Pkw Moskwitsch getestet.

Der Wohnwagen Intercamp, angeboten unter dem IFA Label. Das „L" hinter Intercamp steht für eine bestimmte Einrichtungsvariante des Wohnwagens.

Pkw-Anhänger aus Trabant-Teilen. Hier ein 500er Trabi-Hinterteil aber mit Wartburg Rückleuchten.

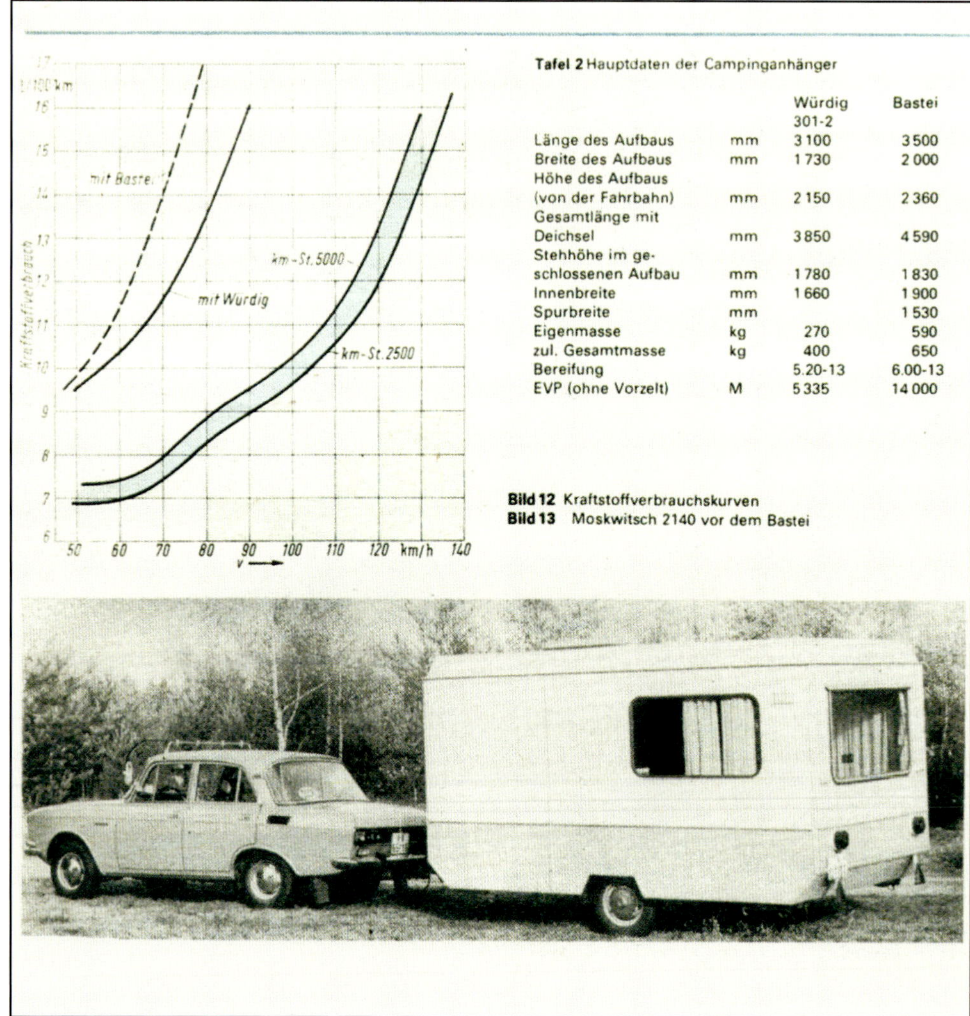

Tafel 2 Hauptdaten der Campinganhänger

		Würdig 301-2	Bastei
Länge des Aufbaus	mm	3 100	3 500
Breite des Aufbaus	mm	1 730	2 000
Höhe des Aufbaus (von der Fahrbahn)	mm	2 150	2 360
Gesamtlänge mit Deichsel	mm	3 850	4 590
Stehhöhe im geschlossenen Aufbau	mm	1 780	1 830
Innenbreite	mm	1 660	1 900
Spurbreite	mm		1 530
Eigenmasse	kg	270	590
zul. Gesamtmasse	kg	400	650
Bereifung		5.20-13	6.00-13
EVP (ohne Vorzelt)	M	5 335	14 000

Bild 12 Kraftstoffverbrauchskurven
Bild 13 Moskwitsch 2140 vor dem Bastei

Kraftfahrzeugtechnik Januar 1978. In diesem Artikel wurde nicht nur das Dübener Ei getestet, sondern auch der Wohnwagen Bastei.

Ein Wohnwagen Bastei 350 zum Treckertreffen in Philadelphia im August 2007. (Foto: BB)

Dieses Dübener Ei konnte im April 2007 im Heide-Camp Schlaitz besichtigt werden. (Foto: BB)

Im September 2007 war dieser Friedel-Campinganhänger bei einem Oldtimertreffen zugegen. (Foto: BB)

12. Weitere Modellfahrzeuge, deren Vorbilder in der DDR gebaut wurden

Nach der Vorstellung von Modellfahrzeugen, deren Vorbilder in Zwickau und Eisenach sowie in Frankenberg, Hainichen und Karl-Marx-Stadt gebaut wurden, nun hier einige weitere Fahrzeuge aus DDR-Produktion:

12.1 Fahrzeuge aus dem VEB Kraftfahrzeugwerk „Ernst Grube“ Werdau

Das Kraftfahrzeugwerk „Ernst Grube“ in Werdau war ein Betrieb mit langer Tradition beim Bau von Fahrzeugaufbauten. 1898 als Sächsische Waggonfabrik gegründet, fertigte die Firma in den 1930er Jahren u. a. Möbelkofferaufbauten auf angelieferte Fahrgestelle und komplette Anhänger dazu. Nach dem Krieg knüpfte man an die alten Technologien an. Als Modelle zu diesen Fahrzeugen wären die von Roskopf zu nennen. Auch die Firma Preiser hat Pferdegespanne mit Möbelwagen im Angebot.

Fahrzeugaufbauten der Hermann Schumann AG in Werdau. Dazu das passende Modell von Roskopf. Nach 1950 wurden in den Werkhallen der ehemaligen Schumann AG die bekannten Lkw H 6, H 6 Bus, G 5 und der Lkw S 4000-1 gebaut.

Verschiedene Modelle des Lkw S 4000-1 von BREKINA.

Prospekt mit verschiedenen Ausführungen des Lkw S 4000-1.

BREKINA S 4000-1 und das Vorbild.

Ein S 4000-1 Tanksattelzug von Jan Brosche.

Neben den serienmäßigen Modellen des S 4000-1 von BREKINA gibt es Varianten von Modell-Car-Zenker und natürlich zahlreiche Fahrzeugvarianten von Modellautosammlern bzw. -bastlern.

Ein weiteres bekanntes Fahrzeug aus Werdau – der Allrad Lkw G 5. Auch dieses Fahrzeug wurde in Werdau in verschiedenen Varianten gebaut. Das Modell gab es schon zur DDR-Zeit, es wird von s.e.s weiter gebaut und Herpa hat den G 5 im Modellprogramm. Auch hier bieten sich dem Modellautosammlern bzw. -bastler vielfältige Möglichkeiten weitere Fahrzeugvarianten im Modell nachzubauen.

Das Vorbild des Lkw G 5.

Ein gut nachgebautes Modell des G 5 von Jan Brosche.

Der G 5 aus der DDR und von s.e.s.

Ebenfalls in Werdau in verschiedenen Varianten gebaut – der Lkw H 6. Das Modell ist bei BREKINA seit 1990 im Programm. Auch hier lohnt es sich, die Modelle etwas genauer unter die Lupe zu nehmen. Bei diesen Fahrzeugen kann der Modellautobastler viele Modellvarianten nachbauen, die nicht in Großserie erscheinen.

Verschiedene BREKINA Lkw H 6.

Der Omnibus H 6 B ebenfalls aus Werdau. Auch von diesem Fahrzeug gibt es verschiedene Varianten. Der Bus war auch viel mit Anhänger unterwegs. Die Firma BEKA in Dresden hat u. a. den H 6 Bus und Anhänger im Modellprogramm. Weitere Varianten werden auch hier selbst nachgebaut.

Ein gut nachgebauter H 6 Bus von Jan Brosche.

Das Modell H 6 B von BEKA.

H 6 Bus Prospekt.

In Werdau begann auch die Entwicklung des Lkw W 45 der ab 1965 als W 50 in Ludwigsfelde gebaut wurde. Im Kraftfahrzeugwerk Werdau wurden nach 1967 Anhänger und Sattel-Auflieger gebaut. Auch diese Fahrzeugvielfalt wartet förmlich darauf, nachgebaut zu werden und man ist auch fleißig dabei, diese Fahrzeuge nachzubauen. Einige Anhänger-Varianten werden u. a. von ESPEWE im Vertrieb von Busch nachgebaut.

12.2 VEB Robur Werke Zittau

1888 gründete Gustav Hiller in Zittau die Phänomen Fahrradwerke. Hiller behielt den Namen Phänomen bei. Die 1916 gegründeten Phänomen-Werke Zittau bauten verschiedene Kraftfahrzeuge. Ab 1957 wurde daraus der VEB Robur Werke Zittau. Das wesentliche Merkmal der Robur Fahrzeuge – der luftgekühlte Motor. 1990 endete auch hier die Produktion. Aber die Geschichte der Robur-Fahrzeuge lebt weiter: Als eins der ersten Modellautos in der DDR erschien der Robur LO 2500 mit Anhänger. Es folgten der LO Bus und weitere Modelle. Die Phänomen Garant Modelle werden heute bei BEKA in Dresden gebaut. Als Formneuheit erscheint bei BREKINA der Garant. Robur-Modelle gibt es bei s.e.s (noch alte Formen) und bei Busch und BREKINA Neuentwicklungen.

Das Vorbild – der Robur-Lkw.

Das Vorbild und der Garant von BEKA Modellbau Dresden.

Die Neuheiten 2014 – der Garant von BREKINA.

Modelle des Robur: Robur von ESPEWE Annaberg-Buchholz, der LO von s.e.s, der LO von BREKINA und von Busch.

Der Robur LD 3000 wird von s.e.s Modelltec in verschiedenen Varianten angeboten.

12.3 VEB Automobilwerke Ludwigsfelde

Man sieht sie heute noch auf unseren Straßen, die Lkw W 50 und L 60 aus Ludwigsfelde. 1965 begann die Produktion des 5 Tonnen Lkw W 50. Das „W" steht für Werdau, denn hier wurde das Fahrzeug zur Serienreife entwickelt. Die Entwicklungen dazu begannen aber ca. 1958 schon im VEB Sachsenring Zwickau. Der W 50 wurde in rund 50 Varianten und 165 Modifikationen bis 1990 gebaut. Die Vielfalt ist heute die beste Grundlage und ein großer Anreiz, die Fahrzeuge im Maßstab 1:87 nachzubauen. Das erste Modell eines W 50-Modells kam bei ESPEWE 1974 in den Handel. Heute gibt es den Lkw von s.e.s, alte und neue Form sowie bei ESPEWE im Vertrieb von Busch. Das Nachfolge-Fahrzeug des Lkw W 50 war der L 60, der ab 1987 in Ludwigsfelde gebaut wurde. Hier gibt es das Modell in Kleinserie, bei Herpa und wiederum bei Busch von ESPEWE. Nun sind von diesen Fahrzeugen schon einige Varianten als Modell auf dem Markt, weitere werden bestimmt folgen. Es gibt bei dem W 50 und auch dem L 60 viele Prototypen, die nicht als Modell erhältlich sind. Auch hier gibt es fleißige und sehr geschickte Modellautobauer. Dem Autor ist ein Modellautobauer bekannt, der über 20 verschiedene Stück Prototypen der L 60 Versuchsreihe nachgebaut hat. Das setzt natürlich nicht nur Erfahrung im Modellautobau voraus, sondern auch Sachkenntnis über das Vorbild. Es sind keine Phantasie-Modelle, diese Fahrzeuge gab es wirklich. Wenn man so etwas angeht, muss man sich schon intensiv mit der Materie beschäftigen.

Der Lkw W 50 im Prospekt, im Vorbild und Modell.

Die ESPEWE-Modelle des W 50. Das Besondere: Jedes Fahrerhaus ist anders!

Ein Werksprospekt des IFA L 60.

Das Set W 50 und Kran T 174 von Busch.

Der L 60 von ESPEWE/Busch mit Niederdruck- und Normalbereifung.

Prototypen-Modell des Lkw W 45, gebaut von Dieter Schulz (links), und das Modell des L 60, Prototyp von 1974 von adp.

Ebenfalls ein L 60 Prototyp mit langem Fahrerhaus von ca. 1974. Modelle des Prototypen-Spezialisten M. Kunkel.

Ein weiterer Prototyp aus Ludwigsfelde, ebenfalls von Michael Kunkel.

12.4 Einige weitere Fahrzeughersteller

Das sollen hier nur die wichtigsten Kraftfahrzeugbetriebe gewesen sein. Noch einige weitere Beispiele:

VEB Fahrzeugwerk Waltershausen:
Dieselameisen und Multicars in verschiedenen Varianten.

Der Multicar M22 aus Waltershausen in Vorbild und Modell.

Traktoren aus Schönebeck:

Der Geräteträger RS 09 von H. Mehlhose und der Traktor ZT 303, das Modell dazu ist von Busch.

Der Traktor Famulus aus Nordhausen und das Modell von H. Mehlhose.

Der Mähdrescher E 514 aus dem Kombinat Fortschritt Neustadt/Sa. und das Modell von Busch.

Der Mobilkran T 174 aus dem VEB Weimar Werk und sein Modell von Busch. Auch dieser Kran ist eine Weiterentwicklung vom T 170 und T 172. Natürlich bauen Modellautobauer auch diese Fahrzeuge nach.

Es gibt bei den Modellautoherstellern Modelle von Importfahrzeugen die in der DDR unterwegs waren. Nur ein paar Beispiele: Skoda, Lada; verschiedene Typen, Wolga, Moskwitsch, Volvo Pkw und Lkw, LIAZ, Ural, UAZ, Roman, Kraz, Gaz, Jelc, Csepel, ZIS und natürlich Ikarus Busse aus Ungarn. Bei den Traktoren z. B. Ferguson, Belarus, D4K, K 700 und T 150.

Skoda 1000 MB, das Modell erschien bei Herpa.

Saporoshez 965 A, das Modell dazu vom Kleinserienhersteller RK Modelle.

Ikarus 260 aus Ungarn, das Modell erschien 1979 bei mini-car in der DDR.

Der Traktor T4K aus Ungarn und das Modell aus DDR-Produktion.

Weitere Modelle von Import-Traktoren.

Lkw Skoda MT 24 aus der Tschechoslowakei und das Modell von Permot erschienen bereits 1964 in der DDR.

Import-Lkw Volvo F 88/F 89, das Modell erschien ab 1973 in der DDR.

Der Wolga M 21 aus der Sowjetunion und das Modell von Herpa.

Werbefoto vom Lada 1200 S aus den 1970er Jahren. Damals wurde das Fahrzeug in der BRD für 7.965,- DM (zuzüglich Fracht) angeboten. (Sammlung: BB)

Lada 1200 (links) und 1500 (rechts) aus der Sowjetunion, das Modell von Busch sowie der Lada Niva von BREKINA.

Wie schon erwähnt, sind das nur Beispiele. Im DDR-Modellautoprogramm befanden sich weitere Importfahrzeuge aus den Bruderländern aber auch aus dem nicht sozialistischen Ausland. Heute werden viele Importfahrzeug-Modelle von Kleinserienherstellern angeboten. Und was nicht als Modell erschienen ist und auch nicht als Kleinserien-Modell zu haben ist, wird an Hand von Bildern und Zeichnungen nachgebaut.

Hier noch zum Schluss einige Bilder aus der „Modellautoschmiede" von Jan Brosche, stellvertretend für die vielen anderen Modellautofreunde und Bastler.

Modell und Foto Jan Brosche

Modell und Foto Jan Brosche

Modell und Foto Jan Brosche

Modell u. Foto Jan Brosche

Modell und Foto Jan Brosche

Ein Pferdepflug – Vorbild und Modell.

Aus dem Bereich Landtechnik: Mähdrescher und Strohpressen sowie Traktoren verschiedener Typen.

Es gibt noch viele andere Modellautobastler, die man hier mit ihren Modellen vorstellen könnte! Sie alle bewahren mit ihren Modellen und ihrem Wissen Technikgeschichte, auch wenn diese Fahrzeuge zum größten Teil schon längst aus dem Alltag verschwunden sind. Sie sind auf ihre Art auch Chronisten. Vielleicht ist hier unser Thema noch nicht am Ende, es gibt noch viel zu berichten...

Danksagung

Besonderen Dank an folgende Firmen und Institutionen für ihr Entgegenkommen, ihre Genehmigungen und ihre Informationen:

Busch GmbH & Co. KG
Heidelberger Straße 26
68519 Viernheim,

Herpa Miniaturmodelle GmbH
Leonrodstr. 46-47
90599 Dietenhofen

BREKINA Modellspielwaren GmbH
Zeppelinstr. 8
79331 Teningen

adp-modelle
Schaefer & Co. KG
Herrn Schäfer
Glasewitzer Chaussee 56
18273 Güstrow

s.e.s MODELLTEC GmbH
Herrn Schmidt
Breitenbachstraße 11-12
13509 Berlin-Reinickendorf

DS AutoModelle
Herrn David Schubert und Mitarbeiter
Crimmitschauer Str. 85
08412 Werdau / OT Langenhesse

Elektro Queck
Inhaber: Herr Hänisch
Hauptstraße 53
08056 Zwickau

Peter Börsch Werbung
Blickpunkt Crimmitschau
www.1zu87.eu

modell-mobil Dresden
Herrn Matthias Schmidt
An der Flutrinne 45
01139 Dresden
www.modellmobildresden.de

Schrax e.K.
3D-Druck
Herr Carsten Thron
Gutwasserstraße 19a
08056 Zwickau
Tel.0375/88364875
www.schrax.de

Museum für sächsische Fahrzeuge Chemnitz e. V.
Zwickauer Straße 77
09112 Chemnitz
Telefon / Telefax: +49 (0) 371 260 11 96
E-Mail: fahrzeugmuseum@aol.com
Internet: www.fahrzeugmuseum-chemnitz.de

Alles zum Thema Trabant und Modelle
www.Trabi-M-M.de, WeMeiHa@gmx.de

Einzelpersonen:
Stefan Berkenkamp, Berlin
Jan Brosche
Mike Ditscher
Jan Helle
Michael Kunkel
Jürgen Lisse
Ulrich Maes, Belgien
Peter Pichl
Matthias Reichardt, Greiz
Kai Rücker, Jena
Uwe Schmidt, Oschersleben
Andreas Thiele
Danke für Eure Bilder und Informationen!

Danke auch an alle aus dem „DDR-Modellbauforum/ Modellfahrzeuge des DDR-Straßenbildes im Maßstab 1:87“ die mit Informationen und Bildern zum Gelingen dieses Buches beigetragen haben! Ohne Eure Hilfe wäre das Buch sicherlich nicht so umfangreich ausgefallen.

Der Autor ist an weiteren Informationen zum Thema „Modellautos 1:87 aus dem Straßenbild der DDR“ interessiert. Vielleicht kann es dadurch zu einer Fortsetzung dieses Buches kommen. Themen gäbe es genug!

Quellenverzeichnis

- Kraftfahrzeuge der DDR, Kittler/ Dünnebier, Motorbuch Verlag, 1998
- Besonderen herzlichen Dank für die Übernahme-Genehmigung PIWDB Wiking Datenbank, © www.wiking-datenbank.de Kay Böhm
- Plaste, Blech und Planwirtschaft, P. Kirchberg, Nicolaische Verlagsbuchhandlung, 2000
- Autos - Die aus Sachsen kamen, Reiche/Stück, Verlag K. Gumnior, Chemnitz 2011
- Trabant Legende auf Rädern, F. Rönicke, Motorbuch Verlag, Stuttgart 2011
- 100 Jahre Automobilbau in Eisenach, M. Stück, W. Reiche, TIM Verlag, 1998
- Wartburg 311, M. Stück, TIM Verlag, 1999
- Fahrzeuglexikon Framo/Barkas, Jürgen Lisse, Bildverlag Böttger GbR, Witzschdorf 2008
- Framo & Barkas Geschichte der 2 Takt Transporter aus Sachsen, Günther Wappler, WMS Werbung, Thum 2005
- Aus der großen Welt der kleinen Automobile, Heft 1 und 2, Börde Museum Burg, Ummendorf Uwe Schmidt, 2008
- BREKINA Autohefte, verschiedene Jahrgänge, BREKINA GmbH Teningen
- diverse Prospekte BREKINA, BREKINA GmbH Teningen
- DER MASS:STAB, Herpa Miniaturmodelle GmbH Dietenhofen
- Diverse Prospekte, Herpa Miniaturmodelle GmbH Dietenhofen
- Prospekte bzw. Prospekthefte, Busch GmbH Viernheim
- Verschiedene Internetseiten der Modellautohersteller
- Internetseite mo87.de, Mo87 – Infoportal rund um den Modellbau im Maßstab 1:87
- Das Ost-Mobil.de Forum
- Verschiedene private Internetseiten
- Wikipedia, die freie Enzyklopädie

Der Autor Günther Wappler

- Jahrgang 1950, in Königswalde/Werdau mit der Landwirtschaft groß geworden
- 1965 Lehre zum Agrotechniker, kennt die Landtechnik der 1960er und 1970er Jahre bis heute
- 1969 Armeezeit als Kraftfahrer
- 1972 - 1988 Busfahrer im Städtischen Nahverkehr Zwickau, Ausbildung auf fast allen Ikarus-Typen
- 1988 - 1992 Stadtbaubetrieb Zwickau, Lkw-Fahrer
- 1998 bis zum Vorruhestand 2010 Anlagenfahrer Chemie in Zwickau
- begeisterter Modellautosammler
- weitere Veröffentlichungen:
  - Verschiedene Zeitungsbeiträge
  - Buch: Geschichte des Zwickauer und Werdauer Nutzfahrzeugbaues, 2002
  - Buch: Der gebremste Lastkraftwagen – Die LKW W 50 und L 60, 2003
  - Buch: Framo & Barkas – Die Geschichte der 2 Takt Transporter aus Sachsen, 2005

Aus unserem Verlagsprogramm

Meine Technik, meine Modelle

Wolfgang Bahnert

Hochbauten für die Modelleisenbahn nach konkreten Vorbildern

Sammelwerk Bauanleitungen mit Zeichnungssätzen

Meine Technik, meine Modelle

Hochbauten für die Modelleisenbahn nach konkreten Vorbildern

Wolfgang Bahnert

In dem Band stellt der Autor, welcher auf mehrere Jahrzehnte Erfahrung im Modellbau von Gebäuden zurückblicken kann, seine Ergebnisse vor und gibt verständliche Anleitungen zum Selbstbau nach Vorbildern. Vielleicht auch für den Modellautobastler interessant.

Format A4, Ringbindung, 128 Seiten, 24 s/w und 120 Farbfotos, Zeichnungssätze für 62 Modelle (52 A4- und 34 A3-Einzelblätter)

Preis: 26,50 €
ISBN 978-3-937496-14-6

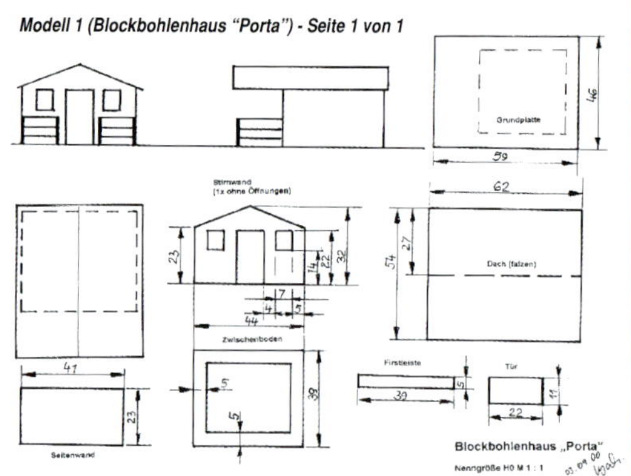

Text-Bildband

Die Entwicklung des Verkehrswesens im Erzgebirge - Der Kraftverkehr

Siegfried Roßberg

Dieser Band über das Verkehrswesen im Erzgebirge widmet sich der Geschichte des Kraftverkehrs. Siegfried Roßberg beginnt in seinem Buch mit dem Vordringen der Besiedler im 12. Jahrhundert, welche die ersten Verkehrswege anlegten und spannt den Bogen zur Gegenwart.

Format 28,5 x 22,5 cm, 128 Seiten, 120 s/w und 74 Farbfotos
Sonderpreis 9,99 € **ISBN 978-3-9808250-9-2**

Text-Bildband

Der Omnibusverkehr in und um Chemnitz

Der regionale und der städtische Kraftomnibusverkehr

Manfred Fischer, Heiner Matthes

Erstmalig wurde mit diesem Buch von Manfred Fischer und Heiner Matthes eine eigene Darstellung der fast 100jährigen Geschichte des Omnibusverkehrs in und um Chemnitz geschaffen. Neben Kapiteln zu den einzelnen Zeitepochen enthält es auch Daten.

Format 28,5 x 22,5 cm, 176 Seiten, 201 s/w und 159 Farbfotos
Preis: 29,80 € **ISBN 978-3-937496-09-2**

Wartungs- und Reparaturratgeber

Trabant gekauft - Was nun?

Nützliche Tipps für den Trabant 601 mit 2-Takt-Motor

Frank B. Olschewski

Der Technikjournalist Frank B. Olschewski beschreibt in seinem Ratgeberbuch anschaulich die durchschaubare Technik des Trabant 601. Wer nicht nur fahren will, sondern auch selbst Hand anlegen möchte, findet in diesem Band geldwerte Hinweise.

Format 21 x 15 cm, 148 Seiten, 1 s/w und 125 Farbfotos
Preis: 19,80 € **ISBN 978-3-937496-02-3**

Text-Bildband

DIE FAHRSCHULE

von den Anfängen bis heute

Manfred Fischer

Während Publikationen über Kraftfahrzeuge in den letzten Jahren sehr zahlreich erschienen sind, gibt es nur wenige Abhandlungen über die Geschichte der Fahrausbildung.
Schwerpunkt des Bandes sind die 1960er/70er Jahre.

Format 24 x 16 cm, 176 Seiten, 151 s/w und 184 Farbabbildungen
Preis: 19,80 € **ISBN 978-3-937496-49-8**

Jürgen Lisse

Fahrzeuglexikon

BARKAS

Text-Bildband

Fahrzeuglexikon Framo / Barkas

Jürgen Lisse

Seit 1927 wurden bei Framo in Frankenberg Lieferwagen hergestellt. Als Nachfolger ging der von 1957 - 1992 gefertigte Barkas in die Automobilgeschichte ein. Im neuen Band des Fahrzeuglexikons werden alle Typen in gewohnter Detailtreue vorgestellt.

Format 28,5 x 22,5 cm, 208 Seiten, 56 s/w und 156 Farbfotos
Preis: 29,80 € **ISBN 978-3-937496-23-8**

Text-Bildband

Fahrzeuglexikon Trabant

Jürgen Lisse

Vor über 50 Jahren, im Jahre 1957, begann im VEB Automobilwerk Zwickau der Serienanlauf des Trabant. Die zweite, erweiterte Auflage, wird ergänzt durch umfangreiches Bildmaterial und die Entwicklungsgeschichte des "New Trabi".

Format 28,5 x 22,5 cm, 208 Seiten, zahlreiche s/w und Farbfotos
Preis: 29,80 € **ISBN 978-3-937496-34-4**

Weitere Titel und Einzelheiten sowie Kalender finden Sie unter www.boettger-bildverlag.de.

Modellfahrzeuge

M 1:87

1 LKW G-5 Muldenkipper, Art.-Nr. 1015/4
2 LKW G-5 Seitenkipper, Art.-Nr. 1015/1
3 Anhänger für G-5 Seitenkipper, Art.-Nr. 1041
4 LKW G-5 mit Pritsche, Art.-Nr. 1015/5

1 G-5 Trough Tipper, Item No. 1015/4
2 G-5 Side Tipper, Item No. 1015/1
3 Trailer for G-5 Side Tipper, Item No. 1041
4 G-5 Platform Lorry, Item No. 1015/5

Volkseigener Außenhandelsbetrieb der Deutschen Demokratischen Republik
für Musikinstrumente und Spielwaren
DDR-108 Berlin, Charlottenstraße 46

Prospekt des VEB Kombinat PLASTICART aus dem Jahr 1974.